斑点牛注册测绘师笔记系列丛书

测绘案例分析体系和题解

主　编　　吴浩然　易铭东
　　　　　　陈敏兰　周　勇

东南大学出版社
SOUTHEAST UNIVERSITY PRESS
·南京·

图书在版编目(CIP)数据

测绘案例分析体系和题解 / 吴浩然等主编. —南京：
东南大学出版社,2019.6

(斑点牛注册测绘师笔记系列丛书)

ISBN 978 - 7 - 5641 - 8393 - 6

Ⅰ.①测… Ⅱ.①吴… Ⅲ.①测绘—案例—资格考试
—题解 Ⅳ.①P2 - 44

中国版本图书馆 CIP 数据核字(2019)第 081874 号

测绘案例分析体系和题解

(Cehui Anli Fenxi Tixi He Tijie)

主　　编：吴浩然 等
出版发行：东南大学出版社
社　　址：南京市四牌楼 2 号　　　　邮　　编：210096
网　　址：http://www.seupress.com
出 版 人：江建中

印　　刷：虎彩印艺股份有限公司
开　　本：787 mm×1092 mm　1/16
印　　张：20
字　　数：499 千
版　　次：2019 年 6 月第 1 版
印　　次：2019 年 6 月第 1 次印刷
书　　号：ISBN　978 - 7 - 5641 - 8393 - 6
定　　价：100.00 元

经　　销：全国各地新华书店
发行热线：025-83790519　83791830

前　言

现代计算机技术的发展带来了高速运算、超大存储、迅捷数据传输,人类社会正在大步迈入数字化时代,随着移动互联网的成熟,每个人变成了一个数字终端,并通过移动设备接入数字网络,以大数据、物联网、智能网络、自动化等技术为代表的信息革命汹涌而来。作为一直以来普普通通的测绘人,第一次站在了社会科技变革的前端。无论是物联网,还是虚拟现实,或是数字城市,都离不开地理空间数据的支持。作为智慧数字空间数据的生产者,测绘人正加速向地信人转型,由空间数据采集者的角色逐步过渡到空间数据网络一体化处理者的角色,进而成为空间智慧数据的开拓者。

未来十年将是大测绘地理信息的黄金时代。在这样的机遇下,作为行业技术人员的代表,注册测绘师更应责无旁贷地担负起振兴行业的责任,更新知识结构,提升技术能力,规范行业市场,生产和创造更多更高品质的测绘地理信息产品。测绘地理信息行业需要更多测绘人成为合格的注册测绘师,参与到数字信息革命中来。

作为注册测绘师学习的王牌辅导资料——《斑点牛注册测绘师笔记》近年来帮助很多测绘地信人获得了注册测绘师的执业资格,赢得了良好的口碑。《斑点牛注册测绘师笔记》历经多次更新与完善,从本版开始正式更名为"斑点牛注册测绘师笔记系列丛书",由《测绘综合能力体系和题解(上册)》《测绘综合能力体系和题解(下册)》《测绘管理与法律法规体系和题解》《测绘案例分析体系和题解》共4本书构成。

本书根据最新《注册测绘师资格考试大纲》的考试内容和要求精心编写,可帮助考生迅速掌握考试重点、难点,建立大测绘知识体系。与前一版相比,本版进行了大量的改动,使内容更加具体、严谨、浅显易读,更加注重知识体系的建立。本书重要特征是强调测绘地理信息知识的现势性、知识的完备性、体系的完整性,可供参加注册测绘师考试的考生备考使用,亦可作为大专院校开设注册测绘师课程的教材。

本书由麦街网吴浩然、湖北天行地理信息有限公司易铭东、广州市四维城科信息工程有限公司陈敏兰、浙江省地球物理地球化学勘查院周勇担任主编。作者均为注册测绘师,有丰富的注册测绘师培训经验。具体分工如下:吴浩然编写第1章,易铭东编写第5、6章,陈敏兰编写第4、7章,周勇编写第2、3章,并由吴浩然统稿审定,陈敏兰、普文琴校对。

由于时间仓促及编者水平有限,书中难免存在纰漏,希望广大读者提出宝贵意见。只要坚持,梦想就能实现,预祝大家学习和应试顺利。

编者
2019 年 2 月

麦街网(www.mapgin.com)简介

麦街是测绘地理信息网(map geographic information network)英文简称(mapgin)的音译名。麦街网成立于 2015 年,立志于成为测绘地理信息行业的垂直门户网站和专业在线教育机构,主要包括麦街云课、麦街资讯、麦街招聘、麦街问答、麦街书城、麦街商城等模块。

麦街云课主要提供注册测绘师考试精品课程以及测绘地理信息行业职业培训。平台建设理念为"众筹听课,能者上台",力图成为测绘地理信息行业职业培训课程超市,充分发挥在线众包教育的特点,使测绘地信人花最少的费用学到最多的知识,实实在在地提高职业技能。

在线课堂聘请高校教师和经验丰富的注册测绘师参与互动教学,将注册测绘师考试中涉及的理论知识与实践相结合,进行全面阐述,帮助考生搭建学习架构,消灭知识盲区,突出复习重点,全面高效地提升理论和实践水平,进一步提升备考能力,为顺利通过考试打下良好基础。

短短三年时间,麦街云课已经成为测绘地理信息行业知名的在线教育平台,目前平台用户已有 30 000 多名。其中注册测绘师系列课程帮助 4 000 多人顺利通过了注册测绘师考试,占全国总通过人数的近四分之一,麦街云课已稳居注册测绘师培训的领军地位。

继往开来,麦街云课正逐渐被测绘地理信息业内人士所悉知,为了更好地发展平台的共享经济和众包教育模式,希望更多有识之士加入我们,共筑测绘地理信息行业的明天。

下列途径可以找到我们:

官方网站:www.mapgin.com。

微信公众号:麦街网或 mapgin,请扫二维码。

扫码下载,麦街 APP

注册测绘师培训咨询 QQ 群:

麦街注册测绘师六群 625375344
麦街注册测绘师八群 226016269

目　　录

第1章　应试技巧 ·· 1

1.1　通关要点 ··· 1

1.2　节奏控制 ··· 3

1.3　读题方法 ··· 4

1.4　读题技巧 ··· 5

1.5　答题技巧 ··· 7

第2章　大地和海洋测绘 ··· 9

2.1　知识点解析 ·· 9

2.1.1　平面控制测量 ··· 9

2.1.2　高程控制测量 ·· 14

2.1.3　海洋基准测量 ·· 19

2.1.4　基准转换 ·· 21

2.1.5　误差计算 ·· 24

2.2　真题解析 ·· 26

2.2.1　2011年第一题 ·· 26

2.2.2　2012年第三题 ·· 31

2.2.3　2013年第三题 ·· 35

2.2.4　2014年第三题 ·· 39

2.2.5　2015年第三题 ·· 43

2.2.6　2016年第三题 ·· 48

2.2.7　2017年第五题 ·· 53

2.2.8　2018年第五题 ·· 56

第3章　工程测量 ·· 61

3.1　知识点解析 ··· 61

3.1.1　工程测量方法和控制测量 ··· 62

3.1.2　工程地形图测绘 ·· 68

3.1.3　规划和建筑测量 ·· 70

3.1.4　线路和桥梁大坝测量 ··· 75

3.1.5　矿山与隧道测量 ·· 78

3.1.6　变形监测和精密工程测量 ··· 81

3.2　真题解析 ·· 85
　　3.2.1　2011 年第二题 ····································· 85
　　3.2.2　2011 年第七题 ····································· 88
　　3.2.3　2012 年第一题 ····································· 92
　　3.2.4　2012 年第二题 ····································· 94
　　3.2.5　2012 年第五题 ····································· 97
　　3.2.6　2013 年第一题 ····································· 101
　　3.2.7　2013 年第五题 ····································· 104
　　3.2.8　2014 年第一题 ····································· 107
　　3.2.9　2014 年第四题 ····································· 110
　　3.2.10　2015 年第一题 ···································· 114
　　3.2.11　2015 年第四题 ···································· 117
　　3.2.12　2016 年第二题 ···································· 121
　　3.2.13　2017 年第六题 ···································· 125
　　3.2.14　2018 年第六题 ···································· 129

第 4 章　不动产测绘 ·· 133
　4.1　知识点解析 ·· 133
　　4.1.1　不动产权属调查 ··································· 133
　　4.1.2　不动产要素采集 ··································· 137
　　4.1.3　不动产面积测算 ··································· 140
　　4.1.4　不动产变更测绘 ··································· 143
　　4.1.5　质量控制和成果提交 ······························ 144
　4.2　真题解析 ·· 145
　　4.2.1　2011 年第六题 ····································· 145
　　4.2.2　2014 年第五题 ····································· 148
　　4.2.3　2015 年第二题 ····································· 152
　　4.2.4　2016 年第六题 ····································· 155
　　4.2.5　2017 年第二题 ····································· 159
　　4.2.6　2018 年第四题 ····································· 162

第 5 章　航测与遥感 ·· 167
　5.1　知识点解析 ·· 167
　　5.1.1　航空摄影 ··· 167
　　5.1.2　影像处理准备 ····································· 171
　　5.1.3　像片控制网 ······································· 172
　　5.1.4　影像调绘和补测 ··································· 174
　　5.1.5　空中三角测量 ····································· 175

5.1.6　地理信息产品生产 ··· 176
5.2　真题解析 ··· 182
5.2.1　2011 年第三题 ·· 182
5.2.2　2012 年第四题 ·· 185
5.2.3　2012 年第六题 ·· 188
5.2.4　2013 年第二题 ·· 193
5.2.5　2013 年第四题 ·· 197
5.2.6　2014 年第二题 ·· 200
5.2.7　2015 年第五题 ·· 203
5.2.8　2016 年第四题 ·· 207
5.2.9　2017 年第一题 ·· 211
5.2.10　2017 年第三题 ··· 214
5.2.11　2017 年第四题 ··· 217
5.2.12　2018 年第三题 ··· 221
5.2.13　2018 年第二题 ··· 225

第 6 章　地图制图 ··· 228
6.1　知识点解析 ··· 228
6.1.1　地图设计 ··· 229
6.1.2　地图编绘 ··· 234
6.1.3　地图制作和制印 ··· 237
6.2　真题解析 ··· 238
6.2.1　2011 年第四题 ·· 238
6.2.2　2012 年第七题 ·· 242
6.2.3　2013 年第六题 ·· 246
6.2.4　2014 年第六题 ·· 249
6.2.5　2015 年第六题 ·· 253
6.2.6　2016 年第七题 ·· 257
6.2.7　2017 年第八题 ·· 261
6.2.8　2018 年第七题 ·· 264

第 7 章　地理信息应用和服务 ·· 268
7.1　知识点解析 ··· 268
7.1.1　空间数据 ··· 268
7.1.2　空间分析方法 ··· 275
7.1.3　GIS 项目开发 ··· 276
7.1.4　地理信息数据入库 ··· 278
7.2　真题解析 ··· 281

7.2.1　2011 年第五题 ………………………………………………… 281

7.2.2　2013 年第七题 ………………………………………………… 285

7.2.3　2014 年第七题 ………………………………………………… 288

7.2.4　2015 年第七题 ………………………………………………… 292

7.2.5　2016 年第一题 ………………………………………………… 296

7.2.6　2016 年第五题 ………………………………………………… 299

7.2.7　2017 年第七题 ………………………………………………… 303

7.2.8　2018 年第一题 ………………………………………………… 306

7.2.9　2018 年第八题 ………………………………………………… 309

第 1 章 应 试 技 巧

1.1 通关要点

测绘案例分析是注册测绘师考试中最重要的科目之一,如何有效学习、有把握地通过考试是考生最关心的问题。测绘案例分析考试最鲜明的特征是整张试卷完全由主观题构成,对考生来说,这是巨大的挑战。

要通过测绘案例分析考试,除了沉着应对外,还要对其特点有充分的了解和认识。

1. 与测绘综合能力科目的关系

测绘案例分析和测绘综合能力两个科目的学习和应试,既有相同点,也有不同点。理解两者的异同有助于通过测绘案例分析考试。

(1)相同点

两者考核的知识体系相同,其主干和脉络都是大测绘框架,两个科目应结合起来学习。测绘综合能力考试是对大测绘知识体系的零散化考核,测绘案例分析是整体化考核,考核的实质内容相同。

(2)不同点

① 考试形式不同

测绘综合能力考试的形式为客观题,测绘案例分析考试的形式为主观题,在题目的线索数量和答题约束上,两种考试形式有所不同。客观题只需要在选项中选择,线索足够充分,且具有足够的方向约束;主观题线索较少,题目信息量较大,解题约束少,需依靠掌握的知识自由答题,解答主观题对考生的要求比解答客观题高,要求考生充分抓住题目内的少量线索,并按图索骥进行解答。

② 命题思路不同

测绘综合能力考试知识点较零散,结构化程度低,由于题目中有足够的提示,考点往往会超出复习的范围,重点内容不突出。测绘案例分析考试主要考核考生对测绘项目的实际掌握和执业水平,知识系统性强,内容较综合,偏重实践,一般不会出现较偏内容。

③ 学习内容不同

测绘综合能力考试内容涉及广,需要学习测绘标准、测绘理论、测绘方法等,有主干也有旁支,都是点到即止。测绘案例分析考试需要抓主干弃枝叶,比起测绘综合能力考试要对测绘地理信息知识有更加深入的理解,尤其是对整个测绘项目方案的编写和工作流程要有所掌握。可以说,测绘综合能力的学习是测绘案例分析的基础。

2. 通过测绘案例分析考试的条件(图1.1)

(1) 熟悉的知识

对比测绘综合能力和测绘案例分析两个科目,可知测绘案例分析是测绘综合能力学习的延伸,学习测绘案例分析时应有足够的测绘综合能力的知识储备。

看到考点时应迅速回想起相关知识点内容,需要对相应知识具有高度的熟悉度。

(2) 大测绘思维

大测绘思维是考查对测绘知识的综合掌握和运用能力,也是测绘知识系统化的认知能力。

图1.1 通过测绘案例分析考试的条件

测绘分为测和绘,测指地理数据的采集,绘指地理数据的处理和输出。当今社会,测绘理论和应用范围被大大扩展,测绘地理信息行业进入数字化测绘、高效测绘、高分辨率遥感、三维测绘、空间分析等技术发展的3S大测绘时代。

具体到注册测绘师案例分析考试,要求考生从大测绘中的一个考点出发,建立大测绘关联,综合整个知识体系,这比纯粹的熟悉知识点要更深一步,要达到对知识点的综合运用。

(3) 必要的技巧

前两点阐述的是知识结构水平对测绘案例分析考试的基础性作用。没有一定的知识储备和运用能力,自然无法通过测绘案例分析考试,但仅有知识,没有技巧,尚不能取得好成绩。

必要的应试技巧和对考试的研究是非常重要的,针对考试特点和规律,运用一定的方法可以事半功倍。

(4) 良好的表达

考生的答案最后要落于纸上,只有考卷才是考生和出题人交流的唯一工具。所以,准确无误地表达想法和观点,并顺畅无误地让改卷人接收信息,是通过考试非常重要的因素。

(5) 读懂出题人

考题是出题人给考生提示的地方,出题人的风格和思想都在字里行间跳跃。考生需要从考题中获取出题人发出的信息,这些信息是考试重要的辅助要素,能够帮助考生理解题意,准确找到解题点。

(6) 必要的运气

有各种不可预知的因素会影响主观题的最终得分,运气因素不在本书讨论范围之内,但不可否认这个因素始终存在,而且相当重要。

3. 测绘案例分析考试概况

从2017年开始,测绘案例分析考试一共给出8道题,每道题20分,满分为120分。

8道题中取得分最高的6道题的得分总和为最终考试成绩。

考试时间为14:00到17:00,共3小时。

1.2 节奏控制

考生坐到考场上,知识储备和知识系统性已经不重要了,重要的是怎么发挥出水平。

一些学习成绩优良的考生最终失利,影响因素可能有很多,经过统计和调查发现,最有可能出现的原因是答题节奏和时间控制失败。所以,这里要再次强调控制答题节奏的重要性。

1. 答题数选择

注册测绘师案例分析考试一共有 8 道题,以得分最高的 6 道题计分。那么,应该做 8 道、7 道,还是 6 道题呢? 应答 6 道半题,原因如下:

(1)考虑容错率

对最近几年测绘案例分析考试趋势进行分析可知,考试难度越来越大,能够拿全 6 道题分数的可能性越来越小。

只答 6 道题,若有 1 题失误,就可能导致考试失败。因此,答 7 道题能留出容错空间,大大提高考试通过概率。

(2)考虑时间运用

考试的时间一般能够保证答 6 道题,但如果答 7 道题时间上则很勉强。测绘案例分析考试并不需要二次检查,若做完 6 道题还有时间,应尽量再冲击 1 题,充分利用时间。

把前面的节奏稍微加快就可以完成 7 道题,能够有效提高成绩,但如果时间不足,则应果断放弃没把握的题,确保顺利完成 6 道题。

(3)从 2017 年的考试情况看

2017 年案例分析考试题目数量增加到 8 道,这让大测绘不同专业的考生可以多一个专业选择。题目的增多意味着考生对题目的选择性增强,应尽量选择自己擅长的专业题目,但不宜 8 道题全答,这会影响每道题的答题质量。

综上所述,应优先选择做 7 道,在时间掌控失利的情况下做 6 道,故称作 6 道半。

2. 时间控制的重要性(图 1.2)

要通过测绘案例分析考试,需要把握最珍贵的三个资源——知识、时间、体力。知识储备在考场上无法改变,但另外两个资源可以调配。

(1)带个计时器

答每道题都要严格计算答题时间,所以应该带一个计时器,而且应该经常查看。

(2)控制答题时间

每道题的答题时间应控制在 20~25 分钟,这样做的目的是留出充分的时间做第 7 道题。

如果最后 1 道题在最后的 30 分钟去解答,则很难正常进入状态,容易的题目也难以获得分数,所以留出充足的时间是

图 1.2 时间控制的重要性

为了调节状态不致在最后阶段慌乱而影响答题。

做完全部题目如时间尚有剩余,可回头把没写全的或回答过于简略的答案补全,此时大的试卷框架已经形成,完成考试在望,心态不会受到影响,可以从容补充、完善答案。

（3）切忌恋战

若某题解答不出,应果断放弃,万不能恋战。放弃一道小题可能会丢掉 5 分,不放弃可能会丢掉整个考试。

有把握的题应先做,但绝不能为了答题圆满,洋洋洒洒几千言,造成优势题反而浪费资源,影响其他题目的发挥。

选择优先解答优势题是为了节省考试时间,以最小的代价拿到通过考试的基础分。整场考试应节奏一致,不能在某一题上用时太多,应尽量先紧后松。

实际上,因为时间资源过于宝贵,整场考试很难有富余时间,应始终保持紧张状态,尽量节约时间是考试中必须做到的。

（4）要懂得放弃

最后 30 分钟如试卷还有大面积留空,则意味着时间和节奏控制失败了。这时应果断选择丢车保帅,完整答满 6 道题,千万不能把第 6 题和第 7 题都做一半空一半,否则导致必然性失分,将很难通过考试。

（5）别被时间控制

考生应主观控制时间、掌握节奏,若反过来被时间控制,则控制时间战略会变成枷锁,而影响考试的发挥和最终成绩,故调整心态很重要,应放松心态、轻装上阵、从容应试。

1.3 读题方法

制订科学、合理的答题顺序和程序化答题方法能有效规避一些风险,提高答题的可靠性。

1. 预览选题

拿到试卷后应以最快的速度略读每个小问题,大致浏览所有题目,无须看得很仔细,只需获得题目类型和考核的知识点信息即可。

根据所得信息决定答题次序,选择性价比高的题目先做,原因有以下两个:

① 以最小代价拿到基础分,留出充足考试资源给其他试题。

② 避免有把握的题目被留于最后。

2. 性价比高的题目

性价比高的题目指获得分数容易,付出资源和代价较少,能节省出资源给其他题目的基本题,具体有以下几种:

① 有把握的题目,因为最容易得分。

② 计算题,因为答案唯一,价值大,而且字数少,花费精力少。

③ 解题字数少,花费精力少,效益高的题目。

3. 读题顺序

（1）先读问题

问题会比题干更加清晰地指明考点，且字数较少，直接与答题有关，带着问题读题有利于快速找到答题点，避免在无用的题干信息中浪费过多时间。

（2）粗读题干

题干较为复杂，关键信息和干扰信息掺杂在一起，很难一次读懂，所以要先粗读，了解题目大致内容。

（3）多做标记

将题干的关键部位用各种记号标出来，以便于第二次读题或对着问题答题的时候快速找到关键的地方，节省时间。主要有以下几个地方需要标记：

① 主干和线索，对于了解题目的整体性有帮助。

② 可疑的雷点，可能是出题人隐藏的线索，也就是关键点。

③ 问题涉及的数据，即答题时可能采用的数据和信息。

④ 可能要抄的信息，即和问题有联系的，需要抄进答案的内容。

（4）精读

答题的线索都在题干里，关键地方必须反复地仔细精读，不放过任何一个可疑的地方，多读几次对题目的了解就会逐渐清晰，理解题目的真实意图。

1.4 读题技巧

注册测绘师考试是执业准入考试，考试通过后可能要进行测绘项目执业实操。培养必要的测绘执业技能是测绘师的学习目的，也是注册测绘师考试的方向。所以，测绘案例分析考试要以项目经理或者技术负责人的视角切入，对测绘地信项目有一个整体性的认识，了解整个项目的运作，熟悉技术设计书的编写。

如果案例分析考题是锁，测绘地信项目技术方案分析体系就是钥匙。

1. 项目管理人思维

（1）做什么项目

一般每个题目一开始都会介绍项目的概况、项目取得方式、项目需要出具的成果和项目的要求。明确测绘地信项目的建设目的和建设要求，是进行技术方案设计的前提条件，也是理解测绘案例分析试题的基本要求。

（2）怎么做方案

要熟悉技术设计书编写的流程和内容，从项目开始时的资料收集与整理到项目的质量检查与验收，了解整个测绘地信项目的过程和关键技术工序。从方案设计、项目管理、质量管理等角度全面分析项目，层层剖析，就能掌握题目要旨。

（3）有什么资料

每个测绘案例都需要搜集相关已知数据和各类资料，这些已知数据包含该案例的重大提示点。数据是否完整、资料是否必要、成果数据是否统一，都需要考生一一分析。

（4）出什么成果

最终出具测绘地信成果是一个项目的最终产品，其要求的格式、精度、比例尺等，往往含有重要线索。要得到符合该测绘案例要求的产品，则需要技术方案的设计、设施的配置、资料的收集等环节要与之统一对应。

2. 思维置换

（1）出题人思维

出题人为什么这么出题，这句话有何含义？

测绘案例分析试题是出题人设置的一个谜题，考生就是解谜人，这个关系一旦成立，出题人必须在谜题里给出足够暗示，并尽量不留破绽，还需要设置障碍。

试题中包含大量出题人给考生的信息，包括背景资料和简介，必不可少的数据、提示和线索，布下的陷阱，为了使题目严谨打的补丁等，考生要注意分辨信息的类别。

在大致梳理思路以后，把自己想象成出题人，置换立场，换位思考，以出题人的视角观察试题会对题目有更深入地了解。

（2）批改人思维

标准答案如何设置能利于批改？

前面分析过，测绘案例分析考试的改卷方式是查找关键字，既然如此，那必定有一个标准关键字表，也就是所谓的标准答案。标准答案应尽量具备唯一关键字，起码不能有太多分歧。

（3）考生思维

与出题人和批改人建立思维置换后，还要回到考生自己的思维，形成三个方面的意识。

① 方向

这么写是出题人要求的吗？

这是第一个关键问题，决定了答题的方向。考生应根据对题目的整体判别，理解出题人的出题点，根据线索，判断解题方向。

② 判别

是否比出题人聪明？

当发现题目不严谨或明显违背出题规律而犹豫不决时，要思考这是否是出题人故意设置的障碍。

这时需要切换到出题人思维，根据整个试卷的出题规律和特征以及本案例的特征，判断出题人的真实想法。如认为确实是出题人疏忽，即使真理在考生一边也必须勇于低头。出题人永远比考生聪明，这是铁律，不要试着去挑战。

③ 范围

给批改人造成困扰了吗？

考生答题的时候，应该时刻置换为批改人思维，写的答案应满足标准关键字表的要求，便于批改，以此来约束答题范围，避免离题。

1.5 答题技巧

1. 表达技巧

（1）书写要点

书写的要点是字迹工整、卷面整洁、容易辨识，优秀的卷面可能带来意外的收获。

字迹整齐端正，书写的行距、字距大致相等，字要整齐地写在答题卡的横线上。不要用草书，只需工整让人容易辨识即可。

（2）表达的原则

案例分析考试的改卷方式采用标准关键字，即改卷人用标准答案核对卷面关键字，若相关关键字没有表达出来，答案整体写对也可能不得分，故关键字的表达极其重要，应采用以下方式。

① 标准化用语

尽量用标准化术语，用书面语。

② 离散式用语

使用断句式用语，堆砌关键字。用语简练，不要过多修辞，只要保证语句通顺即可。在不影响意思表达的情况下字数应尽量少，明显不是得分点的勿写，节省精力和时间。写字过多也有可能导致考试失败。

③ 先主干后枝叶

段首加数字编号可以增加答案的条理性。先写关键点，写完后觉得内容或字数太少需要加以细化的，可以再写上次要点和可能得分的其他关键字。

写流程的时候先写主干，由略到详，再补上一些细节或次要内容，具体细到什么程度应依照题干给的信息和问法而定。

④ 计算题分步骤

计算题要分步骤写，写出过程，尽量获得步骤分。公式也需抄上，结论不要忘记写。

2. 答题的上、中、下策

（1）上策

毫无疑问，上策的答题法自然是在理解题意的条件下，条理清晰，字迹工整，按标准切合题干把答案写出来。上策是"理解"，理解题意，完美击中要点，如果满分是10分，上策能拿到8~10分，这是学有所成的考生应该做到的。

（2）中策

不用理解题目，直接按通用的关键字答，把想到的关键字堆上。

上策做不到，退而求其次，中策是"背书解题"，或许也能拿到5~8分。如果学习不到位，没法很好地理解题目，但知识点比较熟悉，则可以采用这个方法。

（3）下策

若连中策都做不到，则应直接找题目中相关内容抄上，也可能得点分数，下策即"抄题"。下策只能在有限的范围内实施，不是所有题目都适合直接抄题目，这种方法只有小题目适合，也有可能拿1~5分。

（4）没策

不会答就空着，这是放弃了最后的希望。除非只是来体验考试氛围的考生，否则不建议这样做。换而言之，只要是来认真考试的考生都应该尽量答题。

3."三不写"

"三不写"指的是指标不写、仪器不写、软件不写。明白"三不写"的道理，能在关键时刻纠正答题方向，不至于离题。

（1）指标不写

指标一般只适合测绘综合能力考试，在测绘案例分析考试里面，一般不会要求考生去死记硬背一些零散知识点，某些问题可能涉及很多数字指标，但一般来说并不需要写出，如果写了大量指标，就要检查答题方向是否正确。

（2）仪器不写

如题目没有要求写仪器，则不要写具体仪器内容。这是因为一个测量工作可能有许多仪器都能完成，无法形成标准关键字。

（3）软件不写

除非题目明显提示，否则软件不能写。这是因为软件种类很多，无法形成标准关键字。尤其是软件的具体操作手段，更加不能写。

4. 抄题

前面说了直接抄题也可能会有得分，这是被众多考生印证为真实有效的。

（1）答题要紧扣原题

答题要紧扣原题，需要抄题干里面的相应提示点。只要题目里出现答题点的相应内容，抄写宜繁不宜简，多抄几个字，会让答案更加贴合题意，可靠性更高。

（2）填满空位

考试到最后阶段，如果时间控制失败，则只能把相应的题干内容抄上，防止留空。

（3）选择性问题不能抄

测绘案例分析中也会有选择性问题，如仪器选择、资料选择等，这类题目不能全抄题。

第2章 大地和海洋测绘

2.1 知识点解析

本章与测绘案例分析有关的知识体系主要分为五个方面：平面控制测量、高程控制测量、海洋基准测量、基准转换、误差计算（图2.1）。

2.1.1 平面控制测量

2.1.1.1 传统大地测量

1. 基本测量

传统平面控制测量基本工作包括角度测量、距离测量、坐标测量。

（1）角度测量

角度测量一般用全站仪或者经纬仪测量方向，并计算夹角。在高斯平面直角坐标系中，采用坐标方位角表示。

（2）距离测量

距离测量可以用钢尺测距、手持测距仪测距、视距法测距、全站仪测距等方法进行。

（3）坐标测量

坐标测量通过 GNSS 法可直接进行，也可用角度测量值和距离测量值通过解析法计算。

2. 传统平面控制测量

传统平面控制测量方法在大地测量里面基本已经全部被淘汰，考试不会涉及，但在工程测量或不动产测绘中尚有应用（图2.2）。

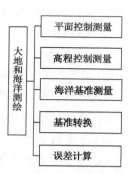

图 2.1 大地和海洋测绘知识体系

2.1.1.2 卫星连续运行基准站

1. CORS 的应用（图2.3）

在测绘案例分析试题中，CORS 一般以以下三种形式出现。

（1）作为 GNSS 控制网的起算点

国家 CORS 系统用于 GNSS A 级网的建立，区域 CORS 系统用于 GNSS B 级网的建立。当 GNSS 控制网建立时，若测区内有 CORS 基准站，应予以联测，可作为起算点。

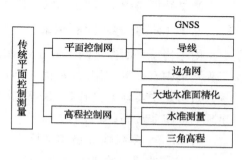

图 2.2 传统平面控制测量

（2）网络 RTK 测量

网络 RTK 指利用多个基准站（CORS）建成控制网，进行平差形成改正数据与流动站的载波相位观测数据进行实时差分，解算整周模糊度。测区内有 CORS，意味着可作为 RTK 测量的基准站，方便、快捷地获得图根点和碎部点。

（3）GNSS-RTK 高程

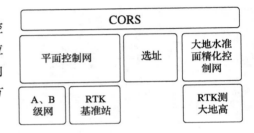

图 2.3　CORS 知识体系

在已经建立似大地水准面精化模型后，直接利用 CORS 系统进行 RTK 大地高测量，即可得到测区正常高。用于似大地水准面精化高程异常控制点时需要联测加密重力点。

2. CORS 选址

（1）环境条件

① 具有 10°以上地平高度角卫星通视条件。

② 远离多路径影响地物和电磁干扰区 200 m 以上。

③ 避开易震动地带。

④ 应进行 24 h 以上实地环境测试。

⑤ 对于国家和区域基准站，数据可用度应大于 85%，多路径影响应小于 0.5 m。

（2）地质条件

① 站址应建立在地质结构稳定处。

② 避开易被水淹或地下水位变化较大处。

③ 区域基准站也可以建立在结构稳定的屋顶上。

（3）依托条件

便于接入通信网络，有稳定电源，交通便利，有良好的土建施工条件，有良好的安全保障环境便于维护和长期保存。

（4）联测条件

满足站址周围重力点、大地控制点、水准点的联测要求。

2.1.1.3　GNSS 静态控制测量

由于传统平面控制网测量方法基本不用于大地测量，只在工程测量中有少量应用，故平面大地控制网的建立方法，在案例分析考点中实际上只有 GNSS 测量方法一种，所以这个考点出现的频率非常高（图 2.4）。

1. GNSS 控制网等级和坐标系

GPS 接收机接收坐标系为 WGS-84，GNSS 直接接收的坐标系各不相同，需要内置转换，最终测量成果应输出 2000 国家大地坐标系。

GPS 测量原子钟采用 GPST，手簿记录时采用 UTC 时间系统。

图 2.4　GNSS 知识体系

GNSS 测得的高程为大地高系统,当转换为高斯平面坐标系时高程系统需转为正常高系统(表 2.1)。

表 2.1　GNSS 控制网与大地测量网等级和主要用途

GNSS 控制网等级	相应大地测量网等级	主要用途
A 级 GNSS 控制网	一等控制网	控制网框架,动态起算数据
B 级 GNSS 控制网	二等控制网	区域框架,似大地水准面精化
C 级 GNSS 控制网	三等控制网	在各省的加密
D 级 GNSS 控制网	四等控制网	作为应用控制网的起算数据
E 级 GNSS 控制网	等外	直接应用

2. GNSS 控制网技术要求

(1)一般要求

B、C、D、E 级 GNSS 网的布测根据测区范围的大小,可实行分区观测。表 2.2 中平均每点设站数,在设计时需要记住。

表 2.2　各等级 GNSS 网观测技术指标

等级	B	C	D	E
卫星截止高度角	10°	15°	15°	15°
平均每点设站数	3	2	1.6	1.6
时段长度	23 h	4 h	1 h	2/3 h

(2)联测要求

新布设的 GNSS 网应与附近已有的国家高等级 GNSS 点进行联测,或求定 GNSS 网在某个参考坐标系中的坐标,应联测至少 3 个点。

A、B 级 GNSS 点应逐点联测水准点,联测精度应不低于二等水准测量精度。C 级应根据区域似大地水准面精化要求联测,联测精度应不低于三等水准测量精度。

(3)GNSS 控制网布设流程

GNSS 控制网布设流程如图 2.5 所示。

3. GNSS 布网设计

(1)同步环计算

同步环(时段)个数,应向上取整。

图 2.5　GNSS 控制网布设流程

$$T = \text{INT}[(n-k)/(N-k)]$$

式中　T——同步环(时段)个数;

　　　N——接收机台数,包括最后一个时段,每个时段接收机数量一致;

　　　n——待定点个数,包括目标参考系联测已知点个数;

　　　k——同步环之间的连接点数,k 的取值按点连式和边连式区别,点连式同步环之间以点连接,k 为 1,边连式同步环之间以边连接,k 为 2。

(2)GNSS 网特征条件参数计算

GNSS 网的连接方式中会有部分重复设站,用以满足 GNSS 网结构的整体性要求,考虑到这些因素,平均到每一个测站,实际设站次数一定大于 1。

一般情况需要反算重复设站数,检验多余观测是否满足相应规范要求。

时段数 $\qquad T = \mathrm{INT}(n \cdot m/N)$

每点平均重复设站数 $\qquad m = N \cdot T/n$

总基线数(同步边) $\qquad B_{总} = T \cdot N(N-1)/2$

必要基线数 $\qquad B_{必} = n - 1$

独立基线数 $\qquad B_{独} = T(N-1)$

多余基线数 $\qquad B_{多} = B_{独} - B_{必} = T(N-1) - (n-1)$

式中 $\quad T$——同步环(时段)个数;

$\quad m$——每点重复设站数,每点平均时段数。

4. 选点埋石

(1) 选点要求(图 2.6)

① B、C 级 GNSS 点应选在一等水准路线结点或一等、二等水准结点附近的基岩上。

② 视野开阔,视场内障碍物的高度角不宜超过 15°(B 级网不超过 10°)。

③ 远离大功率无线电发射源(如电视台、电台、微波站等),其距离不小于 200 m;远离高压输电线和微波无线电信号传送通道,其距离不应小于 50 m。

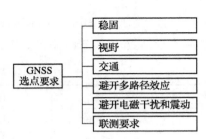

图 2.6 GNSS 选点要求

④ 附近不应有强烈反射卫星信号的物件(如大型建筑物、大面积水域等)。

⑤ 交通方便,有利于扩展和联测。

⑥ 地面基础稳定,易于标石的长期保存。

⑦ 充分利用符合要求的已有控制点。

(2) 埋石要求(图 2.7)

按规格分为天线墩、基本标石和普通标石。

① B 级 GNSS 网用基岩 GNSS 和水准共用标石,应埋设天线墩。

② C 级 GNSS 网用基岩、土层 GNSS 和水准共用标石,C、D、E 级可根据具体情况选用天线墩、基本标石或普通标石。

③ D、E 级 GNSS 网用基岩、土层、楼顶 GNSS 和水准共用标石。

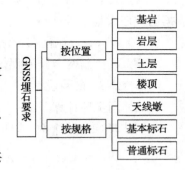

图 2.7 GNSS 埋石要求

5. 数据质量检核

外业数据采集后,要经过各项检查。静态相对定向模式需要检查不同点之间的重复基线、同步环、异步环等。采用点观测模式时,不同点之间不进行检验,但同一点不同时段的基线数据应进行各种数据检验。

(1) 数据剔除率

同一时段观测值数据剔除率不高于 10%，数据剔除率指同一时段中删除的观测值个数与获取的观测值总数的比值。

（2）重复基线检查

$$ds \leqslant 2\sqrt{2}\sigma$$

式中 ds——复测基线的长度较差；

σ——相应级别基线中误差。

（3）同步环检查

在处理好各边观测值后，应检查一切可能的三边同步环闭合差。

三边同步环观测分量闭合差计算公式如下：

$$W_x, W_y, W_z \leqslant \sqrt{3}\sigma/5$$
$$W_{xn}, W_{yn}, W_{zn} \leqslant \sqrt{n}\,\sigma/5$$
$$W_3 \leqslant 3\sigma/5$$
$$W_n \leqslant \sqrt{3n}\,\sigma/5$$

式中 W_x, W_y, W_z——三边同步环观测分量闭合差限值；

W_{xn}, W_{yn}, W_{zn}——n 边同步环观测分量闭合差限值；

W_3——三边同步环观测总量闭合差限值；

W_n——n 边同步环观测总量闭合差限值；

n——边数。

（4）独立环检查

独立环闭合差及附合路线分量闭合差计算公式如下：

$$W_x, W_y, W_z \leqslant 3\sqrt{n}\,\sigma$$
$$W \leqslant 3\sqrt{3n}\,\sigma$$

式中 W_x, W_y, W_z——独立环闭合差及附合路线分量闭合差限值；

W——独立环闭合差及附合路线总量闭合差限值。

（5）基线中误差计算

$$\sigma = \sqrt{a^2 + (b \cdot D)^2}$$

式中 a——标称固定误差；

b——标称比例误差；

D——控制网平均基线长。

（6）坐标闭合差计算

$$w_x = \sum x_i$$
$$w_y = \sum y_i$$
$$w_z = \sum z_i$$

$$w = \sqrt{w_x^2 + w_y^2 + w_z^2}$$

式中　w_x，w_y，w_z——闭合图形 x，y，z 分量闭合差；

　　　w——闭合图形闭合差。

6. GNSS 网平差

GNSS 网平差可分为基线向量提取、三维无约束平差、三维约束平差和三维联合平差。

（1）基线向量提取

进行 GNSS 网平差，首先要提取基线向量，构建 GNSS 基线向量网。

① 必须选取相对独立基线。

② 必须可以构成闭合图形。

③ 应选取质量最好的基线。

④ 选取构成边数较少的异步环。

⑤ 选取边长较短的基线。

⑥ 每个同步观测图形应至少选定 1 个起算点。

（2）三维无约束平差

由于 GNSS 网本身已经有定向基准和尺度基准，三维无约束平差只需要提供 1 个位置基准，即 1 个已知点的坐标即可，该坐标可选用伪距单点定位点或已知控制点。

（3）三维约束平差

三维约束平差的目的是实现 GNSS 测绘成果向地面目标参考系的转换。三维约束平差是以目标坐标系已知固定点坐标作为平差约束条件，并在平差中考虑了 GNSS 无约束平差成果与目标参考系的坐标转换。

（4）三维联合平差

在三维约束平差中，同时引入地面控制点常规观测值（方向、距离等），列出地面观测值误差方程一并进行平差，叫做三维联合平差。

2.1.2　高程控制测量

高程控制测量分为三种方法，即水准测量、似大地水准面精化、三角高程测量，其中三角高程测量与传统控制测量方法一起在下一章讲述。

2.1.2.1　水准测量

水准测量是用水准仪和水准尺测定地面上两点间高差的方法。通常由任一已知高程点出发，沿选定的水准路线逐站测定各点的高程，并加以必要的改正求得正确的高程。

1. 水准测量原理

水准测量是假设测站间水准面平行，对水准点之间高程进行传算，然后加以各项改正获得测站间的高差。若后视 A 点读数为 a，前视 B 点读数为 b，A 点高程已知，利用水平视线求两点间高差，采用后视读数减去前视读数，则可得到 B 点高程。

$$h_{AB} = a - b$$
$$H_B = H_A + h_{AB}$$

2. 高程控制网等级

我国高程框架分为一、二、三、四共四个等级,一般采用水准测量方法布设,也可以用其他能达到相应精度要求的测量方法布设。

一等水准网是水准控制网的骨干,应沿地质稳定、路面平缓的交通路线布设成闭合环,构成网状。

二等水准网是水准控制网的基础,在一等水准环内沿省、县主要公路布设。

三、四等水准网直接用于测图和作为工程控制网,是一、二等水准网的加密。

3. 选点埋石

选点埋石设计的步骤为图上设计、实地选点、标石埋设。水准点分为基岩水准点、基本水准点、普通水准点三种类型,选取的原则有以下几点:

① 应选在地基稳定、具有地面高程代表性的地点。

② 利于标石长期保存和高程联测,便于卫星定位技术测定坐标的地点。

③ 没有剧烈震动的地点。

4. 水准测量主要误差及减弱措施

(1) i 角误差

i 角误差的减弱措施为严格限制每站的前后视距差和每站前后视距累积差。

(2) 水准标尺每米真长误差

水准标尺每米真长误差的减弱措施为检定标尺计算改正数。

(3) 一对水准标尺零点不等差

一对水准标尺零点不等差的减弱措施为测段间保持偶数站数。

(4) 温度误差

温度误差的减弱措施为作业前把仪器放在阴影下半小时,用测伞遮蔽阳光,奇数站和偶数站采用相反的观测程序,各测站的往返测分别安排在上午和下午进行等。

(5) 大气垂直折光影响

大气垂直折光影响的减弱措施为前后视距尽量相等;视线离开地面应有足够的高度;选择观测时间,日出后(日落前)半小时及中午前后不要进行水准测量。

(6) 仪器脚架和尺台升降影响

仪器脚架和尺台升降影响的减弱措施为选择良好土质的路线;精密水准测量尽量用尺桩;相邻测站观测顺序相反;往返测应沿同一路线进行,并使用同一仪器和尺承。

5. 数据处理

(1) 外业高差概略表编算

三、四等水准高差概略表编算时需加入标尺长度改正、正常水准面不平行改正、环闭合差改正。一、二等水准高差概略表编算时需加入标尺长度改正、正常水准面不平行改正、环闭合差改正、标尺温度改正、重力异常改正、固体潮改正,需由两人各自独立计算并校检。

由于水准面之间不平行,水准路线不一样将导致高差不同,正常水准面不平行改正与纬度和平均高程有关。

(2) 往返测高差不符值或路线闭合差限值(表 2.3)

表 2.3 往返测高差不符值或路线闭合差限值 （mm）

等级	往返测高差不符值	附合闭合差	环闭合差	检测已测测段高差之差
一等	$1.8\sqrt{L}$	—	$2\sqrt{L}$	$3\sqrt{L}$
二等	$4\sqrt{L}$	$4\sqrt{L}$	$4\sqrt{L}$	$6\sqrt{L}$
三等	$12\sqrt{L}$	$12\sqrt{L}$	平原 $12\sqrt{L}$，山区 $15\sqrt{L}$	$20\sqrt{L}$
四等	$20\sqrt{L}$	$20\sqrt{L}$	平原 $20\sqrt{L}$，山区 $25\sqrt{L}$	$30\sqrt{L}$

注：L 为距离，一、二等水准测量计算往返测高差不符值时，L 不足 0.1 km 以 0.1 km 计；一到四等水准测量检测已测测段高差之差时，L 不足 1 km 以 1 km 计。山区指高程超过 1 000 m，或路线最大高差超过 400 m。

（3）每公里往返测高差中数偶然中误差

每完成一条路线，应进行往返高差不符值和每公里偶然中误差的计算，路线长度小于 100 km，或路线上测段数不足 20 条，可纳入邻线一并计算。

每公里往返测高差中数偶然中误差是每公里的往返测较差偶然中误差的 $\sqrt{2}/2$：

$$m_{偶然} = \pm\sqrt{\left[\frac{[\Delta\Delta]}{R}\right]/4n}$$

式中　$m_{偶然}$——每公里往返测高差中数偶然中误差；

　　　　Δ——往返测高差不符值；

　　　　R——测段长度；

　　　　n——测段数。

（4）每公里水准测量全中误差

每完成一条附合或者闭合路线需要计算闭合差，环数超过 20 个时按环闭合差计算全中误差。

$$m_{全} = \pm\sqrt{\left[\frac{[ww]}{F}\right]/n}$$

式中　$m_{全}$——每公里水准测量全中误差；

　　　　w——各项改正后的环闭合差；

　　　　F——环线周长；

　　　　n——环数。

（5）水准测量精度要求

各等级每公里水准测量的偶然中误差和全中误差要求见表 2.4。

表 2.4 各等级每公里水准测量的偶然中误差和全中误差要求

等级	一等	二等	三等	四等
$m_{偶然}$/mm	0.45	1.0	3.0	5.0
$m_{全}$/mm	1.0	2.0	6.0	10.0

6. 水准测量平差

（1）水准测量定权

各测站间距离大致相等时，可以假设每公里的测量精度相同，测量路线的精度为

$$\sigma_h = \sqrt{S}\sigma_{公里}$$
$$P = \sigma_{公里}^2/S$$

各测站高差测量精度大致相等时,测量路线的精度为

$$\sigma_h = \sqrt{N}\sigma_{站}$$
$$P = \sigma_{站}^2/N$$

式中　σ_h——水准路线高差中误差;

　　　　$\sigma_{公里}$——每公里高差中误差,设为单位权中误差;

　　　　$\sigma_{站}$——测站高差中误差,设为单位权中误差;

　　　　S——水准路线长度;

　　　　N——测站数;

　　　　P——以每公里高差中误差或测站高差中误差为单位权中误差的权。

（2）近似平差

附合水准或闭合水准路线,理论上测量闭合差应为 0,但实际上有测量误差的存在,闭合差不等于 0。可以参照测站数或测段路线长按比例计算闭合差改正数反符号配赋的方法来近似平差。

以 2011 年测绘综合能力真题第 18 题为例(图 2.8):由两个已知水准点 1、2 测定未知点 P 的高程,其中 H_i 为高程,h_i 为高差,n_i 为测站数,求 P 点高程。

项目	1	2
H_i(m)	35.60	35.40
h_i(m)	0.60	0.60
n_i	2	1

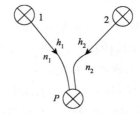

图 2.8　例题

【答】

由水准点 1 计算 P 点高程为 $H_{P_1}=35.60+0.60=36.20$ m,由水准点 2 计算 P 点高程为 $H_{P_2}=35.40+0.60=36.00$ m,较差为 0.2 m,即附合闭合差。

以水准路线 1 计算,按测站数定权反符号分配,则:

改正数 $v_1=-0.2\times2/3\approx-0.13$,得到 P 点高程 $H_P=36.20-0.13=36.07$ m。

若以水准路线 2 计算,则:

改正数 $v_2=0.2\times1/3\approx0.07$,得到 P 点高程 $H_P=36.00+0.07=36.07$ m。

7. 跨河水准测量

跨河应选在测线附近,有利于布设工作场地与观测较窄河段处。

（1）跨河视线高

① 当跨河视线长度小于 300 m 时,视线高不得低于 2 m。

② 当跨河视线长度大于 500 m 时,视线高不低于 $4\sqrt{S}$ m(S 为跨河千米数)。

（2）跨河水准测量方法

跨河水准测量方法如表2.5所示。

表 2.5 跨河水准测量方法

观测方法	方法概要	最长跨距(m)
光学测微法	使用一台水准仪,用水平视线照准分划板,精读两岸高差	500
倾斜螺旋法	使用两台水准仪对向观测,测定上下标志倾角,求出两岸高差	1 500
经纬仪倾角法	使用两台经纬仪对向观测,测定上下标志倾角,求出两岸高差	3 500
测距三角高程法	使用两台经纬仪对向三角高程观测,求出两岸高差	3 500
GNSS测量法	使用GNSS水准方法,海拔超过500 m的地区不宜进行	3 500

2.1.2.2 似大地水准面精化

1. 几何重力组合法要求

（1）控制网等级要求

① 国家似大地水准面精化要布设 B 级 GNSS 控制网和二等水准联测。

② 区域似大地水准面精化要布设 C 级 GNSS 控制网和三等水准联测。

（2）似大地水准面精化的误差来源

似大地水准面精化的误差来源主要有 GNSS 测量误差、水准测量误差、重力测量误差、DEM 误差、重力场模型误差等。在不顾及重力似大地水准面的情况下,误差主要来源于大地高测量误差。

（3）高程异常控制网布设原则

高程异常控制网即 GNSS 控制网联测等级水准,使之具有大地高与正常高两个系统,用来作为似大地水准面精化的转换基础,具体布设原则如下:

① 应均匀分布于似大地水准面精化区域。

② 应有代表性地分布于不同的地形类别,山地和丘陵地区应适当加密。

③ 基本与 GNSSB、C 级网布设相同要求。

（4）精化流程

似大地水准面精化计算实质是用实测的少量的高精度几何控制点作为基准,顾及各种改正,把重力测量数据归算到大地水准面上,精化连续的重力场位模型,从而得到高精度、高分辨率、高程异常模型。

（5）质量检验方法

选取具有代表性且未参与项目成果计算的点位进行 GNSS 和水准测量计算高程异常,与精化后的似大地水准面模型内插出的检验点高程异常值进行评估。检验点布设原则主要有以下几点:

① 点位要均匀选取,且不能选参与似大地水准面计算的控制点,并应于不同地形类别边缘布设。

② 与高程异常控制点间距不小于格网间距。

③ 检验点应满足 GNSS 观测与水准联测条件。

（6）精度评定

由似大地水准面精化模型计算的各检验点高程异常与实测高程异常不符值计算的中误差作为似大地水准面精度。

2. 几何法似大地水准面精化

（1）GNSS 水准拟合测量

GNSS 水准拟合测量是适用于小测区的纯几何似大地水准面精化方法。

一般采用多项式曲面拟合方式，由于是纯几何模式，故只能用于地势平缓地区。如采用二次多项式，则要选取 6 个以上已知点。

（2）GNSS 水准拟合测量步骤

① 选取若干个高程异常控制点，均匀分布于测区。

② 采用多项式拟合，用最小二乘法进行曲面拟合。

$$f(x, y) = a_0 + a_1 x + a_2 y + a_3 x^2 + a_4 y^2 + a_5 xy$$

列出 6 个误差方程，利用最小二乘法求 $a_0 \sim a_5$ 6 个参数最佳估值。

③ 得到测区高程异常数学模型。

④ 精度评估。

2.1.3　海洋基准测量

1. 海洋垂直基准

（1）陆地高程和正常高

采用 1985 年国家高程基准，基准面采用以青岛验潮站平均海面得到的似大地水准面，以似大地水准面为基准面，向上为正，向下为负。

（2）远离大陆的岛礁

无法联测陆地高程时，采用当地验潮站得到的平均海平面为基准面，向上为正，向下为负。

（3）深度基准和深度

深度基准采用比当地长期平均海面低的理论最低潮面作为海洋测深基准面，向上为负，向下为正。

（4）干出高度和潮间带

潮间带（干出滩）指的是平均大潮高潮面与低潮面之间的区间，以干出高度表示。干出高度以理论深度基准面为基准面，向上为正，向下为负。

2. 深度基准面

我国采用理论最低潮面，内河、湖泊采用最低水位、平均低水位或设计水位作为深度基准面。

（1）深度基准面计算

把复杂的潮汐数据整理分解为许多规则的分潮波，计算一定的深度基准面保证率，分析各分潮，取理论上最低的位置作为深度基准面，求出深度基准面与平均海面的高差，确定深度基准面。即当地深度基准面为当地平均海平面以下一定距离的面。

（2）水位改正

水位改正即把基于瞬时海面测深得到的深度改正到深度基准面上，得到基于深度基准面的测深值（图2.9），其中几个基本量详解如下：

图 2.9　水位改正

① 短期平均海面测深值。由于潮汐影响，测得的原始深度值不固定，取多次测深平均值设为短期平均海面作为瞬时测深值。这个值不等于深度基准面上的测深值，也不等于长期平均海面上的测深值。

② 长期平均海面。取验潮站长期验潮数据经计算得出长期平均海面，即当地平均海面，并由这个值进一步计算得到深度基准面。另外，验潮站还观测得到当地短期平均海面，由此计算得到当时短期海面与当地深度基准面之差。

③ 潮汐内插。根据测深船与验潮站的位置关系，内插求得测深船位置当时短期海面与当地深度基准面之差，此即水位改正值。

潮汐内插的主要方法有单站水位改正法、线性内插法、水位分带改正法等。其中，线性内插法为假设两验潮站之间的瞬时海面为直线，某一时刻的潮汐值可利用简单的线性内插获得，是目前最为常用的一种潮汐内插方法。

④ 水位改正计算相关参数说明（图2.10与图2.11）。

$\xi(x, y)$——平均海面相对于水尺零点读数值，由验潮数据经过调和分析求得。

$G_0(x, y)$——验潮站零点高程值，由验潮站水准点经过几何水准传算得到。

$T_0(x, y, t)$——瞬时海面水尺读数，由潮汐观测求得。

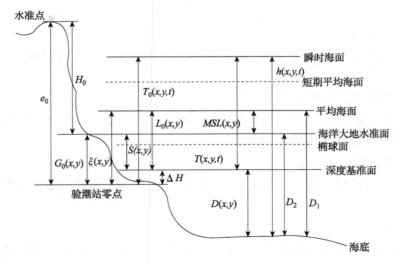

图 2.10　水位改正示意图

ΔH——深度基准面和水尺零点距离,通过计算得到。

$T(x, y, t)$——水位改正值,即瞬时海面与深度基准面差距。

$L_0(x, y)$——平均海面与深度基准面的高差,通过分析验潮数据用特定算法计算得到。

$h(x, y, t)$——瞬时测深值,x、y 为船只平面坐标,t 为瞬时时间,由测深获得。

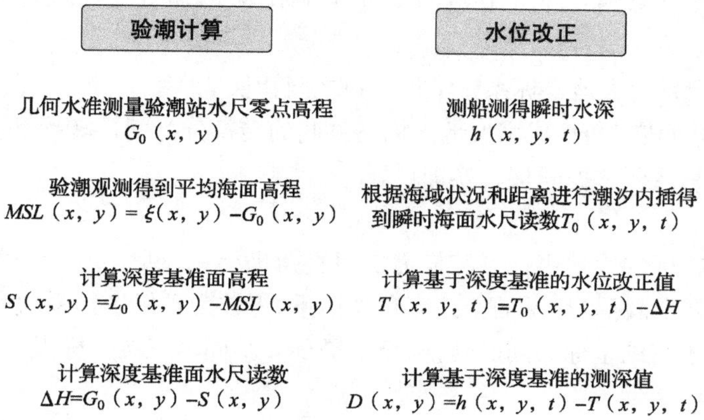

验潮计算	水位改正
几何水准测量验潮站水尺零点高程 $G_0(x, y)$	测船测得瞬时水深 $h(x, y, t)$
验潮观测得到平均海面高程 $MSL(x, y) = \xi(x, y) - G_0(x, y)$	根据海域状况和距离进行潮汐内插得到瞬时海面水尺读数 $T_0(x, y, t)$
计算深度基准面高程 $S(x, y) = L_0(x, y) - MSL(x, y)$	计算基于深度基准的水位改正值 $T(x, y, t) = T_0(x, y, t) - \Delta H$
计算深度基准面水尺读数 $\Delta H = G_0(x, y) - S(x, y)$	计算基于深度基准的测深值 $D(x, y) = h(x, y, t) - T(x, y, t)$

图 2.11 水位改正计算

3. 测线布设

测深线一般布设成直线,分为主测深线和检查测深线。用检查测深线叠加主测深线,把交点数据进行比对,叫主检比对。

测线布设考虑的主要因素是测线间隔和测线方向。对单波束测深仪而言,主测深线间隔一般采用图上 1 cm,多波束测深系统的主测线布设应以海底全覆盖且有足够的重叠带为原则,其检查线应当至少与所有扫描带交叉一次。

① 单波束测深主测深线应与等深线总方向垂直。

② 多波束测深主测深线应与等深线总方向平行。

2.1.4 基准转换

2.1.4.1 坐标系转换

坐标系转换主要有空间直角坐标系和大地坐标系之间、空间直角坐标系之间、大地坐标系之间、高斯平面直角坐标系之间、高斯平面直角坐标系与大地坐标系之间五类。

具体到测绘案例分析可以简化为 CGCS2000 与西安 1980 国家大地坐标系之间以及独立坐标系之间的三维或二维高斯平面指标转换。另外需要考虑高程异常,在大地坐标系和高斯平面坐标系之间把大地高和正常高联系起来。

1. 坐标系转换分类

(1) 同一坐标系内空间直角坐标系(X, Y, Z)和大地坐标系(B, L, H)之间转换

只有在同一大地坐标系内,空间直角坐标系和大地坐标系之间才可以直接转换,是坐标系内部表现形式的转换。在测绘案例分析中,由于空间直角坐标系本身就是一种转换媒介,这种转换只是三维坐标转换的一个中间过程。

（2）不同坐标系内空间直角坐标系(X, Y, Z)之间转换

CGCS2000 与西安 1980 国家大地坐标系空间直角坐标系之间的转换属于三维空间坐标转换。

一般用布尔沙七参数转换模型建立需要转换的坐标系之间的空间直角坐标系关系。

七参数为 3 个平移因子、3 个旋转因子、1 个缩放因子,解算七参数转换模型至少需要 3 个三维坐标重合点列出方程。

（3）不同坐标系内大地坐标系(B, L, H)之间转换

CGCS2000 与西安 1980 国家大地坐标系之间的转换分为间接转换和直接转换两类,在案例分析考试中只需要掌握间接转换即可。

① 间接转换

间接转换即把标的大地坐标系转换为空间直角坐标系,利用七参数模型作为转换媒介进行坐标转换,转到目标坐标系的空间直角坐标系,再转到目标坐标系的大地坐标系。这种坐标转换方法适于三维坐标之间的转换,至少需要 3 个同名三维坐标点。

② 直接转换

对于参心坐标系来说,一般难以直接获得三维大地坐标,不便采用七参数转换模型,可以用二维七参数模型来计算。

二维七参数坐标转换模型由于已经考虑了椭球参数变化因素,故不再借助空间直角坐标系为媒介,直接解求经纬度改正数建立不同大地坐标系之间的二维转换模型。

（4）高斯平面直角坐标系(x, y)之间转换

① 不同坐标系的高斯平面直角坐标系之间转换

高斯平面直角坐标系为三维大地坐标系(B, L, H)经过高斯正算后得到的投影平面坐标系,要与正常高一起结合来表达三维坐标,两者之间的转换需要获取正常高(高斯平面直角坐标系)与大地高(大地坐标系)的差距(高程异常)。

$$\left.\begin{array}{l} x_2 = \Delta x + x_1(1+m)\cos \alpha - y_1(1+m)\sin \alpha \\ y_2 = \Delta y + x_1(1+m)\sin \alpha + y_1(1+m)\cos \alpha \end{array}\right\}$$

如果不考虑高程,只进行二维高斯平面直角坐标系之间的转换,一般采用平面四参数坐标转换模型,只需要知道分别位于两个坐标系内的二维重合点坐标。四参数为 2 个平移因子、1 个缩放因子、1 个旋转因子。

其中,x_1,y_1——— 坐标系 1 的高斯直角坐标系二维坐标;

x_2,y_2——— 坐标系 2 的高斯直角坐标系二维坐标;

Δx,Δy——— 平移因子;

α——— 旋转因子;

m——— 比例因子。

由于高斯平面直角坐标系参数转换一般是小范围的局部坐标转换,椭球参数的影响非常小,故四参数坐标转换不需要考虑因椭球参数不同带来的投影误差影响。

② 同一坐标系不同中央子午线的高斯平面直角坐标系之间转换

高斯投影换带计算方法是先各自利用高斯反算公式换算成大地坐标系,再对大地坐标在

新的投影带下重新投影,用高斯正算公式换算成目标投影带高斯平面坐标系。

（5）高斯平面直角坐标系与大地坐标系之间转换

高斯平面直角坐标系与大地坐标系转换通过高斯正反算来实现。

2. 高斯平面归化（图 2.12）

从大地坐标转换到高斯平面坐标,不仅坐标会有变化,方向和距离都会有变形。这部分内容案例分析考试一般不会深入。

（1）方向改正

方向改正内容只需要大概了解即可。

垂线偏差改正是外业基准线切换到内业

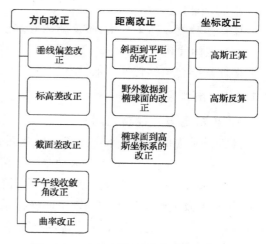

图 2.12　参考椭球面归化到高斯平面

基准线需要加的改正。另外,标高差改正、截面差改正都属于参考椭球面投影到高斯平面的方向改正。

（2）水准面高程归算

① 椭球数据归化到高斯平面所加的改正

因高斯投影面上除了中央子午线外长度比都大于1,故椭球边长（大地线）归化到高斯平面所加的改正与边长距中央子午线的远近相关,从椭球面归化到高斯平面的边长变长。

② 地面观测的距离归算到椭球面所加的改正

除了椭球数据归化到高斯平面所加的改正外,在这之前还要经过地面观测的距离归算到椭球面计算,两者合起来称为两化改正。

假设平均水准面与椭球面平行,高程会对椭球面长度归算带来影响。地面边长与椭球面越远,即大地高越大,归化到椭球面的边长就越短。

3. 坐标转换流程

（1）准备工作

收集和整理用于转换的重合点坐标资料,并分析选取用于转换的重合点,重合点的个数应满足要求,重合点应可靠、精度较高,并均匀布设,覆盖整个测区。

测绘案例分析题目中,要分析哪些是坐标转换重合点,最简单的办法就是判断重合点是否具有或通过某种方式可以得到两套转换坐标系的坐标。

（2）转换参数计算

根据已有重合点成果和转换要求,确定参数计算方法和转换模型。

利用直角坐标系作为相似变换转换媒介,二维转换要将重合点换算到同一投影带高斯直角坐标系坐标,三维转换将各坐标转换成空间直角坐标系坐标。

计算时应具有多余重合点,并用最小二乘法作为约束条件,计算转换参数。

（3）精度分析

根据转换参数计算目标坐标系重合点坐标,分析转换残差,转换残差即重合点转换后坐标与已知坐标之差,计算坐标残差中误差来评估坐标转换精度,并根据残差限差（3 倍残差中误差)剔除粗差。

如转换精度评估不合格,应重新选取重合点坐标进行参数计算。

(4) 坐标计算

根据最终合格的转换参数计算目标坐标系其他地物坐标。

2.1.4.2 高程系统转换

1. 正常高与大地高之间

高程异常为似大地水准面至参考椭球面的垂直距离。

$$大地高＝正常高＋高程异常$$

① 当涉及 GNSS 高程(大地高)时,要注意以上换算,使之与高程系统统一。

② 当涉及大地坐标系和高斯平面坐标系进行三维坐标转换时,要先用上式把高斯平面坐标系的正常高系统换算至大地高,与经过高斯反算得到的大地坐标配对,再利用七参数进行三维坐标转换。

2. 正常高与深度之间

正常高与深度之间通过验潮站验潮和几何水准建立转换关系,它们之间的纽带是验潮站水尺。

通过这个转换,高程系统由陆地传递而来,与深度基准建立联系。

2.1.5 误差计算

1. 误差、限差与中误差的区别(图 2.13)

限差属于观测值的允许范围,一般取 2 倍中误差。中误差指该组观测值的精度,对应一条正态分布误差曲线,即相同观测条件下的观测值的统计值。

某指标表述为误差不大于 5 cm,指观测值超出 5 cm 为粗差,该指标是限差,表示一个观测值的限值;若表述为中误差不大于 5 cm,指该观测条件下的精度不得超出 5 cm,该指标属于中误差,表示一组同精度观测值统计值的限值。

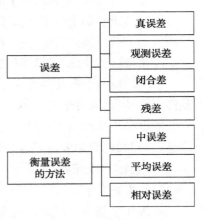

图 2.13 误差与中误差的区别

2. 中误差计算

(1) 计算值为真误差时的中误差计算公式

$$\sigma = \pm\sqrt{[\Delta\Delta]/n}$$

式中　Δ——真误差;

　　　n——观测次数。

可以设高精度检核观测值为真误差,故高精度检核公式也采用该式。

(2) 计算值为改正数时的中误差计算公式

$$\sigma = \pm\sqrt{[vv]/(n-1)}$$

式中　v——误差改正数。

即白塞尔公式,这个公式的实质是用观测值和观测值平均数的差代替真误差,当真误差不可知并且观测次数有限时采用。

（3）双观测值中误差计算公式

$$\sigma = \pm\sqrt{[dd]/2n}$$

式中 d——双观测值之差；

        n——测回数。

可把等精度检核观测值和被检核观测值视为一对等精度双观测值，故等精度检核公式也采用该式。

3. 误差传播率

（1）方差传播率

假设观测值都是独立观测，且为线性函数：

$$Z = aX + bY + k$$
$$M_Z = a^2 M_X + b^2 M_Y$$

式中 $a，b$——函数系数；

        k——常数项；

        M_X、M_Y——X、Y 对应的方差。

（2）误差传播率的应用

① 算术平均值中误差计算

$$m = \frac{1}{\sqrt{n}}\sigma$$

式中 σ——等精度观测值中误差；

        m——一组等精度观测值算术平均值中误差；

        n——观测值数目。

② 水准测量精度计算

测站间距离相等时 $\sigma_h = \sqrt{S}\sigma_{公里}$

测站精度相等时 $\sigma_h = \sqrt{N}\sigma_{站}$

式中 σ_h——水准路线高差中误差；

        $\sigma_{公里}$——每公里高差中误差；

        $\sigma_{站}$——测站高差中误差；

        S——水准路线长度；

        N——测站数。

③ 若干独立误差影响

$$\sigma_z^2 = \sigma_1^2 + \sigma_2^2 + \cdots + \sigma_n^2$$

式中 σ_z——总的中误差；

        $\sigma_1，\sigma_2，\cdots，\sigma_n$——若干独立影响中误差。

若 $\sigma_1，\sigma_2，\cdots，\sigma_n$ 精度影响相等，则上式改为

$$\sigma_z^2 = n\sigma_1^2$$

④ 加权平均值公式用于加权平均的计算

$$X = (p_1 l_1 + p_2 l_2 + \cdots + p_n l_n)/(p_1 + p_2 + \cdots + p_n)$$

式中　X——加权平均值；

　　p_1，p_2，$\cdots p_n$——权；

　　l_1，l_2，$\cdots l_n$——观测值。

2.2　真题解析

2.2.1　2011 年第一题

2.2.1.1　题目

某市的基础控制网,因受城市建设、自然环境、人为活动等因素的影响,测量标志不断损坏、减少。为了保证基础控制网的功能,该市决定对基础控制网进行维护,主要工作内容包括控制点的普查、补埋、观测、计算及成果的坐标转换等。

1. 已有资料情况

已有资料内容如下：

① 该市基础控制网的观测数据及成果。

② 联测国家高等级三角点 5 个,基本均匀覆盖整个城市区域,各三角点均有 1980 西安坐标系成果[1]。

③ 城市及周边地区的 GPS 连续运行参考站观测数据及精确坐标[2]。

④ 城市及周边地区近期布设的国家 GPS 点及成果。

2. 控制网测量精度指标要求

控制网测量精度指标要求采用三等网,主要内容见表 2.6。

表 2.6　三等网技术指标

等级	a/mm	$b(1 \times 10^{-6})$	最弱边相对中误差
三等	$\leqslant 10$	$\leqslant 5$	1/80 000[3]

3. 外业资料的检验

外业资料的检验是使用随接收机配备的商用软件对观测数据进行解算。对同步环闭合差、独立闭合环闭合差、重复基线较差进行检核,各项指标应满足以下精度要求。

（1）同步环各坐标分量闭合差（W_X、W_Y、W_Z）

$$W_X \leqslant \sqrt{3}/5 \cdot \sigma \quad W_Y \leqslant \sqrt{3}/5 \cdot \sigma \quad W_Z \leqslant \sqrt{3}/5 \cdot \sigma \quad \sigma = \sqrt{a^2 + (bD)^2}$$

式中　σ——基线测量误差[4]。

（2）独立闭合环坐标闭合差 W_s 和各坐标分量闭合差（W_X、W_Y、W_Z）

$$W_X \leqslant 2\sqrt{n}\sigma \quad W_Y \leqslant 2\sqrt{n}\sigma \quad W_Z \leqslant 2\sqrt{n}\sigma \quad W_s \leqslant 2\sqrt{3n}\sigma$$

式中　n——闭合环边数。

（3）重复基线的长度较差 ds 应满足规范要求

项目实施中，测得某一基线长度约为 10 km，重复基线的长度较差为 95.5 mm；某一由 6 条边（平均边长约为 5 km）组成的独立闭合环，其 X、Y、Z 坐标分量的闭合差分别为 60.4 mm、160.3 mm、90.5 mm。

4. GPS 控制网平差解算

（1）三维无约束平差。

（2）三维约束平差。

5. 坐标转换

该市基于 2000 国家大地坐标系建立了城市独立坐标系，该独立坐标系使用中央子午线为东经×××°15′任意带[5]高斯平面直角坐标，通过平差与严密换算获得城市基础控制网 2000 国家大地坐标系与独立坐标系成果后[6]，利用联测的 5 个高等级三角点成果，采用平面二维四参数转换模型[7]，获得了该基础控制网 1954 年北京坐标系[8]与 1980 西安坐标系成果。

问题：

1. 计算该重复基线长度较差的最大允许值，并判定其是否超限。
2. 计算该独立闭合环坐标与坐标分量闭合差的限差值，并判定闭合差是否超限。
3. 简述该项目 GPS 数据处理的基本流程。
4. 简述该项目 1980 西安坐标系与独立坐标系转换关系的建立方法及步骤。

（上述计算：计算过程保留小数点后两位，结果保留小数点后一位。）

2.2.1.2　解析

知识点

1. GNSS 数据检查

GNSS 外业数据采集后，要经过各项检查。静态相对定向模式需要检查不同点之间重复基线、同步环、异步环等。

（1）重复基线检查

B 级 GNSS 网基线外业预处理和 C、D、E 级 GNSS 网基线处理，任意两条重复观测基线的长度较差计算公式如下：

$$ds \leqslant 2\sqrt{2}\sigma$$

式中　ds——复测基线的长度较差；

　　　σ——相应级别基线中误差。

（2）同步环检查

三边同步环观测分量闭合差计算公式如下：

$$W_x、W_y、W_z \leqslant \sqrt{3}\sigma/5$$
$$W_3 \leqslant 3\sigma/5$$

式中　W_x、W_y、W_z——三边同步环观测分量闭合差限值；

　　　W_3——三边同步环观测总量闭合差限值。

（3）独立环检查

独立环闭合差及附合路线分量闭合差计算公式如下：

$$W_x、W_y、W_z \leqslant 3\sqrt{n}\sigma$$
$$W \leqslant 3\sqrt{3n}\sigma$$

式中　W_x、W_y、W_z——独立环闭合差及附合路线分量闭合差限值；

　　　W——独立环闭合差及附合路线总量闭合差限值；

　　　n——边数。

工程测量中，独立环闭合差及附合路线分量闭合差应小于或等于 $3\sqrt{n}\sigma$，总量闭合差小于或等于 $3\sqrt{3n}\sigma$。

（4）基线中误差计算

基线（弦长）中误差计算公式如下：

$$\sigma = \sqrt{a^2 + (b \cdot D)^2}$$

式中　a——标称固定误差；

　　　b——标称比例误差；

　　　D——控制网平均基线长。

2. GNSS 网平差

GNSS 网平差的过程包括基线解算、无约束平差、约束平差、质量评估等工作，其中还包括各类坐标的转换。

3. 不同坐标系的高斯平面直角坐标系之间转换

如果不考虑高程，只进行二维高斯平面直角坐标系之间的转换，一般采用平面四参数坐标转换模型，只需要知道分别位于两个坐标系内的二维重合点坐标。四参数为 2 个平移因子、1 个缩放因子、1 个旋转因子。

由于高斯平面直角坐标系参数转换一般是小范围的局部坐标转换，椭球参数的影响非常小，故四参数坐标转换不需要考虑因椭球参数不同带来的投影误差影响。

资料分析

（1）该市基础控制网的观测数据及成果是对本项目原基础控制网数据的修测和维护，属于必要基础资料。

（2）联测国家高等级三角点 5 个，基本均匀覆盖整个城市区域，各三角点均有 1980 西安坐标系成果。

（3）城市及周边地区的 GPS 连续运行参考站观测数据及精确坐标。本项目要求出具 1980 西安坐标系成果，需要具有 1980 西安坐标系成果的国家高等级三角点作为坐标转换媒介点。题目没有透露坐标系信息,但规范规定 CORS 测绘成果应出具 2000 国家大地坐标系的数据,该资料即项目起算点,把 GPS 观测数据归算于 2000 国家大地坐标系。

(4) 城市及周边地区近期布设的国家 GPS 点及成果,没有说明所采用的坐标系。

关键点解析

[1] 有四处线索暗示这 5 个控制点为本项目关键的坐标转换重合点,具体内容如下:

① 指明经过联测;

② 点数特意指出,并满足平面二维转换需求;

③ 均匀覆盖全测区,可以用来转换;

④ 含有问题中所问的 1980 西安坐标系坐标。

[2] 既然三角点联测了 1980 西安坐标系,必定还有另外一个坐标系,即本次测量所用的坐标系,联测的目的是赋予三角点 2000 国家大地坐标系,让其兼有两种坐标系统,使之能成为坐标转换重合点。

在联测前没有证据证明这些三角点具有 2000 国家大地坐标系坐标,故它们不是本项目的起算点。

收集的资料才是本次测量的已知参考系和起算点,测区内的 CORS 点应联测,生成城市基础控制网 2000 国家大地坐标系与独立坐标系成果。

[3] 最弱边相对中误差是控制网中精度最低处的基线相对中误差。

[4] 按公式基线测量误差应为平均基线测量中误差。

为了和问题对应,出题人把中误差改成误差,把平均基线改成个别基线,导致该案例分析的两问,代入公式的基线长不等,这是本题的不严谨之处,考生应注意区别。

[5] 该市采用了城市独立坐标系,中央子午线经过了移动。在 2000 国家大地坐标系转换到城市独立坐标系的过程中,需要注意解答投影带转换内容。

[6] GPS 数据采集后,通过平差获得城市基础控制网坐标,确认了前面的判断,即本项目地面参考框架是测区内的 CORS 网。

[7] 该项目采用平面坐标转换,无须考虑不同坐标系转换的椭球参数和高程异常因素。

题目评估

作为注册测绘师考试案例分析历年考试第一题,本题可圈可点,质量应属及格,题目设置得比较好。虽然 GNSS 数据处理所占分数较多,但主要考点在坐标系的转换上。

本题对坐标系的转换进行了高度综合,并设置了隐藏线索,没有设置正常高和大地高的考点,GNSS 数据质量检查时直接给出了公式,考虑到是注册测绘师第一年考试,对难度有所保留。

在关键点解析(3)处,最弱边相对中误差为 1/80 000,这是出题人设置的障碍。最弱边相对中误差是控制网中精度最低处的基线相对中误差,和全网平均基线相对中误差并不等同,其值要大于平均基线相对中误差。如用最弱边相对中误差和基线长来求题中的基线误差,会导致方向性错误。

评价:★★☆　　　　　　　　难度:★★☆

思考题

题目中没有给出 1954 年北京大地坐标系控制网数据,成果中却要求建立 CGCS2000 和 1954 年北京大地坐标系的关系,根据题目给出要求,能实现吗？如果不能,还应该怎么做？

2.2.1.3 参考答案

1. 计算该重复基线长度较差的最大允许值,并判定其是否超限。

【答】

(1) 基线中误差计算:

$$\sigma = \sqrt{a^2 + (bD)^2} = \sqrt{10^2 + (10 \times 5)^2} = 50.99 \text{ mm}$$

(2) 根据相关规定,重复基线长度较差最大允许值为基线中误差的 $2\sqrt{2}$ 倍。

$$2\sqrt{2}\sigma = 144.2 \text{ mm}$$

(3) 因重复基线的长度较差 95.5 mm＜144.2 mm,故不超限。

2. 计算该独立闭合环坐标与坐标分量闭合差的限差值,并判定闭合差是否超限。

【答】

(1) 独立环基线中误差计算:

$$\sigma = \sqrt{a^2 + (bD)^2} = \sqrt{10^2 + (5 \times 5)^2} = 26.93 \text{ mm}$$

(2) 独立环坐标分量闭合差限差计算:

$$W_x = W_y = W_z = 2\sqrt{n}\,\sigma = 2\sqrt{6} \times 26.93 = 131.9 \text{ mm}$$

(3) 独立环坐标闭合差限差计算:

$$W_s = 2\sqrt{3n}\,\sigma = 2\sqrt{3 \times 6} \times 26.93 = 228.5 \text{ mm}$$

(4) 独立环闭合差计算:

$$W_3 = \sqrt{60.4^2 + 160.3^2 + 90.5^2} = 193.7 \text{ mm}$$

(5) 因独立环分量闭合差

$$W_x = 60.4 < 131.9 \quad W_y = 160.3 > 131.9 \quad W_z = 90.5 < 131.9$$

独立环闭合差

$$W_s = 193.7 < 228.5$$

(6) 独立环 y 方向分量超限,其他分量闭合差和独立环闭合差不超限。

3. 简述该项目 GPS 数据处理的基本流程。

【答】

GPS 数据处理的基本流程为:

(1) 资料准备。

(2) 数据预处理和基线向量解算。

（3）基线向量选取。

（4）三维无约束平差。

（5）约束平差和联合平差（利用联测的 CORS 站点）。

（6）质量检查和精度评估。

（7）成果提交。

4. 简述该项目 1980 西安坐标系与独立坐标系转换关系的建立方法及步骤。

【答】

（1）坐标系转换关系的建立方法为利用重合点求解平面四参数，建立坐标转换模型。

（2）坐标转换模型建立步骤如下：

① 资料准备和整理。

② 投影换带。测量所得坐标系为 2000 国家大地坐标系的 GPS 测量成果，利用高斯正反算，把投影带换带到中央子午线为东经×××°15′的高斯投影带上。

③ 重合点选取。利用兼具 1980 西安坐标系和独立坐标系坐标的 5 个高等级三角点作为坐标转换重合点。

④ 转换模型选取。选取平面二维四参数转换模型。

⑤ 转换模型建立。通过最小二乘法求最或然值，计算获得基于 CGCS2000 城市独立坐标系与 1980 西安坐标系的坐标转换参数。

5. 思考题：题目中没有给出 1954 年北京大地坐标系控制网数据，成果中却要求建立 CGCS2000 和 1954 年北京大地坐标系的关系，根据题目给出要求，能实现吗？如果不能，还应该怎么做？

【答】

（1）不能实现转换。

（2）应具有 1954 年北京大地坐标系控制点，并收集相关数据，在 GPS 测量时予以联测，然后用四参数建立转换模型。

2.2.2　2012 年第三题

2.2.2.1　题目

某地区为海岛综合开发建设，利用现有二等大地控制网成果，布设了覆盖沿海岛屿的 C 级 GPS 网，并与验潮站网进行了水准联测。

1. 测区条件

该地区海岛地理环境复杂，陆岛交通困难，个别海岛验潮站位于地势陡峭的岸边，有些验潮站邻近码头的大型作业设施或高压输电线。因顾及 GPS 点尽量靠近验潮站水准点，给 GPS 点位的选择造成了一定困难。[1]

2. 执行规范

《全球定位系统（GPS）测量规范》（GB/T 18314—2009）等。

3. 外业观测与数据处理

（1）新测 C 级 GPS 点若干个。外业利用双频大地型 GPS 接收机（标称精度 5 mm＋

1ppm)[2]进行了同步环观测。基线结算之后,对所有三边同步环的坐标闭合差 W_s 和各坐标分量闭合差 W_x、W_y、W_z 进行了检核。

$$W_s = \sqrt{W_x^2 + W_y^2 + W_z^2},$$ 限差为 $3/5 \cdot \sigma$(σ 为基线测量中误差[3],按实际平均边长计算,固定误差和比例误差系数采用 GPS 接收机标称精度)。其中,某三边同步环的坐标闭合差 W_s 限差为 6 mm。

(2) 利用本地区已经建立的覆盖沿海岛屿的高精度区域似大地水准面模型[4],将国家高程基准传递到海岛上,以得到海岛上 GPS 点的国家高程基准的高程;将 GPS 点与验潮站水准点联测,以同时得到基于当地深度基准面的高程[5]。其中,某海岛验潮站附近 GPS 点 A 基于国家高程基准的高程为 1.986 m,基于当地深度基准面的高程为 4.434 m[6],该区域高程异常 0.776 m[7],该海岛验潮站附近海中有一暗礁 B[8],海图上标注的最浅水深为 1.200 m。

问题:

1. 在海岛验潮站附近选择 GPS 点点位应注意哪些事项?

2. 计算该三边同步环的平均边长(结果取至 0.01 km)及各坐标分量闭合差 W_x、W_y、W_z 的限差(结果取至 0.1 mm)。

3. 计算暗礁 B 的大地高和基于国家高程基准的高程(列出计算步骤,结果取至 0.001 m)。

2.2.2.2 解析

知识点

1. GNSS 选点要求

(1) B、C 级 GNSS 点应选在一等水准路线结点或一等、二等水准结点附近基岩上,如水准点附近 3 km 范围内无基岩,则可以建在土层上。

(2) 视野开阔,视场内障碍物的高度角不宜超过 15°。

(3) 远离大功率无线电发射源(如电视台、电台、微波站等),其距离不小于 200 m;远离高压输电线和微波无线电信号传送通道,其距离不应小于 50 m。

(4) 附近不应有强烈反射卫星信号的物件(如大型建筑物、大面积水域等),50 m 范围内固定与变化反射体应标注在点之记环视图上。

(5) 交通方便,有利于扩展和联测,要联测水准的应绘制水准联测示意图。

(6) 地面基础稳定,易于标石的长期保存。

(7) 充分利用符合要求的已有控制点。

(8) 使测站附近的局部环境与周围的大环境保持一致,减少气象影响误差。

(9) 选点完成后提交选点图、点之记信息、实地选点情况说明以及对埋石的建议。

2. 正常高与大地高的关系

高程异常为似大地水准面至参考椭球面的垂直距离,计算公式如下:

$$大地高 = 正常高 + 高程异常$$

关键点解析

[1] 从测区概况可得到如下 GNSS 选点信息。

① 陆岛交通困难。表明无法通过几何水准测量方法进行陆地和岛屿之间的高程联测，故该项目是通过似大地水准面精化的形式来传递高程。

② 个别验潮站位于岸边。暗示 GNSS 测量时要注意多路径效应的影响，应该离开海面一段距离。

③ 邻近码头大型作业设施可能会有振动，需要注意避开。

④ 高压输电线会带来电磁干扰，要远离一定距离。

⑤ GPS 要靠近验潮站水准点。为了使 GPS 点能方便联测验潮站水准点，需要尽量靠近验潮站。

[2] 通过 GPS 接收机标称精度是计算本项目 GPS 网平均基线测量中误差 σ 的必备条件。

[3] 已知三边同步环的坐标闭合差可以求得三边同步环的坐标分量闭合差。通过闭合差限差公式，已知闭合差三边同步环的坐标闭合差 W_s 限差，可以求得 σ，即平均基线测量中误差，此处对比 2011 年第一题，平均基线测量中误差运用无误。

运用公式 $\sigma = \sqrt{a^2 + (bD)^2}$，代入反算获得基线长 D（单位为 km）。对比 2011 年第一题可知同样需要公式运用，此题需要考生背出该公式。

[4] 具有高精度区域似大地水准面模型意味着在测区内任一点都可以取得符合等外水准测量精度要求的高程测量值，本项目以此法进行全测区高程传递测量。

[5] 陆地高程传递到海岛后，再用几何水准联测验潮站水尺，利用验潮站验潮数据经过水尺作为媒介获得理论深度基准面高程值。

另外，海岛验潮站基于国家高程基准的高程已经获得，同时也取得了验潮站似大地水准面数据，可求得验潮站位置高程基准面和深度基准面点的关系。

[6] 高程基准面和深度基准面点的差为 4.434－1.986＝2.448 m。

[7] 知道该区域高程异常，就建立了大地高与正常高之间的换算关系。

[8] 暗礁的定义为深度基准面以下的礁石，此处特意指出验潮站附近，表示计算时不用考虑潮汐内插影响，暗礁处的深度基准面与大地水准面之差就等于验潮站处相应值。如果暗礁远离验潮站，这个值就不再相等，必须经潮汐内插求得。

最浅水深表示暗礁最高处水深值。需要注意的是此处计算的是水深，而非干出高度，这需要对暗礁与明礁加以区分。

题目评估

在 GPS 选点考点的设置上，与测区概况非常好地联系起来，体现了阅读题干和答题技巧的重要性。本题首次把大地测量和海洋测量结合在一起出题，是另一亮点。

评价：★★☆　　　　　　　　难度：★☆☆

思考题

回答第一问时试着回忆教材的相应知识点，默写 GPS 选点方法，对比此题的参考答案，思考两种答案的异同,领会案例分析的解题方法。

2.2.2.3 参考答案

1. 在海岛验潮站附近选择 GPS 点点位应注意哪些事项?

【答】

(1) 要求埋石稳固,视野开阔。

(2) 需要交通方便,便于扩展。

(3) 避开高压输电线,避免电磁干扰。

(4) 避开码头大型作业设施,不受振动影响。

(5) 远离海边,避免海面多路径效应。

(6) 需要尽量靠近验潮站,方便水准联测。

2. 计算该三边同步环的平均边长(结果取至 0.01 km)及各坐标分量闭合差 W_x、W_y、W_z 的限差(结果取至 0.1 mm)。

【答】

(1) 平均基线中误差计算。

因该三边同步环的坐标闭合差限差为 6 mm,即

$$3/5 \cdot \sigma = 6, \sigma = 6 \times 5/3 = 10 \text{ mm}$$

(2) 平均基线距离计算:

由 $\sigma = \sqrt{a^2 + (bD)^2}$,代入固定误差 a 和比例误差 b,得

$$10 = \sqrt{5^2 + (1 \times D)^2}, D = \sqrt{10^2 - 5^2} = 8.66 \text{ km}$$

(3) 坐标分量闭合差限差计算:

$$W_x = W_y = W_z \leqslant \sqrt{3}/5 \cdot \sigma = 10 \times \sqrt{3}/5 = 3.5 \text{ mm}$$

3. 计算暗礁 B 的大地高和基于国家高程基准的高程(列出计算步骤,结果取至0.001 m)。

【答】

(1) 验潮站深度基准面的高程计算:

$$1.986 - 4.434 = -2.448 \text{ m}$$

(2) 暗礁 B 正常高计算:

$$-2.448 - 1.2 = -3.648 \text{ m}$$

(3) 暗礁 B 大地高计算:

$$大地高 = 正常高 + 高程异常 = -3.648 + 0.776 = -2.872 \text{ m}$$

4. 思考题:回答第一问时试着回忆教材相应知识点,默写 GPS 选点方法,对比此题后面的参考答案,思考两种答案的异同,领会案例分析的答题方法。

【答】

(1) 按照题干提示回答问题,题干提到的都要写出,题干没提到的如应该涉及的按次要

点写出,毫不相干的无须写出。

(2) 要仔细研读提示,读懂背后隐藏的意思,不要停在表面只知道抄写。

(3) 切忌忽略题干埋头默写。

(4) 用心领会答题方法和技巧,绝大部分题目句句有真意。

(5) 要看懂题目和潜台词,需要大量练习和学习,掌握扎实的基本功。

2.2.3　2013 年第三题

2.2.3.1　题目

某沿海港口在航道疏浚工程完成后,委托某测绘单位实施航道水深测量,以检验疏浚是否达到 15 m 的设计水深要求。

有关情况如下。

1. 测量基准

平面采用 2000 国家大地坐标系,高程采用 1985 国家高程基准,深度基准面采用当地理论最低潮面。

2. 测区情况

附近有若干三等、四等和等外控制点成果,分布在山丘、码头、建筑物顶部等处,港口建有无线电发射塔、灯塔等设施[1]。

3. 定位

采用载波相位实时动态差分 GPS 定位,选择港口附近条件较好的控制点 A 作为基准台,测量船作为流动台,基准台通过无线电数据链向流动台播发差分信息。[2]

测量开始前收集了 A 点高程 h_A 和在 1980 西安坐标系中的平面坐标 (X_A, Y_A)[3] 以及 A 点基于 1980 西安坐标系参考椭球的高程异常值 ζ_A[4]。另外还收集了 4 个均匀分布在港口周边地区的高等级控制点,同时具有 1980 西安坐标系和 2000 国家大地坐标系的三维大地坐标[5]。通过坐标转换,得到 A 点 2000 国家大地坐标系的三维大地坐标 (B_A, L_A, H_A)[6]。

4. 验潮

在岸边设立水尺进行验潮,水尺零点在深度基准面下 1 m 处。

5. 测深

在测量船上安装单波束测深仪,经测试,测深仪总改正数 ΔZ 为 2 m[7]。

在航道最浅点 B 处,测深仪的瞬时读数为 16.7 m,此时验潮站水尺读数为 4.5 m[8]。

问题:

1. 简述 A 点作为差分基准台应具备的条件。

2. 根据已知点成果资料,本项目最多可以计算得到几个坐标系统转换参数? 分别是什么参数?

3. 简述将 A 点已知高程 h_A 转换为 2000 国家大地坐标系大地高 H_A 的主要工作步骤。

4. 计算航道最浅点 B 处的水深值,并判断航道疏浚是否达到设计水深。

2.2.3.2 解析

知识点

1. 大地坐标系的高程系统

大地坐标系是以参考椭球面为基准面建立起来的坐标系,地面点的位置用大地经度(L)、大地纬度(B)和大地高(H)表示。

大地高(H)是指从一地面点沿过此点的地球椭球面的法线到地球椭球面的距离。外业测量数据归算到参考椭球面时,需要计算大地高,也就是大地坐标系中的高程系统。

高程异常为似大地水准面至参考椭球面的垂直距离,大地高=正常高+高程异常。

故由正常高系统的高程得到大地坐标,需获得高程异常进行转换。

2. 不同坐标系的大地坐标系之间转换

不同坐标系的大地坐标系之间转换需要利用七参数模型进行坐标转换,转到目标坐标系的空间直角坐标系,再转到目标坐标系大地坐标系。这种坐标转换方法适于三维坐标之间的转换,至少需要三个同名三维坐标点。

不同椭球三维坐标之间的坐标转换除了上述的七参数之外,还需顾及两个椭球长半轴和扁率差,即需要知道椭球参数来进行大地坐标系和空间直角坐标系之间的转换。

3. 单站动态定位

单站载波相位实时差分技术(RTK),即"1+1"模式 GPS-RTK 测量方法。

利用一台 GNSS 接收机做基准站,另外一台做流动站,基准站把差分改正数据传输到流动站,从而实现实时的载波相位差分定位。

资料分析

(1)基准台 A 点高程 h_A 和在 1980 西安坐标系中的平面坐标(X_A,Y_A)以及 A 点基于 1980 西安坐标系参考椭球的高程异常值 ζ_A。可得到基准台 A 点的 1980 西安坐标系三维大地坐标。

(2)4 个均匀分布在港口周边地区的高等级控制点,同时具有 1980 西安坐标系和 2000 国家大地坐标系的三维大地坐标,可生成 1980 西安坐标系和 2000 国家大地坐标系的三维大地坐标之间的坐标转换参数。

关键点解析

[1]点 A 应从分布在山丘、码头、建筑物顶部等处的若干三等、四等控制点中选取,等外控制点不适合作为差分基准站。其他从题目中可以得到的有关选点信息有 GNSS 点应考虑大面积水域的多路径效应影像、应避开无线电发射塔的电磁干扰、应考虑对测船的视线要求等。

[2]本项目采用了 DGPS(差分全球定位系统)进行测船定位,基准台点 A 即为 GNSS 载波相位实时动态测量基准站,向测船实时播报差分数据,改正测船的实时定位坐标。

[3]控制点 A 原有的坐标数据只有 1980 西安大地坐标系的高斯平面坐标(基于椭球面经高斯正算后的平面)和正常高高程(基于似大地水准面),以高斯平面坐标系和正常高系统

配置的三维系统由于其基准不匹配,无法直接参与三维大地坐标转换。

〔4〕出题人特意给出了基于 1980 西安坐标系参考椭球的高程异常值,目的是使基准站 A 点坐标可以转换为 1980 西安大地坐标系三维坐标,继而转换成 1980 西安坐标系空间直角系统,以七参数模型进行坐标转换。

考生应熟练掌握相关知识,明白高斯坐标系和高程无法直接进行三维七参数坐标转换的原因,这是坐标转换的关键问题。1980 西安坐标系高程异常一般难以直接得到,三维坐标系转换可采用二维(B, L)七参数模型解算,大地高可采用正常高与近似高程异常求得。每种坐标的书写方法都不同,在本题中点 A 的坐标表示形式为(X_A, Y_A),表示其为高斯平面坐标。

〔5〕显然,这 4 个点担负着两个坐标系之间计算转换参数的任务,与收集的资料一起,建立起坐标转换关系,把点 A 的坐标转换成 2000 国家大地坐标系坐标(B_A, L_A, H_A)。

〔6〕此处给出了关键提示,项目需获得的是(B_A, L_A)而不是(X_A, Y_A),与之对应,此处的 H_A 是基于 2000 国家大地坐标系参考椭球的大地高,可以通过七参数和椭球参数转换得到。

〔7〕测深仪总改正数指基于瞬时海面的原始测量数据改正数,包括了仪器测量误差、吃水误差、声速测量误差等,但这时还没有经过水位改正。

〔8〕此处有两个值得注意的地方。

① 由于项目目的为航道疏浚,故需要检查航道最浅处与设计值之差使航行安全。

② 虽然题目中没有提及,但应明白该航道最浅处位于港口附近,验潮站在港口附近的岸边,测深处与验潮站距离不远,可以认为水位改正值相同,不需要进行潮汐内插。如无这个假设,此题便条件不足无法解答。

题目评估

题干知识点设置流畅,题目整体性高,考点综合。

坐标系的转换在这个题目里得到了较好的展示。题中涉及两个不同的大地坐标系之间转换、高斯平面直角坐标系与正常高不匹配的伪三维坐标与大地坐标系之间的转换以及高程异常在坐标转换中的运用等重要知识点。

坐标系转换考点比 2011 年更深入,从二维转换升级成三维转换,并加入了高程异常计算。除了坐标系转换外,其他考点难度不高。

评价:★★☆　　　　　　　　　　难度:★☆☆

思考题

若题目条件没有收集到点 A 基于 1980 西安国家大地坐标系的高程异常,思考一下该项目应如何获得点 A 的 1980 西安国家大地坐标系大地坐标。

2.2.3.3　参考答案

1. 简述 A 点作为差分基准台应具备的条件。

【答】

A 点作为差分基准台应具备的条件有以下几点。

（1）尽量靠近港口，埋石地点稳固，便于长期保存。

（2）面向大海视线无遮挡。

（3）距离海边应有一段距离，减弱多路径效应影响。

（4）远离无线电发射塔、高压线等电磁干扰设施。

（5）具有10°以上地平高度角卫星通视条件。

（6）充分利用测区已有的三等、四等控制点。

2. 根据已知点成果资料，本项目最多可以计算得到几个坐标系统转换参数？分别是什么参数？

【答】

由于已知点和待定点都是三维坐标，属于三维坐标转换，可以计算得到7个坐标系统转换参数，分别是3个平移参数、3个旋转参数、1个尺度参数。

3. 简述将 A 点已知高程 h_A 转换为 2000 国家大地坐标系大地高 H_A 的主要工作步骤。

【答】

（1）由点 A 处已知的高程异常数据和正常高数据获得1980西安大地坐标的大地高，计算方法为 $H_A = h_A + \zeta_A$。

（2）把点 A 已知1980西安坐标系平面坐标通过高斯反算转换成1980西安大地坐标经纬度，与大地高一起得到1980西安大地坐标系三维大地坐标 $(B_A, L_A, H_A)_{1980}$。

（3）通过收集的4个均匀分布在港口周边地区的高等级控制点，以空间直角坐标系为转换媒介计算七参数，建立1980西安坐标系和2000国家大地坐标系坐标转换模型。

（4）把点 A 的1980三维西安大地坐标利用坐标转换模型转换成 CGCS2000 国家大地坐标系坐标 $(B_A, L_A, H_A)_{2000}$。

（5）点 A 在 CGCS2000 国家大地坐标系坐标中的 H_A 即所求。

4. 计算航道最浅点 B 处的水深值，并判断航道疏浚是否达到设计水深。

【答】

计算步骤如下：

① 水位改正＝水尺读数－深度基准面在水尺零点读数＝4.5－1＝3.5 m；

② 综合改正后的瞬时水深＝未经综合改正的瞬时水深＋综合改正值＝16.7＋2＝18.7 m；

③ 基于深度基准面的水深＝瞬时水深－水位改正＝18.7－3.5＝15.2 m；

④ 因 15.2 m＞15 m，故 B 处疏浚水深达到设计水深要求。

5. 思考题：若题目条件没有收集到点 A 基于 1980 西安国家大地坐标系的高程异常，思考一下该项目应如何获得点 A 的 1980 西安国家大地坐标系大地坐标。

【答】

因本项目参考坐标系由4个均匀分布在港口周边地区的具有1980西安坐标系高等级控制点解算，故点 A 的1980西安国家大地坐标系大地坐标可在 GPS 网观测时联测得到。

2.2.4　2014 年第三题

2.2.4.1　题目

测绘单位承担了某测区的基础控制测量工作,测区面积约 1 800 km^2,地势平坦,无 CORS 网络覆盖。工作内容包括 10 个 GPS C 级点、GPS 点联测[1]、三等水准联测及建立测区高程异常拟合模型。测量基准采用 2000 国家大地坐标系(CGCS2000)及 1985 国家高程基准。

测区已有资料情况:测区周边均匀分布有三个国家 GPS B 级框架点,一条二等水准线路经过测区。[2]

观测设备:采用经检验合格的双频 GPS 接收机(5 mm+1 ppm)3 台套,DS1 水准仪一套。[3]

技术要求:GPS C 级网按同步环边连接式布网观测[4],按照三等水准联测 GPS C 级点高程。采用以下函数计算测区高程异常拟合模型。[5]

$$f(x, y) = a_0 + a_1 x + a_2 y + a_3 x^2 + a_4 y^2 + a_5 xy$$

经 GPS 观测、水准联测及数据平差处理,获取了各 GPS C 级点的 CGCS 2000 坐标及 1985 国家高程基准高程成果。某 GPS 三边同步环各坐标分量情况统计[6]如表 2.7 所示。

表 2.7　三边同步环各坐标分量统计表

基线	ΔX 分量/m	ΔY 分量/m	ΔZ 分量/m
1	14 876.383	2 631.812	8 104.319
2	−7 285.821	14 546.403	−15 378.581
3	−7 590.560	−17 178.218	7 274.257

拟合方法:利用 GPS C 级点成果计算测区高程异常拟合模型[7]。经检验,拟合精度为 ±0.5 cm。[8]

问题:

1. 本案例中,采用边连接布网时的同步环最少个数是多少? 独立基线数为多少?
2. 计算案例中 GPS 三边同步环各坐标分量闭合差(W_x、W_y、W_z)以及独立环闭合差。
3. 结合水准测量,简述建立测区高程异常拟合模型的基本步骤。

2.2.4.2　解析

知识点

1. 同步环设计

在控制网设计时,求同步环个数是为了计算时段数,它是不考虑重复测站的情况下,实际设站的时段个数,时段数应该是一个整数,故计算式需要向上取整(INT)。

(1)同步环个数。

$$T = \text{INT}[(n-k)/(N-k)]$$

式中　T——同步环(时段)个数;

N——接收机台数,包括最后一个时段,每个时段接收机数量一致;

n——待定点个数,待定点个数包括目标参考系联测已知点个数;

k——同步环之间的连接点数,k 的取值按点连式和边连式区别,点连式同步环之间以点连接,k 为1,边连式同步环之间以边连接,k 为2。

(2) GNSS 网特征条件参数计算。

时段数	$T = \text{INT}(n \cdot m/N)$
每点平均重复设站数	$m = N \cdot T/n$
总基线数(同步边)	$B_总 = T \cdot N(N-1)/2$
必要基线数	$B_必 = n-1$
一个时段独立基线数	$B_独 = N-1$
多个时段独立基线数	$B_独 = T(N-1)$
多余基线数	$B_多 = B_独 - B_必 = T(N-1)-(n-1)$

式中 T——时段数,同步环数;

m——每点重复设站数,每点平均时段数。

2. GNSS 水准拟合测量

GNSS 水准拟合测量是适用于小测区的纯几何似大地水准面精化方法。

一般采用多项式曲面拟合方式,由于是纯几何模式,故只能用于地势平缓地区。如采用二次多项式,则要选取 6 个以上已知点。

$$f(x, y) = a_0 + a_1 x + a_2 y + a_3 x^2 + a_4 y^2 + a_5 xy$$

GNSS 水准拟合测量步骤如下。

(1) 选取若干个高程异常控制点,均匀分布于测区。

(2) 采用多项式拟合,用最小二乘法进行曲面拟合。

(3) 得到测区高程异常数学模型。

(4) 精度评估。

(5) 代入坐标,内插得到任意点的高程异常。

(6) 与 GNSS 测得的大地高一起,求得正常高。

资料分析

(1) 测区周边均匀分布有 3 个国家 GPS B 级框架点。作为本项目 GPS C 级控制网的起算数据,三个点能满足设计要求。

(2) 一条二等水准线路经过测区,作为高等级数据联测本项目三等水准路线。

关键点解析

[1] 此处暗示了在布设 GNSS 控制网时应考虑高等级参考点一起联测。设置测区地势应平坦是因为几何似大地水准面拟合应在地形起伏小的地区开展。

[2] 测区周边均匀分布的 3 个国家 GPS B 级框架点为该项目起算点,并且需要与 C 级 GPS 点一起测量,计入测量待定点总点数。

二等水准线路为水准联测起算数据,用三等水准测量引测到 C 级 GPS 点上,得到测区高程异常控制网。

[3] 一个时段 3 台 GPS 接收机进行测量,若采用边连接方式则一个时段有两个重复设站,故一个时段只能新测一个点。这种布网形式平均每个待定点上重复设站数很高,故能达到规范上对重复设站的要求。

DS1 水准仪用来采用三等水准测量精度对 GPS 点联测,并联测二等水准点。

[4] GPS 选择边连接式测量,两个同步环之间有两个重复设站,这个数据在时段数(同步环数)计算时会用到。

[5] 此处给出了该项目高程拟合模型建立的方法,采用多项式曲面拟合方式,该公式采用了二次多项式,要选取 6 个以上已知点,列出 6 条误差方程计算 $a_0 \sim a_5$ 共 6 个未知数。

$$f(x,\ y) = a_0 + a_1 x + a_2 y + a_3 x^2 + a_4 y^2 + a_5 xy$$

此处的 $f(x,\ y)$ 为高程异常,x、y 为离差(拟合控制点与平均值之差)。

代入 6 个控制点数据,列出 6 条误差方程:

$$v = a_0 + a_1 x + a_2 y + a_3 x^2 + a_4 y^2 + a_5 xy - \zeta$$
$$x = x_i - x_0$$
$$y = y_i - y_0$$

式中 x、y—— 拟合坐标离差;

x_i、y_i—— 若干拟合控制点坐标;

x_0、y_0—— 控制点平均值;

v—— 高程异常改正数;

$a_0 \sim a_5$—— 多项式系数;

ζ—— 已知高程异常。

用最小二乘法对改正数约束,求多项式系数的最或然值,得到任意点的高程异常函数。

$$\min = [Pvv]$$

[6] 注意闭合差计算与闭合差限差计算的差别。限差的计算是由基线中误差根据边数推出的,在前面已经分析过,闭合差则与基线中误差无关。

[7] 高程异常拟合模型是高程框架建立的一种方法,得到了该模型就可以在任意点用 GNSS 测得大地高,再通过高程转换求得正常高。

[8] 拟合精度指的是根据若干检查点实测高程异常与根据模型计算得到的高程异常之间残差的中误差。

题目评估

项目中的小区域几何似大地水准面精化内容,补充了教材只有几何重力法似大地水准面精化内容的不足。GNSS 水准测量在实际生产中日益普及,考生通过对真实案例的理解,会有不少收获。另外,GNSS 网的设计也是必须掌握的关键性知识点。

从题目的设计质量来看本题较为平庸,不够灵活,但涉及的知识点都是重中之重。

本题给出多项式曲面拟合函数,来考查考生对 GNSS 高程拟合知识的理解,难度偏高,考点虽然重要,却容易复习不到。

评价:★★☆ 难度:★★☆

思考题

GPS 三边同步环闭合差计算时,各坐标分量 ΔX、ΔY、ΔZ 中,ΔZ 指的是( )。

A. 空间直角坐标系的 Z 分量

B. 大地坐标中的大地高 H 分量

C. 平面坐标系中的正常高 h 分量

2.2.4.3 参考答案

1. 本案例中,采用边连接布网时的同步环最少个数是多少? 独立基线数为多少?

【答】

(1) 最少同步环数(时段数)计算如下(INT 为向上取整)。

$$T = \text{INT}[(n-k)/(N-k)] = \text{INT}[(10+3-2)/(3-2)] = 11$$

(2) 重复设站数的计算如下。

$$m = N \cdot T/n = 11 \times 3/13 = 2.54$$

规范要求 GNSS C 级网每点平均设站数不小于 2,故该 GNSS C 级网重复设站数符合规范要求。

(3) 独立基线计算如下。

$$B_{独} = T(N-1) = 11 \times (3-1) = 22$$

注:步骤(2)的检算是必要的。但本题没有考虑这一步,考生遇到类似问题需要加以注意,相关规范对控制网重复设站数有要求。

2. 计算案例中 GPS 三边同步环各坐标分量闭合差(W_x、W_y、W_z)以及同步环闭合差。

【答】

(1) GPS 三边同步环各坐标分量闭合差计算如下。

$$W_x = 14\,876.383 - 7\,285.821 - 7\,590.560 = 0.002 \text{ m}$$

$$W_y = 2\,631.812 + 14\,546.403 - 17\,178.218 = -0.003 \text{ m}$$

$$W_z = 8\,104.319 - 15\,378.581 + 7\,274.257 = -0.005 \text{ m}$$

(2) 同步环闭合差计算如下。

$$W_s = \sqrt{W_x^2 + W_y^2 + W_z^2} = \sqrt{0.002^2 + 0.003^2 + 0.005^2} = 0.006 \text{ m}$$

3. 结合水准测量,简述建立测区高程异常拟合模型的基本步骤。

【答】

建立测区高程异常模型的步骤如下。

(1) 以 3 个 GPS B 级框架点作为起算点布设 GPS C 级网,求得各点坐标和大地高。

(2) 以经过测区的二等水准路线为起算数据,采用三等水准测量精度测量 GPS C 级网,求得各点正常高。

（3）得到测区高程异常控制网,各点的高程异常计算公式如下：

$$高程异常＝大地高－正常高$$

（4）选取均匀布设于测区内的至少 6 个 GPS 公共点,根据函数

$$f(x, y) = a_0 + a_1 x + a_2 y + a_3 x^2 + a_4 y^2 + a_5 xy$$

根据下式代入 6 个控制点数据,列出 6 条误差方程：

$$v = a_0 + a_1 x + a_2 y + a_3 x^2 + a_4 y^2 + a_5 xy - \zeta$$

利用最小二乘法求 $a_0 \sim a_5$ 6 个参数最佳估值。

（5）已知 $a_0 \sim a_5$ 6 个参数建立测区高程异常模型：

$$f(x, y) = a_0 + a_1 x + a_2 y + a_3 x^2 + a_4 y^2 + a_5 xy$$

（6）把测区其他非计算点代入拟合模型求高程异常与 GPS 水准点数据求残差,计算高程异常残差中误差,评估精度。

注：步骤（4）、步骤（5）可以加以简化,公式可以不列出。

4. 思考题：GPS 三边同步环闭合差计算时,各坐标分量 ΔX、ΔY、ΔZ 中,ΔZ 指的是（　　）。

A. 空间直角坐标系的 Z 分量

B. 大地坐标中的大地高 H 分量

C. 平面坐标系中的正常高 h 分量

【答】

选项 A 正确。GPS 三维无约束平差一般在空间直角坐标系中进行。

2.2.5　2015 年第三题

2.2.5.1　题目

某测绘单位开展了沿海某岛屿的陆岛 GPS 联测及区域似大地水准面精化工作,分级布设了若干 GPS B、C 级控制点以及高程异常控制点（又称 GPS 水准点）和二、三等水准点,辅以全站仪等常规方法建立了 D 级测图控制网,并对海岛及附近海域施测了 1∶2 000 地形图,测量采用 2000 国家大地坐标系,3°高斯-克吕格投影,1985 国家高程基准[1]。

（1）按照国家二等水准测量规范,在大路沿海岸线布设了 300 km 长的二等水准附合路线[2],在编算概略高程表时,对各测段观测的高差进行了水准标尺长度改正、水准标尺温度改正、重力异常改正和固体潮改正,计算发现附合路线的高差闭合差超限[3]。

（2）测图控制网中有一条电磁波测距边 MN 的斜距[4]观测值 D＝2 469.386 m, M、N 两点的平均高程 h_m＝30 m,高差 Δh＝5 m。在经过归化投影后,通过 M、N 两点的高斯平面直角坐标计算得到的边长 D'＝2 469.381 m,两点的平均横坐标 y_m＝20 km[5]。

（3）水下地形采用单波束测深。在水深测量开始之前,利用新建海岛验潮站一个月的观测资料,计算得到了当地临时平均海面和临时深度基准面,埋设了水准点 P,测得 P 点基

于临时平均海面的高程 $h_P = 5.381$ m。测量结束后，利用海岛验潮站连续 12 个月的观测资料及沿岸长期验潮站资料，重新计算了当地平均海面和深度基准面，并对测深成果进行了改正。新的平均海面比瞬时平均海面低 3 cm，比 1985 国家高程基准面高出 20 cm，GPS 联测得到了 P 点的三维大地坐标，其大地高 $H_P = 5.892$ m[6]。

问题：

1. 本项目不同等级、不同用途的 GPS 点应分别选择埋设什么类型的标石？

2. 二等水准附合路线高差闭合差超限，最有可能是对观测高差没有进行什么改正引起的？这项改正与水准测量路线的哪些要素相关？

3. MN 测距边从斜距 D 到高斯平面边长 D' 经过了哪些归化投影计算？它们分别有怎样的缩放规律？

4. 计算 P 点基于 1985 国家高程基准的高程 h_P' 和高程异常 ζ_P。

2.2.5.2 解析

知识点

1. 高程异常控制点的制作

高程异常控制点标石类型为天线墩、基本标石和普通标石，应同时满足 GPS 埋点和水准测量埋点要求，具体内容如下。

（1）B 级 GNSS 网用基岩、土层 GNSS 和水准共用标石，应埋设天线墩。

（2）C 级 GNSS 网用基岩、土层 GNSS 和水准共用标石，C、D、E 级可根据具体情况选用天线墩、基本标石或普通标石。

（3）D、E 级 GNSS 网用基岩、土层、楼顶 GNSS 和水准共用标石。

2. 外业高差概略表编算

（1）三、四等水准高差概略表编算

编算三、四等水准高差概略表时需加入标尺长度改正、正常水准面不平行改正、环闭合差改正。

（2）一、二等水准高差概略表编算

编算一、二等水准高差概略表时需加入标尺长度改正、正常水准面不平行改正、环闭合差改正、标尺温度改正、重力异常改正、固体潮改正，由两人各自独立计算并校检。

（3）正常水准面不平行改正计算

由于水准面之间不平行，水准路线不一样将导致测量高差不同，正常水准面不平行改正与纬度和平均高程有关，纬度越大，重力值越大，水准面间距越窄。

几何水准测量获得的高程系统经过正常水准面不平行校正，转换成基于似大地水准面的正常高高程。

$$\varepsilon = \Delta\gamma \cdot H_m / \gamma_m$$

式中　$\Delta\gamma$——两水准点之间的正常重力差；

　　　H_m——两水准点的平均高程；

　　　γ_m——两水准点的平均正常重力。

3. 外业测量距离归化到高斯平面步骤

（1）电磁波测距（斜距）归算到椭球面（图 2.14）

电磁波测距获得的是测站间的斜距，要转换为平距，由平距转为弦长，再转为弧长水准面弧长。

（2）水准面高程归算（图 2.15）

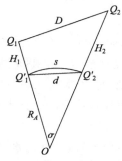 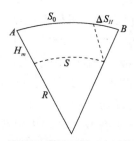

图 2.14　电磁波测距长度改正图　　2.15　水准面归算到椭球面长度改正

假设平均水准面与椭球面平行，高程会对椭球面长度归算带来影响。地面边长（$S_0 + \Delta S_H$）与椭球面越远，即大地高 H_m 越大，归化到椭球面的边长 S 变得越短。

$$\Delta S_H = - H_m \cdot S / R$$

式中　ΔS_H——实测平均水准面长度归化到椭球面所加的改正；

H_m——边长两端大地高平均值；

S——椭球面边长；

R——当地椭球面平均曲率半径。

（3）椭球大地线数据归化到高斯平面所加的改正

因高斯投影面上除了中央子午线外长度比都大于1，故椭球边长（大地线）归化到高斯平面所加的改正与边长距中央子午线的远近相关，从椭球面归化到高斯平面的边长变长。大地线与弦线投影到高斯平面后的变形基本相等，忽略其影响。

$$\Delta S = y_m^2 S / (2R_2)$$

式中　ΔS——椭球面边长归化到高斯平面所加的改正；

y_m——投影边两端 y 坐标平均值；

S——椭球面边长；

R——当地椭球面曲率半径。

关键点解析

[1] 本项目布设了 GPS B、C、D 级网，其中 GPS B 级网主要用来作为测区的高程异常控制网起算点，应与二等水准联测；C 级点用来布设高程异常控制网，应与三等水准联测，建立本测区的似大地水准面精化模型。布设 GPS D 级网为测图控制网，依具体情况需联测高程，测制了 1∶2 000 比例尺地形图。提到全站仪是为了与后面的电磁波测距改化计算呼应。

GPS 点的标石按规格分为观测墩、基本标石、普通标石,按埋设的位置不同又可分为基岩标石、岩层标石、土层标石、楼顶标石等。

对于第一问 GPS 点埋石的制作选择,分析如下:

① 要联测水准的 GPS 点(B、C 级)需要采用 GPS 和水准共用标石,同时满足 GPS 测量和水准测量的要求。

② GPS B 级点,应埋设在基岩上,采用有强制对中装置的观测墩。

③ GPS D 级网不一定联测高程,可以采用普通标石。

④ 标石的埋设类型又可根据埋设位置不同分为基岩标石、土层标石、楼顶标石。

［2］二等水准路线长达 300 km,且沿海岸带呈直线分布,涉及测区较大。

［3］二等水准高差概略表编算时应进行标尺长度改正、正常水准面不平行改正、环闭合差改正、标尺温度改正、重力异常改正、固体潮改正。对比本项目的改正内容,少了正常水准面不平行改正和环闭合差改正。

正常水准面不平行改正是改正因各测站水准面不平行造成的几何水准转化到正常高系统时的误差,该项误差与地球重力有很大关系,因为测区高程和水准点纬度与该地区地球重力有关,故主要考虑以下两方面因素:

① 水准路线的总体高程(平均高程),这个值越大,重力值越小。

② 首尾两水准点的纬度,纬度越大,重力值越大。

［4］电磁波为直线,其测距边为斜距,与参考椭球面不平行,要把测量值归算到椭球面上首先要转化为平距(测点之间水准面的弦长),再转化平距到所在水准面上。

［5］由(4)生成的弧长转化到高斯投影面上要经过两化改正。

① 到参考椭球面改正。假设平均水准面与椭球面平行,高程会对椭球面长度归算带来影响。地面边长 $(S_0 + \Delta S_H)$ 与椭球面越远,即大地高 H_m 越大,归化到椭球面的边长 S 也就变得越短。

② 到高斯投影面的改正。因高斯投影面上除了中央子午线外长度比都大于 1,故椭球面边长归化到高斯平面所加的改正与边长距中央子午线的远近相关,从椭球面归化到高斯平面的边长变长。

③ 在本项目中两个改正值的计算。通过以下计算可以发现本项目通过两化改正抵消了长度变形。

以下算法不作要求,题中给出的已知数据,与问题并无直接关系,以下列出是为了更加直观地了解两化改正原理。

水准面归化到椭球面的改正:

$$\Delta S_H = (H_m D)/(R + H_m) = 30 \times 2\ 469.386/(30 + 6\ 371\ 000) = 0.012 \text{ m}$$

椭球面归化到高斯平面的改正:

$$\Delta S = y_m^2 S/2R^2 = 20^2 \times (2.469\ 386 - 0.000\ 012)/2 \times 6\ 371^2 = 0.012 \text{ m}$$

［6］出现了三个平均海面和参考椭球面。

① 临时平均海面,验潮数据较少。

② 长期平均海面,验潮数据较多,较准确,即当地的平均海面。

③ 1985 国家高程基准面,即青岛验潮站处平均海面的延伸。

④ 由 GPS 联测得到的 P 点大地高获得参考椭球面。

题目评估

四个段落对应四个问题,整体性较差,问题偏向简单。题目中所给的数字没有体现在问题中。

但本题是一个具有分水岭意义的考题,问题中涉及的考点都是以往不会出现在案例分析中的知识点,标志着案例分析考点大大扩展。

相比较来说,知识点比往年偏,难度偏高。

评价:★☆☆　　　　　　　　　　　　　难度:★★★

思考题

本项目二等水准测量概算没有经过环闭合差改正计算,按照本题具体情况,是否需要计算水准环闭合差?

2.2.5.3　参考答案

1. 本项目不同等级、不同用途的 GPS 点应分别选择埋设什么类型的标石?

【答】

本题中的 GPS 点有 B、C、D 级 GPS 控制点,并联测高程。

(1) B 级 GPS 点用于区域似大地水准面精化的起算点,需要联测二等水准,故使用基岩点 GPS 和水准共用标石,应选用有强制对中装置的天线墩。

(2) C 级 GPS 点用于布设区域似大地水准面精化高程异常控制点,需要联测三等水准,故可以使用基岩、岩层、土层 GPS 和水准共用标石,应选用基本标石或普通标石。

(3) D 级 GPS 点用于测图首级控制点,故可以使用岩层、土层、楼顶等 GPS 和水准共用标石,可选用普通标石。

2. 二等水准附合路线高差闭合差超限,最有可能是对观测高差没有进行什么改正引起的? 这项改正与水准测量路线的哪些要素相关?

【答】

二等水准测量测段高差概略表编算时需加入标尺长度改正、正常水准面不平行改正、标尺温度改正、重力异常改正、固体潮改正。引起本项目高差闭合差超限最可能的原因是没有加正常水准面不平行改正。

该项改正与水准测量中的平均高程、测段始末水准点纬度有关。

3. MN 测距边从斜距 D 到高斯平面边长 D′ 经过了哪些归化投影计算? 它们分别有怎样的缩放规律?

【答】

经过以下三个方面的改正计算:

(1) 电磁波测距数据从斜距转化为平距,距离变小。

(2) 平距转化为参考椭球面上的距离,距离变小。

(3) 参考椭球面上的距离转化为高斯平面距离,距离变大。

4. 计算 P 点基于 1985 国家高程基准的高程 h'_P 和高程异常 ζ_P。

【答】 如图 2.16 所示。

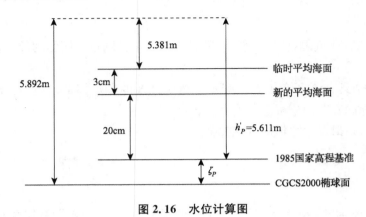

图中标注：
- 5.892m
- 5.381m
- 3cm
- 临时平均海面
- 新的平均海面
- 20cm
- $h'_P=5.611$m
- 1985国家高程基准
- ζ_P
- CGCS2000椭球面

图 2.16 水位计算图

（1）P 点高程计算：

$$h'_P = 5.381 + 0.03 + 0.2 = 5.611 \text{ m}$$

（2）高程异常计算：

$$高程异常 = 大地高 - 正常高$$

$$\zeta_P = 5.892 - 5.611 = 0.281 \text{ m}$$

5. 思考题：本项目二等水准测量概算没有经过环闭合差改正计算，按照本题具体情况，是否需要计算水准环闭合差？

【答】

水准测量环闭合差改正是把环线闭合差配赋到各个水准测量测段。本项目为附合水准测量，没有提到环线，故无须进行该项改正。

2.2.6 2016 年第三题

2.2.6.1 题目

某测绘单位承担一个海岛的跨海高程传递测量，采用测距三角高程测量与同步验潮联测的方法进行。主要工作内容包括跨海观测点的选定、埋设、观测和数据处理等。海岛与陆地的跨距为 9 000 m[1]，陆地沿岸地区地势起伏较大。

具体情况如下。

1. 跨海观测点选定

为选定合适的跨海观测点位置，在陆地沿岸和海岛进行了实地勘察，现场地质条件稳定、通视良好，其中在陆地沿岸初选了 A、B 和 C[2]（图 2.17），同时在跨海两边的观测点附近选定临时验潮站址及辅助水准点站址[3]。

2. 跨海观测点埋设[4]

跨海观测点选定后，依据任务要求绘制了跨海观测断面示意图（图 2.18）。在选定的地方进行跨海观测的埋设,建造跨海观测及辅助水准点。

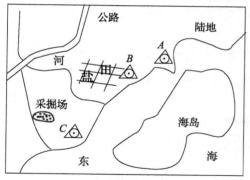

图 2.17　跨海控制点布设图

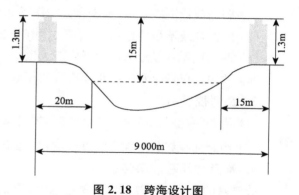

图 2.18　跨海设计图

3. 测量基准

采用 2000 国家大地坐标系、1985 国家高程基准,深度基准面采用当地理论最低潮面。

4. 跨海观测

跨海观测墩建成后经过一个雨季,进行跨海观测。跨海观测点之间垂直角使用 0.5″精度的全站仪同时对向观测,距离使用双频大地型 GNSS 接收机测量[5]。跨海两边临时验潮站进行同步验潮观测,对陆地沿岸临时验潮站与水准点进行水准联测,测得辅助水准高程点 6.406 m,验潮站水尺零点与辅助水准点高差为 11.806 m[6]。该地区的平均海面与似大地水准面重合,理论深度基准面在平均海面下 1.93 m[7]。

5. 数据处理

利用上述观测数据进行跨海距离化算、跨海观测高差计算、平差处理和同步验潮观测数据处理后,获得跨海观测点的高程成果。

问题:

1. A、B、C 哪个地点适合建立跨海观测墩?说明理由。

2. 说明跨海视线距离海水高潮面的高度是否满足要求。

3. 当验潮水尺读数为 6.27 m 时,水位改正数为多少?

2.2.6.2　解析

知识点

1. 跨河水准方法

跨河水准方法如表 2.8 所示。

表 2.8　跨河水准方法

观测方法	方法概要	最长跨距(m)
光学测微法	使用一台水准仪,用水平视线照准分划板,读两岸高差	500
倾斜螺旋法	使用两台水准仪对向观测,测定上下标志倾角,求出两岸高差	1 500
经纬仪倾角法	使用两台经纬仪对向观测,测定上下标志倾角,求出两岸高差	3 500
测距三角高程法	使用两台经纬仪对向三角高程观测,求出两岸高差	3 500
GNSS 测量法	使用 GNSS 水准方法,海拔超过 500 m 的地区不宜进行	3 500

2. 跨河水准选点要求

（1）跨河应选测线附近，利于布设工作场地与观测的较窄河段处。

（2）跨河视线不得通过草丛、干丘、沙滩的上方。

（3）两岸仪器视线距水面的高度应大致相等（测距三角高程法除外）。

（4）两岸由仪器至水边的距离应大致相等，地貌、土质、植被等也应相似。

3. 跨河视线高

（1）当跨河视线长度小于 300 m 时，视线高不得低于 2 m。

（2）当跨河视线长度大于 500 m 时，不低于 $4\sqrt{S}$ m（S 为跨河千米数）。

4. 验潮站间基准面传递

验潮站的水位应传算到深度基准面上，建立陆地高程与深度基准之间的关系。

长期验潮站深度基准面由几何水准测量法从陆地高程引测，或调和分析连续 1 年以上水位观测资料获得。短期验潮站、临时验潮站、海上定点验潮站由邻近长期验潮站或具有深度基准面数值的短期验潮站传算，测区两个以上长期验潮时要按距离进行加权平均。

几何水准测量法是由陆地水准测量联测主要水准点高程至工作水准点，再用等外水准测至零水位。

同步改正法是采用 30 天同步观测水位平均值，计算长期验潮站的月平均海面与其多年平均海面差值即同步改正数，将短期站的月平均海面加上同步改正数即可求得短期站的平均海面。

5. 水位改正计算

水位改正是将瞬时海面测得的深度计算改正至深度基准面起算的深度。

$$T(x, y, t) = T_0(x, y, t) - \Delta H$$
$$\Delta H = S(x, y) - G_0(x, y)$$
$$S(x, y) = MSL(x, y) - L_0(x, y)$$
$$MSL(x, y) = \xi(x, y) - G_0(x, y)$$

式中　$T(x, y, t)$——水位改正值，即瞬时海面与深度基准面差距；

　　　$T_0(x, y, t)$——瞬时海面水尺读数，由潮汐观测求得；

　　　ΔH——深度基准面和水尺零点距离，通过计算得到；

　　　$S(x, y)$——深度基准面高程，通过计算得到；

　　　$G_0(x, y)$——验潮站零点高程值，由验潮站水准点经过几何水准计算得到；

　　　$MSL(x, y)$——平均海面高程，由几何水准联测和潮汐观测得到；

　　　$L_0(x, y)$——平均海面与深度基准面的高差，通过分析验潮数据用特定算法计算得到；

　　　$\xi(x, y)$——平均海面相对于水尺零点读数值，由验潮数据经过调和分析求得。

关键点解析

[1] 本题考查跨海水准测量方法，参照跨河水准方法进行，一般来说跨河水准视线长较短，本项目跨距达到 9 km，需要进行一些特殊处理来达到测量精度要求。

本项目采取了全站仪三角高程法,对向观测垂直角,距离用 GNSS 方法测得,两者共同解算两岸高差。

[2] 跨海高程测量跨距大,视线对测量质量影响非常大,要求视线尽量短,距离海面要有一定距离,而且要尽量减小大气折光影像,要选择合适的时间段观测,以保证成像清晰。从略图上可以看出,A、B、C 三点与水准选点有关的因素有以下几点。

① A:位于岬角上,与对岸较近。

② B:西南侧有盐田,盐田会反射电磁波,对测站造成多路径效应影响。

③ C:西北角有采掘场,可能会带来振动。

显然,A 点作为跨海水准测量点最合适,不仅周围没有干扰因素,更重要的是在 A 点设站跨距小,这是跨海测量最关键的选点因素。

[3] 在测点附近增设临时验潮站的目的是通过陆地高程传递的高差计算当地平均海面和深度基准面,作为水位改正的基准。辅助水准点的任务是把跨海水准点高程转测至验潮站水尺。

[4] 如图 2.18 所示,视线高要保证在观测中视线高始终不小于 15 m,所以图上虚线位置为最高潮面,即平均大潮高潮面。

对于跨海视线高有严格要求,以保证具有较好成像清晰度,关于视线高的分析如下。

① 因为没有专门的跨海水准测量规范,故参照了跨河测量标准。《国家一、二等水准测量规范》规定当跨河视线长度大于 500 m 时,视线高不低于 $4\sqrt{S}$ m(S 为跨河千米数)。第二问考了这个指标,非常偏,而且本项目跨海距离达到 9 km,不是很适用,但也没有其他规定。

② 按照后面条件可得出辅助水准点高程为 6.406 m,辅助水准点为跨海水准点与临时验潮站的连接点,其间存在高差,并非同一个点,注意区别开。

[5] 采用经纬仪对向观测传递跨海高差,规范规定最高测距不大于 3 500 m,本项目跨距达到了 9 km,故测区采用 GNSS 测量。

[6] 求得水尺零点高程为 6.406−11.806＝−5.4 m,即下面公式中的 $G_0(x, y)$。

[7] 此句意为深度基准面高程为−1.93 m,即下面公式中的 $S(x, y)$,瞬时海面验潮水尺读数为 6.27 m。故

$$T(x, y, t) = T_0(x, y, t) - \Delta H = T_0(x, y, t) - (S(x, y) - G_0(x, y))$$
$$= 6.27 - (-1.93 + 5.4) = 2.8 \text{ m}$$

由水深改正公式 $D=h-T$ 可知,由于公式中水位改正数 T 和瞬时测深值 h 之间是相差关系,故此处的水位改正值应取正号。

题目评估

本题表面上是考海洋测绘深度基准面的高程传递,实际上解答的知识点是跨海水准测量,考的是水准测量内容,题干设置得比较巧妙,能扩展学习思路。但本题第二问直接考一个不是很合适的指标,不能体现案例分析的解题技巧。

要背出指标很困难,而且题目设置综合了很多知识点难以解读清晰,难度很高。另外,

本题的水深改正计算综合性较高,有一定难度,需要考生对相关知识较为熟悉。

评价:★★☆   难度:★★★

思考题

在跨海观测点埋设一段中,在选定的地方进行跨海观测的埋设,建造跨海观测及辅助水准点后,测得岛上辅助水准点和跨海观测点的高差为 9 m,并假设平均大潮最高潮面高程为 2 m。则第二问所问的跨海视线是否能达到设计要求?

2.2.6.3 参考答案

1. A、B、C 哪个地点适合建立跨海观测墩?说明理由。

【答】

适合建立跨海观测墩的地点为点 A 处,理由如下:

(1)点 A 处进行跨海测量视距最小。

(2)点 B 处有盐田,会造成 GPS 边长测量多路径干扰。

(3)点 C 附近有采掘场,会产生振动,不利于保持控制点稳定,不利于长期保持。

2. 说明跨海视线距离海水高潮面的高度是否满足要求。

【答】

(1)相关规范规定跨海高程测量跨距大于 500 m 时,视线高不小于 $4\sqrt{S}$ m(S 为跨距,单位取千米)。

$$4\sqrt{S} = 4 \times 9 = 12 \text{ m}$$

(2)因 12 m≤15 m,即设计值大于规范规定最小视线高,故符合要求。

3. 当验潮水尺读数为 6.27 m 时,水位改正数为多少?

【答】

(1)验潮站水尺零点高程计算:

$$6.406 - 11.806 = -5.4 \text{ m}$$

(2)深度基准面高程计算:

$$0 - 1.93 = -1.93 \text{ m}$$

(3)深度基准面在水尺上读数计算:

$$-1.93 + 5.4 = 3.47 \text{ m}$$

(4)水位改正数计算:

$$6.27 - 3.47 = 2.8 \text{ m}$$

4. 思考题:在跨海观测点埋设一段中,在选定的地方进行跨海观测的埋设,建造跨海观测及辅助水准点后,测得岛上辅助水准点和跨海观测点的高差为 9 m,并假设平均大潮最高潮面高程为 2 m。则第二问所问的跨海视线是否能达到设计要求?

【答】

(1)由于该地区的平均海面与似大地水准面重合,故平均海面高程为 0 m,已知辅助水准点高程 6.406 m,可知辅助水准点距离平均海面 6.406 m。

（2）跨海视线高程计算：

$$6.406 + 9 = 15.406 \text{ m}$$

（3）跨海视线相对于平均大潮高潮面的高程计算：

$$15.406 - 2 = 13.406 \text{ m}$$

（4）因实际跨海视线高规范要求 $4\sqrt{S} \leqslant$ 实际视线高 13.406 m $\leqslant$ 设计值 15 m。故实际施测的视线高能满足规范要求,但不满足设计要求。

2.2.7　2017 年第五题

2.2.7.1　题目

1. 基准站建站测试

按有关要求选址建站测试,建造了基准站工作室和观测室,埋设了 GNSS 观测墩、重力观测墩和水准点,然后进行了基准站测试,获得了 RINEX 格式[2] 的观测数据的表头文件[3]（见表 2.9）。

表 2.9　观测数据的表头文件[4]

1	1.3.02 OBSERVATION DATA MIXED	RINEX VERSION / TYPE
2	CNVTTO RINEX 2.50 OPR 25 −Aug −2016 06：06	PGM / RUN BY / DATE
⋮	⋮	⋮
11	0.075 0 0.000 0 0.000 0	ANTENNA DELTA H / E / N
12	G 8 C1C C2W C2X C5X L1C L2W L2X L5X	SYS / # / OBS TYPES
13	R 8 C1C C1P C2C C2P L1C L1D L2C L2P	SYS / # / OBS TYPES
14	E 8 C1X C5X C7X C8X L1X L5X L7X L8X	SYS / # / OBS TYPES
15	C 6 C1I C6I C7I I1I L6I L7I	SYS / # / OBS TYPES
16	2016 3 2 0 0 0.0000000 GPS	TIME OF FIRST OBS
17	2016 3 2 23 59 0.0000000 GPS	TIME OF LAST OBS

2. 基准站服务

建立了北斗定位服务平台,提供了以下三类技术服务[5]：

（1）桥梁大坝、高层建筑、变形检测。

（2）不动产登记测量、地理国情监测、应急测绘保障、国土资源调查。

（3）社会大众车载导航共享、单车精度定位服务等。

3. 水准联测

水准联测按二等水准规范执行,与某基准站进行了水准联测,完成基准站高程测定,表 2.10 中 ε 为正常水准面不平行改正,λ 为重力异常改正,μ 为日月引力改正。

表 2.10　高差计算表[6]

序号	水准点名	自起点距离	高差中数	ε(mm)	λ(mm)	μ(mm)	平差改正	高程(m)
1	9898下	0.0	[1.023 0]					57.879
	9898上		−22.837 3	0.8	2.0	0.1	−0.3	58.902
2	Ⅱ01	4.6	−11.618 6	0.5	1.6	0.1	−0.2	35.044
3	Ⅱ02	6.6	−11.964 2	0.2	1.2	0.0	−0.3	
4	Ⅱ03	9.7	7.221 3	−0.1	−0.7	−0.1	−0.2	5.465
5	Ⅱ04	13.8	−4.592 0	−0.1	0.4	0.0	−0.3	
	HLNH	18.1						8.093

问题:

1. 简述表 2.9 中,第二栏第 13、14、15 行的第一个字母的含义。

2. 针对三类服务,该平台分别提供什么级别的精度服务。

3. 计算表 2.10 中Ⅱ02,Ⅱ04 的高程值(要有过程)。

2.2.7.2　解析

知识点

1. RINEX 文件格式

C-RINEX 文件是纯 ASCII 码文本文件,主要包括三种文件类型,即 GNSS 观测数据文件、导航数据文件、气象数据文件。每个 C-RINEX 文件都由头部和数据部分组成,头部用于对文件和数据记录的说明,数据部分用于数据记录。

C-RINEX 文件中的卫星系统及编号用 snn 表示,s 为卫星系统标志符,nn 为卫星编号,卫星系统标志符定义如下:

G-GPS;R-GLONASS;E-GALILEO;C-COMPASS;S-SBAS。

2. GNSS 系统

全球导航卫星系统(GNSS),泛指所有的卫星导航系统,包括全球的、区域的和增强的卫星导航定位系统,如美国的 GPS、俄罗斯的 GLONASS、欧洲的 GALILEO、中国的COMPASS 北斗卫星导航系统以及相关的增强系统。国际 GNSS 系统是个多系统、多层面、多模式的复杂组合系统。

3. 二等水准高差概略表编算

二等水准高差概略表编算时加入标尺长度改正、正常水准面不平行改正(ε)、环闭合差改正、标尺温度改正、重力异常改正(λ)、固体潮改正(μ)。

关键点解析

[1] 北斗基准站建设指基于北斗导航系统的 CORS 系统建设,观察表 2.9 可知,这是一个 GNSS 系统基准站建设,不仅包括北斗观测数据,还包括 GPS、GLONASS、GALILEO 观测数据。

[2] 卫星导航数据一般用 RINEX 格式存储,RINEX 文件是纯 ASCII 码文本文件,主要

包括三种文件类型,GNSS 观测数据文件、导航数据文件、气象数据文件。

〔3〕每个 RINEX 文件都由头部和数据部分组成,头部用于对文件和数据记录的说明,数据部分用于数据记录,本项目出具的表 2.9 为 GNSS 观测数据文件头部文件。

〔4〕表 2.9 说明如下。

第三列为头部记录标识,第二列为头部记录内容。

第一行表明 RINEX VERSION 的版本号为 1.3.02,卫星系统种类为 MIXED(多系统混合)。

第二行表明 PGM(程序名字)/RUN BY(机构名)/DATE(文件生成时间)。

第十一行表明天线中心参数,H(天线高)/E(东偏)/N(北偏)分别为 0.075 0 m/0.000 0 m/0.000 0 m。

第十二到十五行为观测记录,开头以卫星系统及编号(snn)表示,s 为卫星系统标志符,nn 为卫星编号,其中 G 对应 GPS,R 对应 GLONASS,E 对应 GALILEO,C 对应 COMPASS,8 或 6 表示卫星编号;后面以三位数编码表示观测记录,第一位为类型码,如 C 表示伪距,L 表示载波相位;第二位为频段码,如 L1 表示 L1 载波频段;第三位为属性码,如 C 代表基于 C/A 码。

第十六行和第十七行分别代表第一条记录和最后一条记录的时间,如 2016 3 2 23 59 0.0000000 GPS 表明最后一条记录产生的时间为 2016 年 3 月 2 号 23：59,时间系统为 GPST。

〔5〕基准站可以为具体工程提供位置定位服务,出具差分数据。

为桥梁大坝、高层建筑、变形监测等提供位置服务需要达到毫米级精度;为不动产登记测量、地理国情监测、应急测绘保障、国土资源调查等提供位置服务需要达到厘米级精度;为社会大众车载导航、单车精度定位等提供位置服务需要达到米级精度。

〔6〕表 2.10 说明如下。

① 二等水准测量正常水准面不平行改正、重力异常改正、日月引力改正、平差改正单位为 mm,高差与高程的单位为 m,注意不要搞错。

② 水准测量要经过路线高差不符值平差改正,然后须另外进行正常水准面不平行改正、重力异常改正、日月引力改正,两者为不同值项,注意分开。

题目评估

本题考查卫星动态基准站的建设知识点,并结合水准联测,出了一个简单的计算题。其中第一问需要识记相应规范规定,其他两问难度较低。出题点是以往考试一般被冷落的知识点,在教材中较少涉及,但属于目前高新技术,这也预示着今后的出题方向较往年有所改变,考生应密切重视变化。

虽然几个问题能较好地结合在一起,知识点较为综合,但题目令人感觉质量不高。

评价：★☆☆　　　　　　　　　　难度：★★☆

思考题

表 2.10 中,9898 上和 9898 下指的是什么? 本项目水准测量的起算高程为多少? 为

什么?

2.2.7.3　参考答案

1. 简述表 2.9 中,第二栏第 13、14、15 行的第一个字母的含义。

【答】

第二栏第 13、14、15 行第一个字母,R 对应 GLONASS 系统,E 对应 GALILEO 系统,C 对应 COMPASS 系统。

2. 针对三类服务,该平台分别提供什么级别的精度服务。

【答】

(1) 该平台为桥梁大坝、高层建筑、变形监测等提供毫米级精度服务。

(2) 该平台为不动产登记测量、地理国情监测、应急测绘保障、国土资源调查等提供厘米级精度服务。

(3) 该平台为社会大众车载导航、单车精度定位等提供米级精度服务。

3. 计算表 2.10 中 Ⅱ02,Ⅱ04 的高程值(要过程)。

【答】

$$h_{Ⅱ02} = 35.044 - 11.618\,6 + (0.5 + 1.6 + 0.1 - 0.2)/1\,000 = 23.427\,4\ \text{m}$$

四舍五入后在表格中填入 23.427 m。

$$h_{Ⅱ04} = 5.465 + 7.221\,3 + (-0.1 - 0.7 - 0.1 - 0.2)/1\,000 = 12.685\,2\ \text{m}$$

四舍五入后在表格中填入 12.685 m。

注:用计算得到的 Ⅱ02 高程数据 23.427 m 计算 Ⅱ03,有下式:

$$h_{Ⅱ03} = 23.427 - 11.964\,2 + (0.2 + 1.2 + 0 - 0.3)/1\,000 = 11.463\,9\ \text{m}$$

与表格中的 Ⅱ03 高程值 5.465 m 不符,疑为题目数据错误。

从 Ⅱ03 高程值 5.465 m 反推也可得到 Ⅱ02 高程值,但与起算点传算路线不符,不应采用。

4. 思考题:表 2.10 中,9898 上和 9898 下指的是什么? 本项目水准测量的起算高程为多少? 为什么?

【答】

(1) 9898 上和 9898 下指的是 9898 号水准点的上、下标志,其高差为 1.023 0。

(2) 从高差数值分析,57.879 - 22.837 3 + 0.000 8 + 0.002 + 0.000 1 - 0.000 3 = 35.044 3,该值与 Ⅱ01 高程值相符,可知本项目水准测量以下标志作为起算数据,起算高程为 57.879 m。

2.2.8　2018 年第五题

2.2.8.1　题目

某测绘生产单位承担某大城市的测绘基准建设工作,内容如下:

1. CORS 站选建

为选定合适 CORS 站位置进行了实地勘选,现初选了三个地点 A、B、C,它们的点位环视图[1]如图 2.19 所示,图中阴影部分代表有障碍物遮挡,图 B 中的房屋和图 C 中的发射塔距离初选点均小于 100 米[2]。CORS 站选定后进行建站工作。

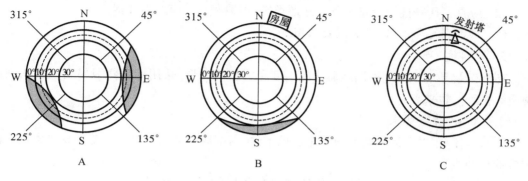

图 2.19　点位环视图

2. CORS 站与国家控制点坐标统一

利用 CORS 站与已有 2000 国家大地坐标国家控制点的重合点,将 CORS 站 ITRF2008 框架坐标[3]成果转换到 2000 国家大地坐标系。拟选取 5 个重合点进行坐标转换,现已确定 001、009、011、012 四个重合点[4],全市控制点的分布如图 2.20 所示。

3. CORS 系统与似大地水准面集成

利用本市重力资料、地形资料、重力场模型[5]和 GPS 水准成果,完成似大地水准面计算,并与 CORS 系统集成。在似大地水准面模型检测阶段,发现在区域边界存在一定的服务盲区[6],解决盲区问题后投入运行。

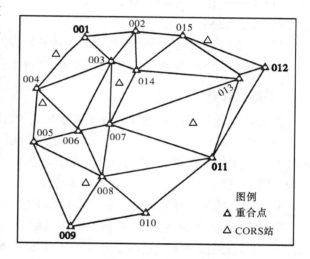

图 2.20　控制点分布图

问题:

1. A、B、C 三个地点中哪一个适合建站? 说明理由。

2. 为满足坐标转换要求,确定最佳的第五个重合点,并说明理由。

3. 利用现有资料,简要说明获得 CORS 站 2000 国家大地坐标的方法及步骤。

4. 提出解决似大地水准面在边界区域盲区问题的思路。

2.2.8.2　解析

知识点

1. 高程异常控制网布设原则

高程异常控制网即 GNSS 控制网联测了等级水准,使之具有大地高与正常高两个系统,用来作为似大地水准面精化的转换基础。

（1）高程异常控制网应均匀分布于似大地水准面精化区域。

（2）应具有代表性地分布于不同地形类别,山地和丘陵应适当加密。

（3）基本同 GNSS B、C 级网要求布设。

2. 环视图

环视图就是表示测站周围障碍物的高度和方位的图形,采用障碍物卫星高度角和其占圆周的投影度数来表示。

3. CORS 选点要求

（1）具有 10°以上地平高度角卫星通视条件,困难地区可放宽至 25°,遮挡物水平投影范围应低于 60°。

（2）远离容易产生多路径影响的地物和电磁干扰区 200 m 以上。

（3）避开易振动地带,应顾及未来规划和建设选择环境变化小地区。

（4）站址应建立在地质结构稳定处。

（5）交通便利。

（6）有良好的安全保障环境便于维护和长期保存。

（7）满足站址周围重力点、大地控制点、水准点的联测要求。

关键点解析

为选定合适 CORS 站位置进行了实地勘选,现初选了三个地点 A、B、C。

［1］环视图主要表示 CORS 站点周围卫星高度角大于一定值的障碍物分布情况,分析障碍物对卫星信号的遮挡,作为选点的重要依据。图中表示了卫星高度角刻度、方位角、障碍物（用阴影表示）、对站点有影响的设施等。

从本项目所给的环视图中分析可得到如下信息:

① 预选站点 A 的西南方（范围约 70°,其中 10°以上约 45°）和东方（范围约 70°,其中 10°以上约 45°）有障碍物的卫星高度角介于 0°到 20°之间。

② 预选站点 B 的南方（范围约 90°,全部在 10°以下）有障碍物的卫星高度角介于 0°到 10°之间,且在东北方有房屋障碍物,卫星高度角接近 0°。

③ 预选站点 C 的东北方有发射塔障碍物,卫星高度角接近 10°。

［2］从以上分析综合 CORS 选点原则规定,进行下面分析。

① 预选站点 A 附近卫星高度角超过 10°的范围约 90°,不符合规范中具有 10°以上地平高度角卫星通视条件的遮挡物水平投影范围应低于 60°的规定。

② 预选站点 B 附近障碍物的卫星高度角没有超过 10°,北部有房屋距离选址站点不超过 100 m,但高度角符合规定,这是掩护站点 C 发射塔的迷惑项。

③ 预选站点 C 附近 100 m 内有发射塔,会对卫星信号造成干扰。

［3］CORS 采集精密星历,建立在 ITRF 框架内,本项目利用测区 2000 国家大地坐标控制网的重合点,转换输出到 2000 国家大地坐标系。

［4］坐标转换重合点的选取应均匀覆盖整个测区,使测区内所有控制点的坐标转换误差保持均衡,从已确定的 001、009、011、012 来分析,四个点都分步在测区的周围,011 和

012 两个点距离较近,001 和 009、012 距离较远,且控制网内部没有点位,本项目最后一个点可以考虑选在 005、015、007 等点位上,选择 005 和 015 的好处都是加密了测区外围控制点距离,选择 007 即加密了点距,又考虑了测区中部的转换要求,综合来说 007 点位更佳。

[5] 本题采用几何重力组合法进行似大地水准面精化工作,其要旨是利用高精度低分辨率的水准测量和 CORS 联测得到的高程异常控制点来纠正低精度高分辨率的重力似大地水准面数据,经过融合得到符合项目要求的测区似大地水准面模型。

重力场是一个连续的模型,其数据不会有盲点。本题中高程异常形成盲点,并非没有数据,而是检测后发现有没有达到符合项目精度要求的高程异常数据形成盲区,其原因有如下可能。

① 采用地形资料、水准测量资料、CORS 大地高等资料有粗差。

② 重力归算、移去恢复、融合等数据处理过程中存在错误。

③ 高程异常控制点选择不当,没有均匀覆盖到整个测区。

④ 在地形变换处没有适当加密高程异常控制点。

[6] 要处理盲区问题,首先要检查原因,如是资料错误应检查后重新处理,如是操作错误,则要检查后纠正错误。

排除以上等原因后,要检查高程异常控制点的选择是否恰当,并按照规定要求重新替换盲区附近部分控制点加以计算。计算后要重新检查精度,直到盲区排除。

> **思考题**
>
> 在进行似大地水准面精化计算时,需要收集的 GPS 水准成果在本项目中如何获取?

2.2.8.3　参考答案

1. A、B、C 三个地点中哪一个适合建站?说明理由。

【答】

B 地点适合建站,理由如下。

(1) 地点 A 附近卫星高度角超过 10° 的范围约 90°,不符合规范规定。

(2) 地点 C 附近 100 m 内有发射塔,会对卫星信号造成干扰。

2. 为满足坐标转换要求,确定最佳的第五个重合点,并说明理由。

【答】

坐标转换重合点的选取应均匀覆盖整个测区,综合考虑了各点点位情况后 007 点位最合适。

3. 利用现有资料,简要说明获得 CORS 站 2000 国家大地坐标的方法及步骤。

【答】

(1) 收集 CORS 观测成果数据和国家 2000 大地坐标系成果。

(2) 选择 5 个坐标转换重合点,要求均匀覆盖转换区。

(3) 把 5 个坐标转换重合点的国家 2000 大地坐标系成果转换为空间直角坐标系。

(4) 利用最小二乘法原理通过重合点计算 ITRF2008 和 CGCS2000 之间的七参数。

(5) 用转换区内其他坐标代入算得的七参数进行检核。

(6) 计算其他 CORS 点的 CGCS2000 坐标,输出成果。

4. 提出解决似大地水准面在边界区域盲区问题的思路。

【答】

（1）检查收集的资料和操作流程是否正确,如有,纠正后重新计算。

（2）若问题没有排除,检查是否控制点选取正确,若不正确,应考虑盲区重新选取控制点。

（3）若盲区处于地形变换处,应适当加密选取控制点。

5. 思考题:在进行似大地水准面精化计算时,需要收集的 GPS 水准成果在本项目中如何获取?

【答】

要收集的 GPS 水准成果包括水平坐标数据和高程异常数据两方面。

（1）水平坐标数据通过 CORS 测量获得。

（2）高程异常数据通过 CORS 站联测水准测量获得。

水准测量的起算点应为国家二等水准网,联测精度采用国家三等水准测量要求。

高程异常为 CORS 站大地高与联测得到的正常高之差。

第3章 工程测量

3.1 知识点解析

工程测量案例分析考试内容主要有仪器的选用、各类工程控制网布设、独立坐标系和投影面选择、各种工程项目的技术设计和实施、工程地形图的测绘、变形监测等,工程测量知识体系如图3.1所示。

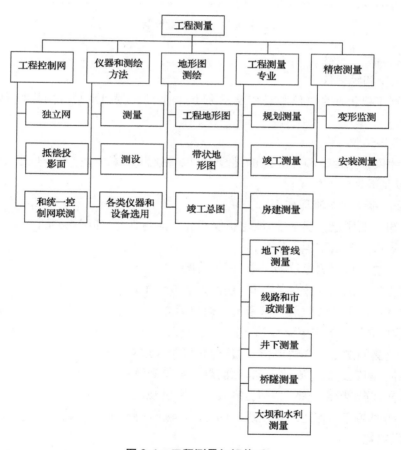

图 3.1　工程测量知识体系

3.1.1 工程测量方法和控制测量

3.1.1.1 工程测量仪器

工程测量仪器如图 3.2 所示。

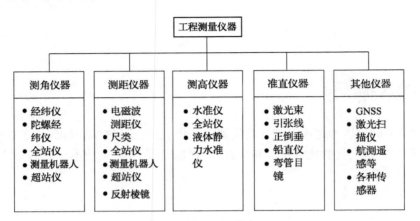

图 3.2 工程测量仪器

1. 测角仪器

（1）全站仪和经纬仪

测角仪器主要包括全站仪和经纬仪，2″级仪器是指一测回水平方向标称中误差为 2″的测角仪器。

（2）陀螺经纬仪

陀螺经纬仪为陀螺仪和经纬仪的结合，可以直接测量真方位角，经过子午线收敛角改正，可以直接获得坐标方位角。

① 陀螺经纬仪定向流程如下：

- 在已知边上测定陀螺常数，即陀螺仪指北方向与真北之间的夹角；
- 在待定边上测定陀螺方位角；
- 在已知边上重新测定仪器常数，评定精度；
- 陀螺方位角经过陀螺常数改正，获得大地方位角；
- 通过本地的子午线收敛角求定待定边坐标方位角。

② 陀螺方位角一次测定流程如下：

- 以一个测回测定已知边或待定边方向，仪器大致对北；
- 粗定向，测定近似陀螺北方向，测前悬带零位观测；
- 精定向，测定精密陀螺北方向，测后悬带零位观测；
- 以一测回测定已知边或待定边方向，如互差不超限，取平均数。

2. 测距仪器

测距仪器包括反射棱镜、全站仪、电磁波测距仪等。5 mm 级仪器是指当测距长度为 1 km 时，由电磁波测距仪的标称精度公式计算的测距中误差为 5 mm 的仪器。

（1）反射棱镜

反射棱镜有圆棱镜、球棱镜、反射片等。其中,球棱镜中心和球心重合,无论如何测量,测点均位于球面法线方向,数据处理方便;反射片可贴于被测物体上,厚度已知,数据处理也很方便。

（2）其他

① 全站仪。全站仪为电磁波测距仪与经纬仪的结合,同时具有测角和测距功能。

② 测量机器人。测量机器人又称自动全站仪,是一种集自动目标识别、自动照准、自动测角与测距、自动目标跟踪、自动记录于一体,带内置马达的测量平台。

③ 超站仪。超站仪集测角功能、量距功能和 GNSS 定位功能于一体,不受地域限制,不依靠控制网,主要由动态 PPP 定位系统、测角测距系统集成。

3. 测高仪器

测高仪器包括水准仪、全站仪、液体静力水准仪等,方法包括全站仪三角高程法、GNSS水准法等。

3.1.1.2　工程测量方法

1. 准直测量方法

准直测量是测量点位相对于某一方向的位移变化,分为水平准直测量和垂直准直测量两类。

（1）水平准直测量

① 光学测量方法。光学测量方法包括全站仪活动标牌法、小角法、视准线法等。

② 激光准直法。激光准直法是以激光束作为基准线求得准直点偏离值。

③ 引张线法。引张线法是在两固定点间以重锤和滑轮拉紧的丝线作为基准线,定期测量观测点到基准线间的距离,以求定观测点水平位移量。

（2）垂直准直测量

① 激光铅直法。激光铅直仪是具有对中整平基座,沿铅垂线向天顶发射指向激光的仪器。激光经纬仪是在经纬仪视准轴上增加了激光指向的功能。数字正垂仪是正垂装置和电子感应器集成的自动垂准测量系统。

② 全站仪加装弯管目镜法。弯管目镜是带有转向棱镜以改变目视方向的目镜,用于全站仪进行大倾角测量。

③ 正倒垂装置。正垂装置是利用重垂和稳定、固定装置安装固定的铅垂线,倒垂是利用浮力装置安装铅垂线,然后测量测点到铅垂线的水平位移。

2. 其他测量方法和设备

（1）直接坐标法。直接坐标法包括 GNSS 静态定位和 RTK 方法定位等。

（2）大面积快速测量法。大面积快速测量法包括航空摄影测量与遥感、地面近景摄影测量、无人机倾斜摄影测量、激光扫描仪等。

3. 施工放样方法

施工放样是把设计图纸上工程建筑物的平面位置和高程,用一定的测量仪器和方法测设到实地上去。

（1）平面坐标放样方法

① 直角坐标法

直角坐标法是利用已有的直角坐标系用坐标增量支距法来测设位置。

② 极坐标法

极坐标法是利用点位之间的边长和角度关系进行坐标测设。

设置好测站,录入测站数据,用后视点定向并检验后,拨定条件方位角,指挥跑尺员前后移动,使观测距离与设计距离一致,使设计坐标测设到实地。

③ 直接坐标法

直接坐标法根据点位设计坐标直接进行点位测设,与极坐标法测设的区别是不需事先计算放样元素,由测量仪器直接解析生成坐标进行放样。RTK放样也属于直接坐标法。

④ 交会法

交会法是利用点位之间的距离、角度等进行交会测量以进行点位测设。

侧方交会:若两个已知点中有一个不能安置仪器,可在其中一个已知点与未知点上设站,计算未知点坐标。

前方交会:从两个已知点上求待定点坐标的方法,对未知点无法观测距离时可采用角度前方交会,如电视塔顶倾斜位移监测。另外,也可以采用距离前方交会法。

后方交会:角度后方交会时,未知点正好落在三个已知点构成的圆周上时,这个圆称为危险圆,应避免出现危险圆。由于测距技术的发展,后方交会可以有后方距离交会、后方边角同测交会,多余观测量越来越多,后方交会变得更加灵活。

全站仪自由设站测量:全站仪自由设站属于边角后方交会,即在未知点上测定两个已知点角度和距离来定位,自由设站的数据处理一般需要多余观测来检核。自由设站时,应保证两个或三个已知点可靠,与测站点所成的夹角不能太大或太小,要避免两个已知点和未知点成一直线分布。应尽量使已知点在同一控制测量系统中,以消除相似误差影响。

⑤ 归化放样法

归化放样法是精密放样法,首先用直接放样法确定放样点临时桩,再对临时桩进行精确测量,重复测量点位直至点位精确符合设计点位,达到规定的放样精度要求。

（2）高程放样方法

高程放样一般采用水准测量法或三角高程测量法进行,高差过大时可以用悬挂钢尺法代替水准尺,也可以用钢尺实量法或全站仪三角高程放样法以及全站仪无仪器高放样法。

（3）空间点位放样方法

三维空间点通常采用全站仪三维极坐标法放样。其测站数据有测站点的三维坐标、仪器高、目标高和后视方位角,目标点放样数据有方位角、斜距和天顶距。

（4）铅垂线放样方法

铅垂线放样可以采用全站仪结合弯管目镜法、光学铅垂仪法、激光铅垂仪法等方法测设。

3.1.1.3　工程控制测量

1. 工程控制网设计

工程控制网设计主要是根据控制网建立目的、要求和控制范围,经过图上规划和野外踏勘,确定控制网的图形和起算数据。根据测量仪器和其他条件,拟定观测方法和先验精度,根据观测所需的人力、物力,预算控制网建设成本。再根据控制网图形和观测值先验精度估算控制网成果精度,改进布设方案,进行控制网优化设计。

2. 工程控制网精度分配原则

（1）独立精度等影响原则

假设所有因素中误差的影响相同,在方案中进行预先精度分配,以便求出各项测量应达到的必要精度,然后根据具体施工情况加以调整。

如假设细部点点位测设误差由控制点误差和施工放样误差共同决定,根据独立精度等影响假设,则在已知测量必要精度要求 m 时,设计时可赋初值给控制点中误差,再在实际工作开展后对该值进行调整。

$$m^2 = m_{控}^2 + m_{放}^2$$

$$m_{控} = m_{放} = \frac{1}{\sqrt{2}} m$$

（2）可忽略不计原则

当工程的几个独立误差影响中,某一误差影响小于另一误差影响的 1/3 时,即中误差比值小于三分之一时,认为该误差影响可以忽略不计。

$$m^2 = m_{控}^2 + m_{放}^2$$

若 $m_{控} \leqslant \frac{1}{3} m_{放}$,则

$$m = m_{放}$$

（3）按比例配赋原则

已知独立误差影响之间的比例关系,可以按照每个误差比例关系通过误差传播率计算和分配精度组成。

$$m^2 = m_{控}^2 + m_{放}^2$$

若 $m_{控} : m_{放} = 1 : 2$,则

$$m^2 = m_{控}^2 + m_{放}^2 = m_{控}^2 + 4 m_{控}^2$$

$$m_{控}^2 = \frac{1}{5} m^2$$

$$m_{放}^2 = \frac{4}{5} m^2$$

式中　m—— 目标点测设后点位中误差;

　　　$m_{控}$—— 影响目标点测设精度的控制点中误差;

　　　$m_{放}$—— 影响目标点测设精度的施工过程中误差。

3. 投影面和坐标系统的选择

工程测量坐标系统和投影面的选择如图 3.3 所示。

外业采集的边长归算到高斯投影平面上会产生长度变形,选择一个合适的投影面和中央子午线可抵偿变形影响,削弱长度变形。

（1）边长变形在规定限值内

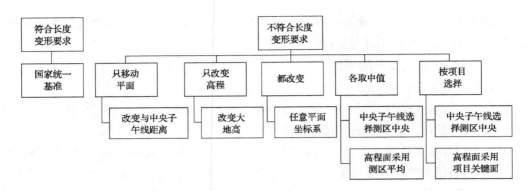

图 3.3 工程测量坐标系统和投影面的选择

在小区域内,当按坐标反算的边长值与实际边长变形值不大于 2.5 cm/km 时,即边长变形产生的相对误差不大于 1∶40 000,应优先采用国家统一高斯投影 3°带平面直角坐标系统。以 10 km 为半径的小测区范围内,可采用水平面代替水准面进行距离测量,高程控制测量不能用水平面代替。

(2) 边长变形在规定限值外

当长度变形值大于 2.5 cm/km 时,必须选择中央子午线或抵偿投影面来进行改正。

① 固定高度变动中央子午线

中央子午线自行选择,但投影基准面仍然采用参考椭球面,坐标系选择投影于参考椭球面的高斯正形投影任意带平面直角坐标系统。这种方法是移动中央子午线,高程系统依然沿用国家统一高程系统。

② 固定中央子午线变动投影面高度

中央子午线采用国家统一的 3°带高斯平面坐标系中央子午线,但变动投影面高程采用抵偿高程面,坐标系选择投影于抵偿高程面的高斯正形投影 3°带平面直角坐标系统。

③ 两者都变动

自由选择中央子午线和抵偿投影面使边长变形相抵消。坐标系采用投影于抵偿高程面上的高斯投影任意带平面直角坐标系统。

④ 选取测区平均高程作为投影面

当测区距离国家统一高斯投影 3°带中央子午线不远时,采用测区中部的国家 3°带中央子午线,投影面采用测区平均高程面。

⑤ 选取项目关键面作为投影面

选取特定项目中对精度要求最高的或最关键的高程面作为投影面,坐标系采用选择通过测区中心的子午线作为中央子午线。

4. 工程控制网施测

工程测量首级网大多采用 GNSS 控制网,加密网也采用导线或导线网形式。三角形边角网在建立大面积控制或控制网加密时已基本不使用,但在局部高精度控制网还有应用。

(1) 平面控制网

工程平面控制测量可采用 GNSS 法、导线网法、三角形网等方法测量。如按 GNSS 网和三角网布设控制网等级分为二、三、四等和一、二级控制网,导线网分为三、四等和一、二、三级。

GNSS 法基本同大地测量章节相关内容。

导线测量是在地面上选定一系列点连成折线，在点上设置测站，然后采用测边、测角方式来测定这些点的平面位置的方法。

① 坐标方位角传算

$$\alpha_{终点} = \alpha_{起点} + \sum \alpha_左 \pm n \cdot 180°$$

或

$$\alpha_{终点} = \alpha_{起点} - \sum \alpha_右 \pm n \cdot 180°$$

式中　$\alpha_{终点}$——终点处坐标方位角；

　　　$\alpha_{起点}$——起点处坐标方位角；

　　　$\sum \alpha_左$——测量路线上左边方位角之和；

　　　$\sum \alpha_右$——测量路线上右边方位角之和；

　　　n——测量路线上折角个数。

② 坐标增量计算

知道方位角和距离后即可计算坐标值增量。

知道坐标方位角和距离后计算坐标：

$$\Delta x = D_{AB} \cdot \cos \alpha_{AB}$$
$$\Delta y = D_{AB} \cdot \sin \alpha_{AB}$$

知道两点坐标求坐标方位角和距离：

$$D_{AB} = \sqrt{\Delta x^2 + \Delta y^2}$$

$$\alpha_{AB} = \arctan \frac{\Delta y}{\Delta x}$$

式中　α_{AB}——线段 AB 的坐标方位角；

　　　Δx、Δy——坐标增量；

　　　D_{AB}——线段 AB 长度。

③ 未知点坐标计算

$$x_B = x_A + \Delta x$$
$$y_B = y_A + \Delta y$$

式中　x_B、y_B——未知点 B 坐标；

　　　x_A、y_A——已知点 A 坐标。

④ 闭合差的配赋

导线方位角闭合差的调整方法是将闭合差反符号后按折角个数平均分配。

导线坐标增量闭合差的调整方法是将闭合差反符号后按边长成比例分配。

（2）高程控制网

工程高程控制网一般采用水准测量、三角高程测量、GNSS 拟合高程测量等方法施测。

按精度等级划分为二、三、四、五等高程控制网,四等及以下高程控制网可采用三角高程测量法测量,五等可以用 GNSS 水准测量法测量。首级网应布设成环形网,加密网宜布设成附合路线或结点网。一个测区至少应有 3 个高程控制点。

水准测量和 GNSS 水准基本与大地测量章节相关内容相同。

三角高程测量法是通过观测两点间的水平距离和天顶距求两点间高差的方法。对于三角高程测量主要的误差影响是垂直折光影响。

近地面处,大气在垂直方向上的密度变化较大,造成视线在垂直方向上往上或往下偏,称为大气垂直折光。中午时候较稳定,日出日落前后较大,变化快。

垂直角采用对向观测,而且又在尽量短的时间内进行,大气折光系数的变化是较小的,因此即刻进行的对向观测可以很好地抵消大气折光的影响。

提高三角高程测量的措施主要有:

① 对向观测。

② 视线离开地面应有足够的高度。

③ 在坡度较大的地段应适当缩短视线。

④ 选择观测时间。

⑤ 利用短边传算高程来减弱影响。

⑥ 测量气象元素。

⑦ 增加测回数。

5. 标石埋设

(1)平面控制网标石

平面控制网标石分为普通标石、深埋式标石、带强制对中装置的观测墩。

① 深埋式标石用于变形监测网和施工控制网。

② 带强制对中装置的观测墩用于安装控制网、变形监测网和施工控制网。

(2)高程控制网标石

高程控制网标石分为平面点标石、混凝土水准标石、地表岩石标、平硐岩石标、测温钢管式深埋水准标石、深埋式双金属钢管标等。

① 地表岩石标宜作变形监测网工作基点或低等水准点。

② 平硐岩石标、深埋式双金属钢管标宜作变形监测网基准点。

6. 质量检测

质量元素包括数据质量(数学精度、观测质量、计算质量)、点位质量(选点质量、埋石质量)、资料质量(整饰质量、资料完整性)。

3.1.2　工程地形图测绘

工程地形图为某个具体工程服务,用于制作工程规划阶段的设计用图、工程建设和运营阶段的大比例尺地形图、专题图和断面图等。

野外解析法地形图测绘大致流程如图 3.4 所示。

1. 比例尺

工程地形图的比例尺要按设计阶段要求、工程规模大小和运营管理需要选用,主要考虑用图特点、用图细致程度、设计内容、地形复杂程度、建厂规模、占地面积等因素。大比例尺地形图一般采用矩形分幅，常用 50 cm×50 cm 或 40 cm×50 cm 分幅。

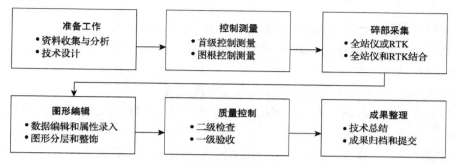

图 3.4　全野外地形图测绘流程

2. 测绘方法

（1）图根控制测量

图根平面控制网可采用图根导线、极坐标法、边角交会法和 GNSS 测量等方法测制，目前一般采用 GNSS-RTK 方法测量。图根高程控制可采用图根水准、电磁波测距三角高程等测量方法测制。

（2）全野外解析法测图

解析法测图是在野外采集距离和角度，再利用数学方法间接解算坐标值，并用计算机编辑成图的方法。

① 全站仪测量法

全站仪测量法常用全站仪极坐标方法实施测图，经过全站仪内置软件解算观测数据求得坐标值。

② 直接坐标法

直接坐标法采用 GNSS-RTK 法可以直接获得满足精度要求的坐标数据，不需要经过相似关系模拟，也不需要数学关系解算角度和距离观测值。RTK 测量方法不需要布设图根点，不受控制点误差影响，测量方便快捷，在条件允许的情况下，应尽量采用这种方法采集碎部点。

在城镇测量实际工作中，由于各种条件限制，还不能做到完全用 RTK 测量方法采集，一般要和全站仪协同测量。

③ 数据采集内容

数据（碎部点）采集内容包括数学要素、地形要素、注记要素三个部分，见表 3.1。

表 3.1　碎部点采集要素类型

碎部点要素类型		示　　例
数学要素		控制点等
地形要素	地貌要素	变坡点、地性线、陡坎斜坡上下高程点、高程点等
	地物要素	建筑物拐点、道路、陡坎、水系拐点、地类界拐点、高压线杆等
注记要素		等高线注记、地理名称注记等

（3）等高线的绘制

① 利用高程特征点画出地性线作为骨架。地性线即地貌特征线，一般指山谷线和山脊线（分水线）。

② 根据等高距进行线性内插出计曲线通过处（等高线插求点）。

③ 勾画计曲线，再内插出首曲线，曲线平滑处理。

（4）高程注记

地形图上高程注记分为等高线注记和高程点注记两类。

① 等高线注记。首曲线上一般不标注等高线注记，等高线注记标注在计曲线上，字头朝向高处。

② 高程点注记。高程点即标有高程数值的信息点，通常与等高线配合表达地貌特征的高程信息。

3. 工程地形图测绘质量控制

（1）成果质量元素

成果质量元素包括数学精度（数学基础、平面精度、高程精度）、地理精度、数据结构正确性、整饰质量、附件质量。

（2）质量控制方法

检验样本以"幅"为单位，采用随机抽样或分层随机抽样。采用比对分析、检查分析、实地检查、实地检测等进行测绘成果检校。地形图应经过内业检查、实地的全面对照及实测检查，实测检查量不应少于测图工作量的 10%。对于大比例尺数字测图，数学精度的实地检测一般为每幅图选取 20～50 个点、20 条边。

3.1.3 规划和建筑测量

3.1.3.1 城乡规划测量

城乡规划测量是为了服务城乡建设规划管理而进行的工程测量，测量依据为《建设工程规划许可证》《建筑工程施工许可证》。城乡规划控制测量是在基本控制网上布设三级以上导线或 GNSS 控制网，比例尺一般采用 1:500（图 3.5）。

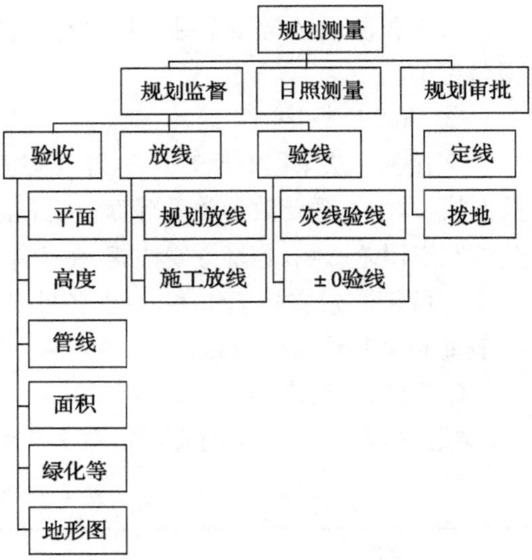

1. 规划定线与拨地测量

规划定线与拨地测量的技术设计依据为城市规划主管部门下达的道路规划用地红线图。拨地测量要根据拨地设计条件，收集与规划道路有关的测量资料。

图 3.5 规划测量知识体系

（1）条件点测量方法

条件点指的是对实现规划条件有制约作用的点位，即用地的拐点、端点、线段交叉点等。条件点的测设可采用双极坐标法、前方交会法、导线联测法、RTK 等方法。双极坐标法指在不同测站上分别对同一目标点进行极坐标法观测。

（2）质量控制

规划定线和拨地检校测量包括控制点校检、图形校检、坐标校检等方法。

2. 日照测量内容

日照测量需要测量并绘制总平面图、层平面图和立面图,测量内容有建筑物拐点坐标测量,建筑结构、层数等属性调查,主客体室内外地坪高程、建筑物高度、建筑层高,客体建筑被遮挡立面上的门窗、阳台的平面位置和高程,阳台、走廊、屋顶平面图等。

3. 规划和施工放线测量

（1）规划放线测量

规划放线测量即建筑物定位测量,是根据规划定位图测设建筑物角桩和灰线(外轮廓轴线),把经过规划审批的建筑设计施工图测设于实地,作为施工放线依据的工作。

（2）施工放线测量

施工放线测量是根据建筑物定位角桩、灰线和底层平面图,测设出建筑物轴线定位桩,一般由建筑施工单位实施。

4. 验线测量

（1）灰线验线

施工放线完成后,基坑开挖前,要对施工放样灰线与规划许可证位置的平面位置符合度进行检验。

（2）±0 验线

在施工至底层设计标高后,管线覆土和线路浇筑前,测量建筑物基础主要角点和±0 地坪的高程。

5. 验收测量

规划验收测量又叫规划竣工核实测量,在工程竣工后,要对整个工程建设是否符合规划部门审批的设计方案要求进行符合测量。

验收测量的工作内容应包括建筑物外轮廓线测量、主要角点距四至距离测量、建筑物高度和层数测量、建筑物室内外地坪高程测量、竣工地形图测绘、地下管线探测、建筑面积测算等。

3.1.3.2 高层建筑施工实施

1. 控制测量

建筑工程施工控制网通常布设为施工坐标系下的独立网,并与城市控制网建立联系。一般布设为坐标轴与建筑物平行的方格控制网。建筑物占地不大、结构简单时可采用建筑基线法。

（1）建筑方格网布设方法

① 测设主轴线。主轴线应在原有的测图控制点下,采取施工坐标系,用极坐标法测设。

② 测设辅轴线。根据主轴线交会出方格网四个角点构成主方格网。

③ 测设方格网点。用内分点法测设方格细部点。

（2）高程控制网

建筑高程控制网一般采用水准测量和测距三角高程测量等方法布设于建筑物附近。

高程控制采用水准测量时水准点个数不应少于2个。一般施工场地平面控制点可兼作高程控制点,高程控制网可分首级网和加密网,相应的水准点称为基本水准点和施工水准点。

2. 基础放样

放样基槽开挖边线、控制基槽开挖深度、基层施工高程放样、放样基础模板位置。

3. 上部结构放样

(1)轴线投测

竖向偏差是施工测量中最关键的工作,包括各层面的细部放样、倾斜度确定、高程控制、变形监测等工作。施工层的轴线投测方法有全站仪或经纬仪法、垂准仪法、吊线坠法、激光经纬仪法、激光铅直仪法等。高层建筑轴线投测采用经纬仪(全站仪)+弯管目镜法、光学铅垂仪法、激光铅垂仪法等。

(2)高程传递

高程传递占施工测量的比例最大,一般采用皮数杆法、钢尺丈量法、全站仪天顶测高法、悬挂钢尺法等。

(3)高层建筑施工测量垂直度控制网

内控制是在建筑物的±0面内建立控制网,在控制点竖向相应位置预留传递孔,通过传递孔将控制点传递到不同高度的楼层。在房屋达到一定高度后用GNSS联测内控网来控制误差累计。

4. 建筑物主体工程日周期摆动测量

进行建筑物主体日周期摆动测量的目的是监测建筑物轴线因日照产生的摆动,实施轴线投点改正,一般可采用测量机器人自动测量、数字正垂仪自动测量、GNSS测量等方法。

3.1.3.3 土石方测量

1. 方格网法场地平整测量方法

方格网法场地平整测量是根据施工区域的测量控制点和自然地形,将场地划分为若干方格计算方格网平均设计高程,作为计算土石方工程量和组织施工的依据。

(1)工程范围测量

利用测区控制点测量整个工程的边界,确定工程场地平整范围线。

(2)方格网划定

根据测区地形具体情况和工程要求设定方格网的格网尺寸。格网尺寸越小,测量精度越高。

(3)特征数据采集

采集测区内地形点三维坐标,采集间距不宜大于计算要求的网格间距,地形不平时应加大特征点采集密度,地形变换点应采集。

(4)格网内插

把采集的地形特征点坐标按格网进行内插,获得每个格网角点坐标。

(5)平均高程计算

假设测区挖填方基本平衡,计算测区平均高程。平均高程应按每个方格网点高程的权重加权计算。

(6) 绘出零线

根据计算出的测区平均高程和格网点坐标内插出挖填方等高线,也叫零线,即测区场地平整挖填方分界线。

(7) 计算挖填方量

计算每个方格的挖或填方体积,统计总挖填土方量。

2. 土石方量测量

计算土石方量的方法有方格网法、等高线法、断面法、三角网法、DEM 法等。

(1) 方格网法

方格网法土石方量测算的原理基本同场地平整挖填方量计算。通过实际高程方格网与原高程方格网两期相减,即可求出土石方量。

(2) 断面法

当地形复杂,起伏变化较大,或狭长、挖填深度较大且不规则的地段,宜选择横断面法进行土石方量计算。

(3) 三角网法

三角网法即 TIN 法,基本原理同方格网法,由于模型更加准确精密,精度也较高。

(4) DEM 法

DEM 法用一群地面点的平面坐标和高程描述地表形状,在计算中直接运用原始数据,剖面图可信度很高,极大地提高了计算精度和计算速度。

3.1.3.4 竣工测量

1. 竣工测量要求

竣工总图的坐标系统、图幅大小、注记、线条规格应与原设计总平面图一致。

(1) 竣工图制作

竣工图应根据设计和施工资料进行编绘,编绘资料不全时应实测。

(2) 比例尺

竣工总图和竣工地形图比例尺宜采用 1∶500,复杂建(构)筑物竣工地形图可选用 1∶200 比例尺。

2. 竣工测量内容

竣工测量范围宜包括建设区外第一栋建筑物或市政道路或建设区外不小于 30 m 的区域。

(1) 建筑竣工测量

建筑竣工测量在建筑工程完工后进行,其目的是为工程的交工验收及将来的维修、改建、扩建提供依据。其工作内容主要包括建筑平面位置及四至关系测量、建筑高程及高度测量。

(2) 线路竣工测量

线路竣工测量在路基土石方工程完工后,铺轨工作之前进行,其目的是最后确定中线位置作为铺轨依据,检查路基施工质量是否符合设计要求。

（3）桥梁竣工测量

桥梁墩台竣工测量包括各墩台跨度、墩台各部尺寸、支承垫石顶面高程的测量。

（4）地下管线竣工测量

地下管线竣工测量在新建地下管线覆土前进行。

3. 竣工总图

竣工测量成果图包括竣工总平面图、专业分图、竣工断面图。建筑工程项目施工完成后，应根据工程需要编绘或实测竣工总图，竣工总图是设计图的再现。

3.1.3.5 地下管线测量

地下管线测量内容主要包括资料收集和踏勘、技术设计、仪器检验、实地调查、仪器探查、控制测量、管线点测量、地下管线图编绘、数据库与管理信息系统的建立。

1. 数学基础

地下管线测量的比例尺、分幅等与城市基本比例尺地形图一致。城市地下管线普查应采用城市坐标系统和高程基准。厂区或住宅小区管线探测、施工场地管线探测，必要时可采用测区坐标系。

2. 地下管线调查

地下管线调查项目有地下管线的平面位置、埋深（或高程）、流向、压力以及管线规格、性质、材料、权属等属性。地下管线埋深部位分为外顶和内底两类。

（1）实地调查法

实地调查法适用于明显管线，实地查清权属、性质、规格（材料、断面尺寸、电缆根数或孔数、电压）、附属设施名称等属性；测量管线点的平面位置、高程、埋深、偏距。

（2）物探调查法

物探调查法适用于隐蔽管线。地下管线有铸铁、钢材构成的金属管线，如给水管、燃气管、供热管；铜、铝材料构成的电缆，如电力电缆与路灯电缆、通信电缆；由水泥、陶瓷、塑料材料或砖砌的非金属管线，如排水管道、人防通道。

① 金属管线探测方法

直接法：用导线直接连通探测仪和管线两点。

夹钳法：用夹钳夹取管线求得探测数据。

电磁感应法：不接触管线用电磁感应得到管线磁场从而跟踪和定位管线。

示踪法：在管道中放入电磁信号发射器进行跟踪，也可用于非金属管线的探测。

被动源法：工频法、甚低频法。电力电缆探查采用被动源法的工频法初步定位，再用主动源法精确定位；电信电缆采用管线探测仪主动源法探测。

② 非金属管线探测方法

地质雷达：发射高频电磁波，接收回波来判断测定管线走向。

（3）开挖调查法

开挖调查法适用于采用物探方法无法查明或为验证物探法精度的情况。

3. 地下管线图测绘

地下管线图测绘只是在城市大比例尺地形图上增加了地下空间部分。采用增加地下管线内容,更新地形图内容的方法来制作地下管线图。

地下管线图按内容分为综合管线图和专业管线图。地下管线图测绘内容主要包括专业管线、管线上的建筑物、地面上的建筑物、铁路道路桥梁河流、主要地形特征等地物元素。

（1）测量方法

依据管线点地面标志和编号进行管线点测量,可采用极坐标法、导线法或支导线法测定,管线点的高程采用图根水准或测距三角高程导线联测方法。

（2）地下管线图移位原则

如图上各管线间距小于 0.2 mm,应按压力管线让自流管线,分支管线让主干管线,小管径管线让大管径管线原则进行移位。

4. 地下管线点的检验

项目完成后应检查地下管线点的属性调查质量和数学精度。

① 明显管线点和隐蔽管线点分别随机抽取各自总数的 5% 进行重复探测。

② 隐蔽管线点中再随机抽取总数的 1% 进行开挖验证,检查点不应少于 3 个。

3.1.4　线路和桥梁大坝测量

3.1.4.1　线路测量

1. 初测

初测指为路线设计服务,提供编制初步设计文件时所需的资料的测量工作。初测的内容包括插大旗、平面和高程控制测量以及带状地形图的测量。

线路高程控制测量需要经过初测时的基平测量和定测时的中平测量两个阶段。

2. 定测

线路定测是指根据设计文件在现场进行勘测落实,为编制设计施工图提供所需的资料。内容主要包括中线测量、纵横断面测量。

（1）中线测量

中线测量是把道路的设计中心线测设在实地上,主要工作是放线和中桩测设。中线放线方法有穿线放线法、拨角放线法、RTK 法、极坐标法等。

中线测设基本流程:测设中线起终点、各交点和转点,量距和钉桩,设置里程桩和加桩,曲线测设。

① 断链

因路线改道而产生实际里程桩和设计值不符合的现象叫断链,实际里程变长叫长链,变短叫短链。断链桩应设立在线路的直线段上。

② 里程桩编号

如以 10 m 桩距布设细部点,则有 DK1+110、DK1+120、DK1+130 等桩号。

（2）断面测量

① 纵断面测量

纵断面测量是利用初测时的水准点,按中平要求测出各里程桩和加桩高程,表达线路纵向地面起伏形态。纵断面图用直角坐标法绘制,以里程为横坐标,以高程为纵坐标,里程比例尺通常采用 1：2 000 或 1：1 000,高程比例尺通常为水平比例尺的 10～20 倍。

② 横断面测量

横断面测量一般选在曲线控制点、里程桩处、横向地形明显变化处,重点工程地段适当加密,于中线两侧各测 15～50 m,标定中桩位置和里程,将地面特征点展在图上,即绘出横断面图。其纵、横坐标比例尺相同,一般为 1：100 或 1：200。

横断面测量应包括起终点断面。

3. 线路施工测量

线路施工测量主要包括中线桩复测、路基边坡放样、曲线测设等内容。

(1) 复测

线路施工前必恢复中线,并对定测资料进行可靠性和完整性检查。复测前应和设计单位交接桩点,如直线转点、交点、曲线主要点、平面和高程控制点等。

复测的目的是恢复和检查定测质量,需尽量按定测桩点进行。

(2) 路基边坡放样

路基边坡放样主要是放样出路基宽度、边桩、边坡。

4. 曲线测设方法

(1) 平曲线测设

平曲线分为圆曲线和缓和曲线。

① 平曲线测设流程

根据给定的半径、偏角等,计算曲线放样要素和主点坐标,测设出交点 JD,根据交点 JD 坐标测设曲线主点;最后测设曲线细部点。

② 切线直角坐标系

平曲线测设一般采用切线直角独立坐标系,即以 ZH 或 HZ 为坐标原点,ZH(HZ)处的半径为 Y 轴,ZH(HZ)处的切线为 X 轴。

③ 曲线细部点测设方法

曲线细部点测设可采用极坐标法、直接坐标法、偏角法、切线支距法、弦线支距法、弦线偏距法、割线法、正矢法等方法测设。目前,由于 RTK 测量的普及和应用,一般采取 RTK 法直接测设。

(2) 竖曲线测设

竖曲线是指在线路纵断面上,以变坡点为交点,连接两相邻坡段的曲线。

3.1.4.2 桥梁施工测量

桥梁测量指在桥梁勘测设计、施工和运营各阶段中所进行的测量工作。

1. 桥梁测量内容

(1) 设计阶段

桥梁测量设计阶段的主要工作内容有控制测量、中线测量、桥轴线断面测量、地形图测绘(包含河床地形测绘、水下地形图测绘、大比例尺桥址地形测量)。

(2) 施工阶段

施工阶段测量工作主要有桥墩桥台放样和跨越结构放样,内容主要有桥轴线长度测量、施工控制测量、桥址地形及纵断面测量、墩台中心定位、墩台基础及细部放样。

（3）运营阶段

运营阶段测量工作主要是变形监测。

2. 桥梁测量过程

（1）技术方案设计

对于大桥或特大桥来说，必须建立施工控制网；对于中小型桥，可直接丈量桥台与桥墩之间的距离来进行放样，或者利用桥址勘测阶段的测量控制作为放样的依据。一般采用"使控制点误差对放样点位不发生显著影响原则"设计控制网。

施工平面控制网宜布设成独立网，并根据线路测量控制点定位。

如遇跨河水准要采用精密水准测量。

（2）桥梁施工控制测量

① 平面控制测量

平面控制测量方法一般采用三角形网、导线网、GNSS 网。三角形网分为双三角形，大地四边形、双大地四边形等。每岸布设不少于 3 个控制点，其中轴线上每岸宜布设 2 个点。

② 高程控制测量

高程控制测量一般采用水准测量法，桥址两岸应各布设不少于 3 个水准点，桥位水准点要和线路水准点联测，一般采用国家水准点高程。如联测有困难，可引用桥位附近其他单位的水准点，亦可采用假定高程基准。

（3）桥梁放样

桥梁放样工作主要有墩台中心定位、墩台细部放样、梁部放样等。

3.1.4.3　大坝测量

1. 大坝控制测量

（1）平面施工控制网

大坝平面施工控制网一般分两级布设，即基本网和定线网。可采用 GNSS 网、三角形网、导线网等控制网布设。

① 坝轴线测设

坝轴线即坝顶中心线，垂直于河流方向。一般先由设计图纸量得轴线两端点的坐标值，反算出他们与施工控制网中的已知点的方位角，测设其地面位置。轴线两端点定位后必须用永久性标志标明，并在其延伸方向的两岸山坡上各设 1～2 个永久性轴线控制桩以便检查。

② 坝身控制线

为了施工放样方便，应当测设若干条垂直或平行于坝轴线的坝身控制线，又称定线网。其测量步骤分两步，先测设平行于坝轴线的坝身控制线，再测设垂直于坝轴线的坝身控制线。

（2）高程控制网

高程控制网由永久水准点组成的基本网和临时水准点两级布设。

2. 清基开挖与坝体建筑放样

清基开挖与坝体建筑放样包括清基开挖放样、坡脚线放样、边坡线放样、修坡桩测设。

3.1.5 矿山与隧道测量

3.1.5.1 隧道测量

隧道测量的作用主要是保证隧道顺利贯通。隧道施工测量内容有洞外控制、进洞测量、洞内控制、洞内施工测量、贯通误差调整、竣工测量等。

1. 洞外控制测量

（1）洞外平面控制

洞外平面控制应布设成自由网，并根据线路测量的控制点进行定位和定向。每个洞口应测设不少于 3 个平面控制点，并至少有 2 个可通视的控制点。

可以采取精密导线法、三角形网法、GNSS 法、中线法等方法进行。

（2）洞外高程控制

洞外高程控制一般采用二、三等水准测量法，困难时也可采用四、五等高程测量。洞口应埋设不少于 2 个水准点。

2. 进洞测量

进洞测量一般采用进洞点和洞口控制点反算距离和方位角把中线引进洞内，用水准测量或三角高程测量方法把高程引入洞内。

3. 洞内控制测量

（1）平面控制测量

洞内控制应先布设短边低等级导线，再布设高等级导线进行检核，掘进一定距离后，再施测低等级导线，用高等级导线反复进行。检核导线的边长宜近似相等，洞内水准要往返测。

中线法适合较短隧道的洞内控制测量。导线法适合长隧道的洞内控制测量。

（2）高程控制测量

洞内高程测量一般采用水准测量法或三角高程测量法。

洞内水准测量在隧道贯通之前属于水准支线，需往返测检核，并需定期复测。水准仪倒尺法用于待测点高于视线高的情况，是将水准尺底部置于待测点（洞顶）位置上垂直倒挂，待测点高程等于视线高加上读数值，读数不管正负。

（3）洞内施工测量

洞内施工测量包括洞口定线放样、洞内中线测量、洞内腰线测设、开挖断面测量、衬砌放样、隧道净空收敛监测等内容。

4. 贯通测量

为了保证井巷贯通而进行的测量和计算工作，称为贯通测量。

（1）贯通误差

贯通误差分为纵向贯通误差、横向贯通误差、高程贯通误差，其中影响贯通质量最大的是横向误差，纵向误差可以忽略（表 3.2）。

表 3.2 贯通测量精度指标

类别	两开挖洞间距(km)	限差(mm)
横向	$L < 4$	100
	$4 \leqslant L < 8$	150
	$8 \leqslant L < 10$	200
高程	不限	70

（2）横向误差分配

① 工程测量规范规定

根据精度等影响原则,有竖井的横向贯通独立误差影响一共有 4 个,即洞外控制误差影响、洞内相向导线两个误差影响、联系测量误差影响。

每个独立误差影响量允许值计算公式为

$$m = M / \sqrt{4}$$

式中　M——总贯通误差允许值;

　　　m——相应独立误差影响量允许值。

有竖井时独立误差影响一共是 4 个,洞内控制误差影响为 2 个,故洞内误差影响为 $m_{横} = \sqrt{2} \times m = \sqrt{2/4} \times M$。

无竖井时一共误差影响是 3 个,洞内依然是 2 个,洞外影响 1 个,为了统一计算方便,现行工程测量规范规定每项影响依然取 $m = M / \sqrt{4}$, $m_{横} = \sqrt{M^2 - m^2} = \sqrt{3/4} \times M$。

② 独立误差等影响原则

根据独立误差影响相等原则来分配贯通误差,即按照独立误差影响数来分配误差。如独立误差影响因素为 3 个,则每一个独立影响误差允许值 $m = M / \sqrt{3}$, M 为横向总误差允许值,依理类推。

当有多个独立测量的竖井时,联系测量应按多个来计算。

洞外进出洞控制网互相独立时应按两个计算。

单向掘进时,洞内应按一个独立误差影响计算。

$$M^2 = am_1^2 + bm_2^2 + cm_3^2$$
$$m_1 = m_2 = m_3$$

式中　M——总横向贯通误差允许值;

　　　m_1、m_2、m_3——联系测量误差影响、洞外测量误差影响、洞内测量误差影响;

　　　a、b、c——相应独立误差影响因素的个数。

③ 高程误差分配

高程误差分配一般规定由洞内误差影响和洞外误差影响两个等影响误差构成。

5. 误差控制

（1）误差控制要点

① 要注意原始资料可靠性,起算数据应准确无误。

② 各项测量工作都要有独立检核,要进行复测复算。

③ 要及时对观测成果进行精度分析,必要时返工重测。

④ 掘进过程中,要及时进行测量和填图,根据测量成果及时调整掘进方向和坡度。

(2)提高精度的办法

对精度要求很高的重大贯通工程,要采取提高精度的必要技术措施。

① 适当加测陀螺定向边。

② 尽可能增大导线边长。

③ 提高仪器和目标的对中精度。

④ 采用三联脚架法等。三联脚架法是为了减弱仪器对中误差和目标偏心误差对测角和测距的影响,一般使用三个既能安置全站仪又能安置反射棱镜的基座和脚架,基座具有通用光学对中器,路线行进时减少对中整平的次数。

3.1.5.2 矿井测量

矿井施工测量内容主要有地面控制测量、竖井定向测量、竖井导入高程测量、竖井贯通测量、井下控制测量、井下施工测量等。

1. 矿区控制测量

矿区应尽量采用国家 3°带高斯平面直角坐标系,在特殊情况下,可采用任意带中央子午线、矿区平均高程面为投影面的矿区独立坐标系。

(1)平面控制测量

平面控制测量可采用 GNSS 控制网、三角形网、导线网等。首级网布设在国家一、二等平面控制网上,在满足精度前提下,可以越级加密。

(2)高程控制测量

高程控制测量采用水准测量法、三角高程测量法(山区)。

2. 井下控制测量

(1)平面控制测量

井下平面控制测量可以布设成附合导线、闭合导线、方向附合导线、无定向导线、支导线等。

(2)高程控制测量

井下高程控制测量一般采用水准测量法、三角高程测量法(坡度较大的倾斜巷道)。

3. 巷道回采工作面测量

为了安全采矿一般是先打通巷道进入计划开采的远处逐渐往回采,正式开采时的工作面称回采工作面。巷道回采工作面测量是井下测量的主要工作,内容有以下几点。

① 标定巷道中线和腰线。

② 测定巷道的位置,检查规格质量和丈量巷道进尺,把巷道填绘在有关图件上。

③ 测绘回采工作面的位置,统计产量和储量变动。

④ 有关采矿工程、井下钻探、地质特征点、瓦斯突出点和涌水点的测定等。

4. 联系测量

联系测量的作用是为了确保隧道的贯通,建立地上、地下统一的坐标系统,实现空间位置的传递,并确定地下工程与地面建(构)筑物相对位置关系,以保证安全。

（1）平面联系测量

平面联系测量一般采用几何（竖井）定向法、陀螺经纬仪定向法。

① 一井定向

在竖井井筒中悬挂两根垂球线，在井下通过连接测量把两个垂球坐标以及方位角传递到井下，包括投点和连接测量两项工作，连接测量通常采用连接三角形测量。

② 两井定向

在两井筒中各悬挂一根垂球线，在地上测定两垂球线的坐标及其连线的方位角，在地下利用导线对两垂球线进行连测，按假定坐标系计算连线假定方位角，经坐标闭合差配赋，计算出所有地下导线点的坐标和导线边的方位角。

（2）高程联系测量

高程联系测量可采用长钢尺法、长钢丝法、光电测距法、铅直测距法等。

3.1.6 变形监测和精密工程测量

3.1.6.1 变形监测

1. 变形监测概述

变形监测项目一般采用国家坐标系统和高程基准或测区原有的独立坐标系和高程基准，小规模的监测工程也可采用假定坐标系和高程基准。

（1）变形监测观测要求

① 要在较短时间完成。

② 观测路线和观测方法相同、仪器设备相同、观测人员相同。

③ 记录周围环境因素，包括荷载、温度、降水、水位等。

④ 采用统一基准处理数据。

（2）预警要求

变形监测的变形量预警值，通常取允许变形值的 75% 左右。当数据处理结果出现下列情况之一时，必须即刻通知建设单位和施工单位采取相应措施。

① 变形量达到预警值或接近允许值。

② 变形量或变形速率出现异常变化。

③ 变形体、周边建筑（构）物或地表出现裂缝、快速扩大等异常变化。

（3）监测等级和精度

变形监测的等级及精度要求取决于设计变形允许值和监测目的。变形监测中误差不超过设计允许值的 $1/20\sim1/10$ 或 $1\sim2$ mm（表 3.3）。

表 3.3　工程测量规范中对变形观测点精度的规定（mm）

等级	相邻变形观测点高差中误差	变形观测点高程中误差	变形观测点点位中误差	范　　围
一等	±0.1	±0.3	±1.5	特别敏感高层建筑，重要古建筑
二等	±0.3	±0.5	±3.0	比较敏感高层建筑，一般古建筑

（续表）

等级	相邻变形观测点高差中误差	变形观测点高程中误差	变形观测点点位中误差	范　围
三等	±0.5	±1.0	±6.0	一般多高层建筑
四等	±1.0	±2.0	±12.0	精度要求较低建筑

（4）变形观测周期的确定

变形观测周期的确定以能系统地反映变形体变形过程，且不遗漏其变化时刻为原则，根据变形体的变形特征、变形速率、观测精度及外界影响等因素综合确定。

2. 监测控制网

（1）基准点

布设在变形影响区域外稳固可靠的位置，作为变形观测的基准，每个工程至少需要3个基准点。大型工程的水平位移基准点应采用带有强制归心装置的观测墩，垂直位移基准点应采用双金属标或钢管标。

（2）工作基点

工作基点是作为高程和坐标的传递点来使用，是用来直接测定变形观测点的控制点。通视良好的小工程可以不设工作基点，直接用基准点观测。设在工程施工区域内的工作基点，水平位移监测采用观测墩，垂直位移监测采用双金属标或钢管标。

（3）变形观测点

变形观测点直接埋设在能反映监测体变形特征的部位（建筑角点等）或监测断面两侧。考虑立尺要求，一般要离开变形体或地面一段距离，要求设置合理、牢固、观测方便，且不影响监测体的外观和使用。

3. 变形监测实施

采用大地控制网作为变形监测布设方法时，大型建筑应布设导线网、三角网、GNSS网、小型工程可以布设控制基线。

（1）动态变形监测

测量变形体在日照、风荷、振动等动荷载作用下产生的变形可采用GNSS-RTK法、近景摄影测量、三维激光扫描等方法。

（2）垂直位移监测

垂直位移监测一般要绘制沉降量曲线图。常规监测方法一般选用水准测量法，测站距离较长、建筑物楼顶等特殊情况也适合采用液体静力水准测量法。精度要求较低时，可以采用电磁波测距三角高程测量法，一般监测等级不大于三、四等。

（3）水平位移监测

水平位移监测要绘制水平位移曲线图。水平位移监测常用的观测方法有三角网形法、双测站极坐标法、交会法、GNSS法等。单一方向水平位移监测一般采用视准线法（小角法、活动标牌法）、引张线法、激光准直法等。垂线水平位移监测一般采用正倒垂线法。

依据项目不同，还可以采用精密测距、数字近景摄影测量法、测斜仪、位移计、伸缩仪等方法。

（4）倾斜观测

① 水平倾斜观测

测定两点间相对沉降量来确定倾斜度。一般采用几何水准法、液体静力水准测量法、差异沉降法（差异沉降指的是不同位置在同一时间段产生的不均匀沉降现象）、水平测斜仪法等。

② 垂直倾斜观测

测定顶部中心相对于底部中心的水平位移矢量来确定倾斜度。一般采用投点法、测水平角法、前方交会法、垂直测斜仪法、激光铅直仪法、激光位移计法、正倒垂线法等。

（5）地面形变观测

地面形变观测包括地面沉降观测、地震形变观测等。测量方法有水准测量法、GNSS法、雷达干涉法 INSAR 等。

（6）三维位移观测

三维位移观测一般采用测量机器人观测法、RTK 法、摄影测量法等。

（7）挠度观测

挠度是指建筑（构）物在水平方向或竖直方向上的弯曲值。挠度观测方法有垂线法、差异沉降法、位移传感器观测法、挠度计观测法等。

（8）裂缝观测

裂缝观测方法有精密测距、位移计观测、伸缩计观测、测缝计观测、摄影测量等。

（9）应变监测

应变监测方法有机械法、激光干涉法、传感器法（应力计、应变计）等。

4. 变形监测项目

（1）场地监测

场地监测应在建筑施工前进行，可采用四等监测精度，通常采用水准测量方法。

（2）基坑监测

① 基坑支护结构顶部和深层水平位移监测与沉降监测

基坑支护水平位移监测可采用极坐标法、交会法、视准线法等进行；垂直位移监测可采用水准测量方法、电磁波测距三角高程测量方法等。

基坑支护结构深层水平位移监测一般埋设测斜管，观测各深度处侧向位移。

支护结构内力监测，开挖过程中支护结构内力变化可通过在结构内部或表面安装应变计或应力计进行量测。

② 基坑回弹沉降监测

基坑回弹的变形观测精度等级不宜低于三等。回弹变形观测点宜布设在基坑的中心。宜采用水准测量方法在基坑开挖前、开挖后及浇灌基础前，各测定 1 次。

③ 地基土分层沉降监测

重要的建筑物应根据需要进行地基土的分层垂直位移监测。观测点位应布设在建筑物的地基中心附近。垂直位移监测宜采用三等精度，应在基础浇灌前开始。

④ 地下水监测

地下水位与沉降一起测量，钻井后再用水位管、水位计观测。

⑤ 支护边坡监测

基坑支护边坡土体监测。

⑥ 基坑巡查

在施工过程中需要对基坑进行定期人工巡查,以检查基坑稳定性。

（3）建筑物及基础监测

① 水平位移监测

建筑物及基础水平位移监测主要包括支护边坡和建筑主体的水平位移观测。采用常规水平位移监测方法进行。

② 垂直位移监测

沉降监测工作在基坑开挖前进行,贯穿于整个施工过程。

③ 主体倾斜监测

当建筑物整体刚度较好时,可采用基础差异沉降推算主体倾斜的方法。观测方法可采用投点法、前方交会法、正垂线法、激光准直法、差异沉降法、测斜仪法等。

④ 日照变形监测

日照变形的监测时间宜从日出前开始定时观测,至日落后停止,应测出监测体向阳面与背阳面的温度,并测定即时的风速、风向和日照强度。

（4）桥梁监测

GNSS测量、极坐标法、精密测距、导线测量、前方交会法和水准测量是桥梁变形监测的常用方法。

（5）混凝土坝监测

正倒垂线法、引张线法、GNSS测量、极坐标法、交会法和水准测量是大坝变形监测的常用方法。

（6）滑坡监测

① 滑坡水平位移监测

滑坡水平位移观测可采用交会法、极坐标法、GNSS测量和多摄站摄影测量方法;深层位移观测可采用深部钻孔测斜方法。

② 滑坡垂直位移监测

滑坡垂直位移观测可采用水准测量和电磁波测距三角高程测量方法。地表裂缝观测可采用精密测距方法。

5. 变形监测数据处理分析

（1）观测数据处理

变形观测数据处理主要有整理观测资料,计算测点坐标和变形量,建立模型对变形原因进行分析和解释,分析变形的显著性、规律和成因等工作,做出变形趋势预报。

变形观测数据主要是形成时间序列(等时间间隔的一系列观测数据按观测时间先后排序而成的数列)的监测数据。

（2）变形分析

较大或重要工程变形分析内容一般包括观测成果可靠性分析、累计变形量和相邻观测周期相对变形量分析、相关影响因素作用分析、回归分析、有限元分析等。较小工程变形分析内容至少应包括观测成果可靠性分析、累计变形量和相邻周期相对变形量分析、相关影响因素作用分析。

① 几何分析

几何分析包括基准点稳定性分析和周期数据分析。

② 物理解释

可采用统计分析法、确定函数法、混合模型法。

（3）资料分析方法

资料分析可采用作图分析、统计分析、对比分析、建模分析。

3.1.6.2 精密工程测量

1. 精密工程控制网布设

精密工程控制网布设通常一次布网，分级布设时，其等级一般不具有上级网控制下级网的意义。精密工程控制网必须进行控制网优化设计，一般布设成固定基准下的独立网。精密水平控制网一般采用 GNSS 控制网、基准线、三角形网（大地四边形、中点多边形等）等控制网构成。

2. 标石埋设

精密工程控制网标石埋设常采用强制对中装置。对绝对位置要求高的平面和高程控制点采用基岩标，软土地区高程控制点常用深埋钢管标。

3. 特殊精密控制网

（1）直伸形三角网

直伸形三角网一般布设于线状设备的安装或直线度、同轴度要求较高的设备安装工程中。

（2）环形控制网

环形控制网可布设于环形粒子加速器、隧道等工程。

（3）三维控制网

采用高精度全站仪或激光跟踪仪可以同时获得精度相匹配的斜距、水平角、天顶距等观测元素，经过三维网整体平差可一次性得到网中待定点的三维坐标。

（4）安装控制网

小型安装一般只需要自由设站，大型精密设备安装必须建立安装控制网。

3.2 真题解析

3.2.1 2011 年第二题

3.2.1.1 题目

某化工厂全面建设完成后，某测绘单位承担了 1∶500 数字地形图测绘项目，厂区面积 1.5 km²。项目要求严格执行国家有关技术标准，主要包括《1∶500、1∶1 000、1∶2 000 外业数字测图技术规程》（GB/T14912—2005）、《国家基本比例尺地图图式第 1 部分：1∶500、

1：1 000、1：2 000 地形图图式》(GB/T20257.1—2007)。地形图图幅按矩形分幅,规格为 50 cm×50 cm[1]。

在测区首级控制完成后,按三个作业组测图进行了测区划分[2],作业组按野外全要素进行了外业数据采集、编辑处理、测区接边等工作[3],最终提交的成果资料[4]包括以下几点:

(1) 测图控制点展点图、水准路线图、埋石点点之记;

(2) 地形图数据文件、元数据文件等各种数据文件;

(3) 输出的地形图;

(4) 产品检查报告等内容。

问题:

1. 计算该厂区面积折合满幅1：500 地形图图幅数量。

2. 简述测区划分的原则。

3. 补充完善提交的成果资料中所缺少的内容。

3.2.1.2 解析

知识点

1. 全野外采集法

全野外采集法是利用野外布设的控制点,通过测角和测边采集数据内业成图的方法,分为模拟法测图、解析法测图两类。

解析法测图是在野外采集距离和角度,再利用数学方法间接解算坐标值,用计算机编辑成图的方法。

2. 大比例尺地形图分幅

在工程测量领域,分幅较为灵活,一般与1：500 比例尺地形图采取一致的方法分幅,即采取 50 cm×50 cm 矩形分幅。

1 幅 1：2 000 比例尺地形图实地范围(50 cm×50 cm)与 1 km² 图幅相等,可以分为 16 幅 1：500 比例尺地形图,每幅图的实地面积为 6.25 万 m²。

关键点解析

[1] 地形图分幅规格为 50 cm×50 cm,比例尺为 1：500,测区总面积为 1.5 km²,可以采用两种方法计算假设满幅的分幅数。

① 按照比例尺换算,每幅图折合实地面积为 6.25 万 m²,再求得满幅地形图数。

② 已知 1.5 km² 折合 1：2 000 比例尺图幅为 1.5 幅(1 km² 为 1 幅),每一幅1：2 000 地形图可分为 16 幅 1：500 比例尺地形图,求得满幅地形图总数为 1.5×16＝24 幅。

[2] 每个测绘小组分到片区任务后,安排工作计划控制工程进度,进行图根控制测量、碎部点采集、编辑成图、质量控制和过程检查等工作,测绘成果过程检查合格后,提交完成的片区测绘成果给本单位专职质量检查部门进行最终质量检查。

[3] 测绘小组的分组原则主要考虑以下几个方面,其中最主要的原则是要便于片区间的拼接操作。

① 要考虑各组完成任务的进度应大致协调一致。具体要从各组的工作量、片区测量难

度、交通情况、小组技术力量、资源配置等方面考虑。

② 划分要遵循尽量提高效率的原则出发。片区应按驻地距离与交通情况划分,同类型地形尽量划为一片,片区划分尽量连续、集中。

③ 从少接边和便于接边因素来考虑划分。小组间片区界线应尽量选择划在道路中央,成型的街区应完整划分,分界线应尽量短。

④ 从不产生测量漏洞来考虑。相邻片区间如地物连续,要考虑测制一定重叠带以保证拼接精度,不至于漏测。

[4] 此处最终提交测绘成果,若指测绘小组提交的过程成果,则无须提交技术设计、技术总结、仪器检定资料以及最终质量检查文件,只需提交过程检查资料给单位专职质量检查部门进行最终检查即可;若指项目提交验收的测绘成果,则应提交相关规定的所有成果资料。

测绘过程记录等资料应在本单位归档备查,无须提交任务委托方。

题目评估

考点容量小,题干内容少,题型主要为简答题,质量不高。

第二问非常开放,不容易写到点上。应从该项目实际出发,理清思路,以项目管理者的身份代入,模拟实际安排任务,并抓住题目中所给的提示点。

比较开放性的题型应掌握题目主干,列出提纲,然后在主干基础上发展。

评价:★☆☆   难度:★★☆

思考题

如某作业组配置全站仪一台、水准仪一台、GPS 两台套,在测制本片区图根点时,可采取什么方法和仪器。

3.2.1.3 参考答案

1. 计算该厂区面积折合满幅 1∶500 地形图图幅数量。

【答】

解法一

(1) 1∶500 比例尺图幅尺寸对应实地尺寸计算:

$$0.5 \times 500 = 250 \text{ m}$$

(2) 一幅图实地面积计算:

$$250 \times 250 = 62\,500 \text{ m}^2 = 0.062\,5 \text{ km}^2$$

(3) 图幅数计算:

$$1.5/0.062\,5 = 24 \text{ 幅}$$

解法二

(1) 因 1 km^2(即 1∶2 000 一幅图)含有 16 幅 1∶500 图幅。

(2) 图幅数计算:

$$1.5 \times 16 = 24 \text{ 幅}$$

2. 简述测区划分的原则。

【答】

（1）为了便于分区接边，分区之间分界线尽量划在主要道路中间。

（2）各小组考虑各种因素后，完成任务时间应大致相等。

（3）要考虑各小组到达分区的交通因素。

（4）要考虑各测区的难易差别。

（5）各分区范围应强调整体性，便于施测。

（6）考虑各小组管理上的要求。

（7）其他需要考虑的因素。

3. 补充完善提交的成果资料中所缺少的内容。

【答】 以下按照最终测绘成果提交应答。

（1）技术设计书和技术总结。

（2）控制点成果表、图根点成果表。

（3）仪器检验报告。

（4）索引图或结合图、结合表等。

4. 思考题：如某作业组配置全站仪一台、水准仪一台、GPS 两台套，在测制本片区图根点时，可采取什么方法和仪器。

【答】

该小组测制图根点可采用两种方法进行。

（1）采取图根导线方法制作图根点，并采取三角高程测量图根点高程，所用仪器为全站仪。

（2）采取 GPS-RTK"基站＋流动站"方法制作图根点，并采取图根水准法测量图根点高程，所用仪器为 GPS 两台套和水准仪。

3.2.2 2011 年第七题

3.2.2.1 题目

某测绘单位承担某大厦建设过程中的变形监测任务。

大厦位于城市的中心区，设计楼层 80 层（含地下 4 层），楼高约 360 m，总建筑面积约 250 000 m²，为钢结构地标性建筑物[1]。

1. 已有资料

（1）建筑物总平面图、施工设计图及相关说明文档。

（2）施工首级 GPS 控制网资料（城市独立坐标系）。

（3）周边地区一、二等水准点资料（1985 国家高程基准）。

（4）其他相关资料。

2. 投入的主要测量设备

（1）0.5″级全站仪 1 台套。[2]

（2）双频 GPS 接收机 5 台套。

（3）精度为 1/10 万的激光垂准仪 1 台套。

（4）DS05 型水准仪 1 台套。

（5）50 m 钢卷尺 1 个[3]。

测绘单位按规范要求在建筑物基坑周边外围埋设了两个垂直位移监测工作基点和四个水平位移监测工作基点。

垂直位移监测工作基点为钢管标；水平位移监测工作基点为带有强制对中装置的观测墩，其中两个建于周边 10 层楼的楼顶，两个建于地面上[4]。

变形监测的内容包括基坑支护边坡顶部水平位移及垂直位移、基坑回弹测量、基础沉降监测及主体工程倾斜测量、基坑周边 50 m 范围内建筑物的沉降监测等[5]。

变形监测要求提交符合规范要求的以图和表形式表达的成果。

问题：

1. 为测定垂直位移监测工作基点的高程，应布设垂直位移监测基准点，简述基准点布设的位置和数量要求以及垂直位移监测的等级要求。

2. 在投入的主要测量设备中，选择一种最适合用于监测水平位移监测工作基点稳定性的设备，并说明观测时的注意事项。

3. 简述变形监测成果中图和表的主要内容。

3.2.2.2　解析

知识点

1. 变形监测基准点埋设要求

变形监测基准点布设在变形影响区域外稳固可靠的位置，作为变形观测的基准，每个工程至少需要 3 个基准点。大型工程的水平位移基准点应采用带有强制归心装置的观测墩，垂直位移基准点应采用双金属标或钢管标。

受条件限制时，垂直基准网基准点埋石可在变形区内埋设深层钢管标或双金属标。应将标石埋设在变形区以外稳定的原状土层内或裸露基岩上，利用稳固的建构筑物时，可以设立墙水准点。

2. 变形监测成果提交内容

沉降监测成果提交内容主要有变形监测成果统计表，监测点位置分布图，建筑裂缝位置及观测点分布图，水平位移量曲线图，沉降曲线图，有关荷载、温度、水平位移量相关曲线图，荷载、时间、沉降量相关曲线图，位移速率、时间、位移量曲线图，其他影响因素的相关曲线图，变形监测报告等。

3. 算术平均值中误差计算

算术平均值在相同的观测条件下，对某量进行多次重复观测，根据偶然误差特性和误差传播率公式计算最终中误差的方法，即可以通过等精度多测回观测提高精度。

$$m = \frac{1}{\sqrt{n}}\sigma$$

式中　σ——等精度观测值中误差；

m—— 一组等精度观测值算术平均值中误差;

n—— 观测值数目。

关键点解析

[1] 楼层 80 层(含地下 4 层),楼高约 360 m,为该市地标性建筑物,按工程测量规定,属于特别敏感高层建筑,理应采用最高等级的变形监测规格。

[2] 根据规范规定,一等变形监测点位中误差要达到 ±1.5 mm,高差中误差要达到 0.3 mm,而测量单位使用仪器全站仪(一测回方向中误差 ±0.5″)和水准仪(每千米偶然中误差 ±0.5 mm)精度都达不到要求,此时应反复测绘,提高测回数来达到精度要求,测回数的计算方法可采用求算术平均值中误差公式。

由 $m = \dfrac{1}{\sqrt{n}}\sigma$ 得

$$n = (\sigma/m)^2 = (0.5/0.3)^2 = 2.8$$

$\mathrm{INT}[n] = 3$(INT 设为向上取整)

需要进行 3 次等精度重复测量(每千米)即可达到一等变形监测精度要求。

[3] 根据基准点布设了两个垂直位移监测工作基点和四个水平位移监测工作基点,注意基准点和工作基点的区别。

[4] 四个水平位移监测工作基点中,两个建于楼顶,两个建于地面。暗示在小区域的建设工地,需联测四个控制点时,不易联测,不宜采取全站仪观测模式进行测量。

[5] 变形监测图件成果主要是各类变形分析图,如时间和变形量曲线图、荷载和变形量曲线图以及观测点点位略图、控制点点位略图等,表格成果主要是周期观测成果表、控制点成果表、周期设计表、计算表以及各种相关表单资料。

题目评估

项目变形监测采取的等级为本题隐藏要素,误导考生用仪器标称精度与变形监测等级对比,造成仪器设备配备不足无法达到项目精度要求的假象,另外变形监测精度要求表需要考生背出。

评价:★★☆   难度:★★☆

思考题

在进行导线测量或三角测量时,选用不同仪器有相应测回数要求,其目的是什么?

3.2.2.3　参考答案

1. 为测定垂直位移监测工作基点的高程,应布设垂直位移监测基准点,简述基准点布设的位置和数量要求以及垂直位移监测的等级要求。

【答】

(1) 该项目属于特别敏感的地标性建筑,应采用"变形测量一等"精度标准施测。

(2) 垂直位移监测基准点应设置至少 3 个。

(3) 基准点应设置在测区外,且地基稳固、易于保存、便于水准联测的地方。

2. 在投入的主要测量设备中,选择一种最适合用于监测水平位移监测工作基点稳定性的设备,并说明观测时的注意事项。

【答】

因水平工作基点一共四个,其中两个位于楼顶,不便于联测,从工作效率方面考虑,应选择双频 GPS 接收机静态观测模式进行工作基点稳定性测量。

GPS 观测时注意的事项有以下几点。

① 应联测测区外基准点。

② 按照规定要求量取天线高。

③ 按照规定要求记录数据。

④ 观测过程中,不能在接收机旁使用电台和手机。

⑤ 手簿现场填写,不得涂改。

⑥ 测量人员不得远离仪器,防止碰触遮挡仪器。

⑦ 天线方向应指正北。

⑧ 其他按照操作规程应遵守的原则。

3. 简述变形监测成果中图和表的主要内容。

【答】

(1) 变形监测图件成果,主要是各类变形分析图,如时间和变形量曲线图、荷载和变形量曲线图以及观测点点位略图、控制点点位略图等。

(2) 变形监测表格成果,主要是周期观测数据表、变形观测计算表、控制点成果表和计算表、周期设计表、工作基准点稳定性计算表、质量评定表等以及各种相关表单资料。

4. 思考题:在进行导线测量或三角测量时,选用不同仪器有相应测回数要求,其目的是什么?

【答】

增加测回数能提高测量精度。假设某仪器一次观测的精度为 m,对同一目标采取了 n 次等精度观测,最终的测量结果精度为 M。则如下算例可知增大测回数能有效提高测量精度,采用 J2 经纬仪进行水平角测量时,观测四个测回精度可以达到采用 J1 经纬仪观测一个测回的精度。

假设采用 J1 经纬仪测水平角,方向精度计算如下。

观测一测回:$M = m = 1''$

观测两测回:$M = m/\sqrt{2} = 0.71\,m = 0.71''$

观测三测回:$M = m/\sqrt{3} = 0.57\,m = 0.57''$

观测四测回:$M = m/\sqrt{4} = 0.50\,m = 0.50''$

假设采用 J2 经纬仪测水平角,方向精度计算如下。

观测一测回:$M = m = 2''$

观测两测回:$M = m/\sqrt{2} = 0.71\,m = 1.42''$

观测三测回:$M = m/\sqrt{3} = 0.57\,m = 1.14''$

观测四测回:$M = m/\sqrt{4} = 0.50\,m = 1.00''$

3.2.3 2012 年第一题

3.2.3.1 题目

某测绘单位采用全野外数字测图方法完成了某铁路枢纽 1∶500 全要素数字地形图测绘项目。测区地势平坦,分布有居民地、铁路、公路、农田、林地、沙地和河流等要素[1]。

测图作业中,基本控制点采用一级 GPS 网和四等水准路线联测;图根点采用图根导线和图根水准联测;地形图数据采用全站仪极坐标法野外采集,由内业编辑处理生成 1∶500 地形图数据,要素包括测量控制点、居民地及设施、管线、境界、地貌等八类[2];地形图的平面和高程精度采用高于数据采集精度的方法实地检测;项目成果按规范要求整理提交。

成果质量检验时,对火车站候车室所在图幅进行平面精度检测[3],获得了明显地物点的图上点位较差 $\Delta_1 \sim \Delta_{30}$(单位:mm)。计算得到点位较差的平方和 $[\Delta\Delta] = 4.80$ mm²[4]。

问题:

1. 以框图形式绘制本项目外业生产开始后的测图作业流程图。
2. 根据测区情况,指出题中未列出的三类 1∶500 数字地形图要素。
3. 计算火车站候车室所在图幅地物点的图上点位中误差(计算结果保留两位小数)。

3.2.3.2 解析

知识点

1. 地形图的内容

对地形图而言,地图的主体是基本地理要素,如交通网、居民地及设施、水系、地貌、土质和植被、管线、境界、控制点、注记等。

2. 地形图点位质量检核

地形图检验样本以"幅"为单位,采用比对分析、检查分析、实地检查、实地检测等方法进行测绘成果检校。

地形图应经过内业检查、实地的全面对照及实测检查,实测检查量不应少于测图工作量的 10%。对于大比例尺数字测图,数学精度的实地检测一般为每幅图选取 20~50 个点、20 条边进行检测。

当检核精度远高于被检测精度时,其较差可以视作真误差,公式为

$$\sigma = \pm\sqrt{[\Delta\Delta]/n}$$

如采用同精度检核,公式为

$$\sigma = \pm\sqrt{[dd]/2n}$$

关键点解析

[1] 测量的几类主要要素中,居民地、铁路、公路、农田、林地、沙地和河流等,实际上就是问题二的答案,即交通要素、土质和植被要素、水系要素,可见对题干深度阅读的重要性。

[2] 地形图的内容包括测量控制点、居民地及设施、管线、境界、地貌、交通、土质和植

被、水系、注记、独立地物等人文和自然要素,无须拘泥几大类,本题指明八类要素是为了便于改卷有标准答案而设置。

〔3〕本题直接指明采用高于数据采集精度的方法实地抽取地物点检测,考生应熟练套用高精度精度检核公式。如不明确指出,也应该对检核精度进行分析和判断,分清是高精度检核还是同精度检核。

〔4〕Δ 表示较差,本次检测共实测了 30 个点,并已经计算了较差的平方和,但高精度检核公式需要考生自己写出,然后直接代入公式即可算出。

> **题目评估**

本题灵活性较差,按部就班要求写流程,题干设置简单。第三问考查地形图测绘数学精度检核内容,虽然难度低,但却是非常重要的考点。

评价：★☆☆　　　　难度：★☆☆

> **思考题**

目前全野外测图一般分为全站仪解析测图法和 RTK 直接测图法,两种方法各有什么优缺点?

3.2.3.3　参考答案

1. 以框图形式绘制本项目外业生产开始后的测图作业流程图。

【答】　框图如图 3.6 所示。

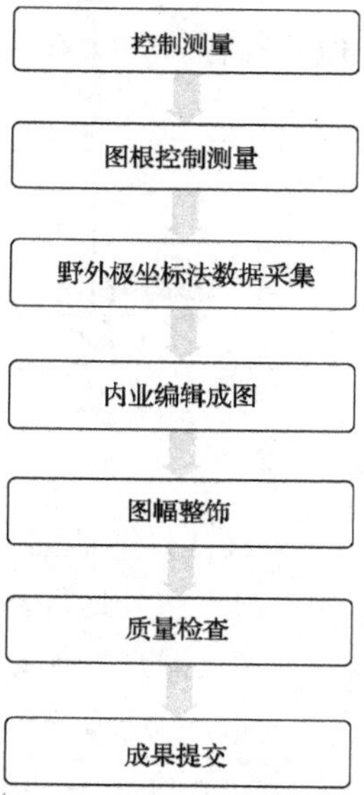

2. 根据测区情况,指出题中未列出的三类 1∶500 数字地形图要素。

【答】

未列出的三种地形图要素是：

（1）水系要素；

（2）交通要素；

（3）植被和土质要素。

3. 计算火车站候车室所在图幅地物点的图上点位中误差（计算结果保留两位小数）。

【答】

已知采用比碎部点采集精度高的测量方法检测,故采用高精度检核公式计算点位中误差：

$$\sigma = \pm\sqrt{\frac{[\Delta\Delta]}{n}} = \pm\sqrt{4.8/30} = \pm 0.40 \text{ mm}$$

图 3.6　流程框图

（框图内容：控制测量 → 图根控制测量 → 野外极坐标法数据采集 → 内业编辑成图 → 图幅整饰 → 质量检查 → 成果提交）

4. 思考题：目前全野外测图一般分为全站仪解析测图法和 RTK 直接测图法,两种方法各有什么优缺点?

【答】

（1）采用 RTK 法比较快捷方便,工作效率高,图根点制作方便；缺点是要求场地无遮挡,要注意电磁干扰和多路径效应影响。

（2）采用全站仪法对场地要求不高,但比较 RTK 法工作效率低。

3.2.4　2012 年第二题

3.2.4.1　题目

某测绘单位承接了某办公楼建设项目的规划监督测量任务。

该办公楼为 4 层楼,长方形结构,楼顶为平顶。

办公楼相邻环境:东侧为办公大厦,南侧为小区市政道路,西侧为住宅楼,北侧为绿地[1]。

竣工后的办公楼室外周边地坪为水平。测量区域周边可用的控制点齐全。测量执行《城市测量规范》(CJJ/T 8—2011)。

测绘单位在实施规划监督测量过程中,分别进行了办公楼灰线验线测量、±0 层地坪高程测量、办公楼高度测量、竣工地形图测量、地下管线测量、办公楼建筑面积测量,验测了周边建筑物的条件点[2]。

其中,办公楼高度采用电磁波测距三角高程测量法(见图 3.7),测量了设站点 A 仪器到楼顶 C 点的距离 S_D 和天顶距 Z_A[3];采用水准测量方法实测了室外地坪高程和设站点 A 的地面高程。一次观测得到如下测量数据:

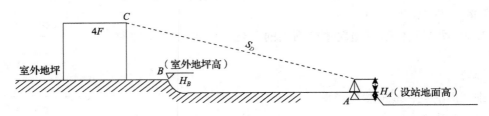

图 3.7　三角高程示意图

H_A（设站地面高）$= 47.000$ m;

H_B（室外地坪高）$= 48.500$ m;

i（仪器高）$= 1.600$ m;

$S_D = 37.000$ m;

天顶距 $Z_A = 60°0'00''(\sin 60° = \sqrt{3}/2,\ \cos 60° = 1/2)$。

问题:

1. 测绘单位实施的测量内容中,哪些属于验收测量?

2. 竣工地形图测量中,应测量办公楼周边的哪些要素,其中建筑物的条件点应采用什么方法进行测量?

3. 根据一次观测数据,计算办公楼的高度(计算结果保留两位小数)。

3.2.4.2 解析

知识点

1. 规划竣工核实测量和竣工测量区别

规划竣工核实测量和竣工测量容易混淆,两者在测量目的、测量内容、实施时间上都不相同。

(1)规划验收测量又叫规划竣工核实测量,是在工程竣工后对整个工程建设是否符合规划部门审批的设计方案要求进行符合测量。验收测量的工作内容应包括建(构)筑物高度测量、建设工程竣工地形图测量、地下管线探测和建筑面积测量等。规划竣工核实测量属于规划监督测量。

(2)建筑竣工测量是在工程或分项工程完成后进行测量以检查施工是否符合设计要求,并为检修和设备安装提供测量数据。竣工测量后出具竣工图,是建筑施工设计图的实际修正。

2. 规划监督测量

规划监督测量是根据规划许可证件,实地验证建筑物位置、高程等与规划核准数据符合性的测量。

规划监督测量包括规划放线测量、规划验线测量(灰线验线和±0验线两个阶段)和规划验收测量。

验收测量的工作内容应包括建(构)筑物高度测量、建设工程竣工地形图测量、地下管线探测和建筑面积测量,有时还要进行停车位测量、绿地率测量等。

3. 条件点测量方法

条件点指对实现规划条件有制约作用的点位,即用地的拐点、端点、线段交叉点等。条件点的测设可采用双极坐标法、前方交会法、导线联测法、RTK等方法。

极坐标法是求得测站到目标点距离(极距)和方位角(极角)解析获得目标点坐标的方法,双极坐标法指在不同测站上分别对同一目标点进行极坐标法观测。

关键点解析

[1] 已知办公楼相邻环境:东侧为办公大厦,南侧为小区市政道路,西侧为住宅楼,北侧为绿地。

第二问前半部分应围绕测区概况来解答,解答此类题目应注意以下3个原则。

① 题目直接提示或直接相关的主要解题点应准确写出,如周边建筑物要素、道路要素、绿地要素等。

② 依附于主要要素项目应涉及,而题目中没有提到的,应写出加以补充,如管线检修井、办公楼和住宅楼的附属、入口道路等。

③ 题中完全没有提到,而且没有证据显示为项目测绘内容的,无须写出,如水系、铁路等。

[2] 灰线验线测量和±0验线测量属于规划监督测量中的验线测量内容,是对建筑定线的情况实地加以检测,检验是否符合规划要求,其实施时间为放线后验收前。

验收测量时需要采集室内外地坪高程,本项目对±0层地坪高程也进行了测量,该项内容也属于验收测量工作内容,与±0层验线测量应加以区别。

测量条件点的方法是否可以采用 RTK 法？应该说,完全可以,虽然题目中没有给出相关条件,但 RTK 法是可以采用的,解答时不要忘记。

[3] 天顶距的定义是铅垂线反方向(天顶方向)与望远镜视线夹角。

题目评估

在项目完成的测量任务中,关于 ±0 的测量是否属于验收测量内容,出题人设置了干扰,故意把 ±0 高程测量置于灰线验线测量之后,让考生误以为该项为验线测量内容,实际上该项属于验收测量内容。

评价：★☆☆   难度：★★☆

思考题

本项目还对周边建筑物的条件点进行了测绘,该工作是否有必要进行？目的是什么？

3.2.4.3　参考答案

1. 测绘单位实施的测量内容中,哪些属于验收测量？

【答】

该项目包括的验收测量内容如下。

(1) 高度测量：±0 层地坪高程测量、办公楼高度测量。

(2) 基础图测绘：竣工地形图测绘。

(3) 建筑附属设施测量：地下管线测量等。

(4) 建筑面积测量：办公楼建筑面积测量。

2. 竣工地形图测量中,应测量办公楼周边的哪些要素,其中建筑物的条件点应采用什么方法进行测量？

【答】

办公楼四周应该测量的要素如下。

(1) 建筑物要素：东侧办公大厦、西侧住宅楼。

(2) 道路要素：南侧小区市政道路。

(3) 绿地要素：北侧绿地。

(4) 管线、管线检修井、其他建筑物附属设施。

(5) 四至测量：到周边建筑物的距离等。

(6) 其他按规定应测量的内容。

其中,建筑物的条件点可采用极坐标法、双极坐标法、交会法、导线法、RTK 法等方法测量。

3. 根据一次观测数据,计算办公楼的高度。(计算结果保留两位小数)

【答】

(1) 计算楼顶点 C 相对于点 A 的高差：

$$h_{AC} = S_D \times \cos Z_A + i = 37.0/2 + 1.6 = 20.10 \text{ m}$$

(2) 计算楼顶点 C 相对于点 B 的高差,即办公楼高度：

$$h_{BC} = h_{AC} - H_B + H_A = 20.10 - 48.500 + 47.000 = 18.60 \text{ m}$$

4. 思考题：本项目还对周边建筑物的条件点进行了测绘，该工作是否有必要进行，目的是什么？

【答】

测量建筑物拐点到界址线和周边建筑物的四至关系是为了检验间距与设计值之差以及建筑物与道路红线、用地界线等的距离与审批图纸相关尺寸的差值。

3.2.5　2012 年第五题

3.2.5.1　题目

某待建隧道长约 10 km，设计单位向施工单位提供的前期测绘成果和设计资料包括：

（1）进、出洞口各 4 个 C 级精度的 GPS 控制点，基准采用 2000 国家大地坐标系（CGCS2000），中央子午线为×××°50′00″，投影面正常高为 500 m；

（2）进、出洞口各 2 个二等水准点，采用 1985 国家高程基准；

（3）隧道的设计坐标、高程、里程桩等；

（4）……

由于现场地形条件的限制，该隧道未设计斜井，拟采用双向开挖施工，贯通面位于隧道的中部。隧道主体为南北偏西走向的直线隧道，隧道坡度一致[1]，施工区中央子午线为×××°10′00″[2]，纬度为 40°，进口施工面正常高为 750 m，出口施工面正常高为 850 m。

施工单位在施工前对已有成果进行了复测[3]，并进行了中央子午线平移和施工坐标系建立等工作[4]。施工坐标系的 X 轴为进、出洞口中线点连线的水平投影方向，并重新选择投影面[5]。

洞内平面控制采用双导线分期布设，全站仪的测角精度不低于 1″，导线边长控制在 200～600 m，角度观测 6 测回，导线在隧道内向前每推进 2 km 加测一条高精度陀螺定向边[6]，高程控制按二等水准测量的精度要求施测。

问题：

1. 说明施工单位在隧道施工前应复测的内容及复测方法。

2. 说明建立施工坐标系时重新选择投影面的理由，并指出所选最佳投影面的正常高。

3. 说明隧道内加测高精度陀螺定向边的目的和基本作业步骤。

3.2.5.2　解析

知识点

1. 工程投影面和坐标系统的选择

外业采集的边长归算到高斯投影平面上会产生长度变形，选择一个合适的投影面和中央子午线使变形互相抵偿，可以削弱长度变形。

在小区域内，当按坐标反算的边长值与实际边长变形值不大于 2.5 cm/km 时，即边长变形产生的相对误差不大于 1：40 000，应优先采用国家统一高斯投影 3°带平面直角坐标系统。长度变形值大于 2.5 cm/km 时，必须选择中央子午线或抵偿投影面来进行改正。

（1）固定高度变动中央子午线。中央子午线自行选择，但投影基准面仍然采用参考椭球面,坐标系选择投影于参考椭球面的高斯正形投影任意带平面直角坐标系统。

（2）固定中央子午线变动投影面高度。中央子午线采用国家统一的 3°带高斯平面坐标系中央子午线,但变动投影面高程采用抵偿高程面,坐标系统选择投影于抵偿高程面的高斯正形投影 3°带平面直角坐标系统。

（3）两者都变动。坐标系统采用投影于抵偿高程面上的高斯投影任意带平面直角坐标系统。

（4）选取测区平均高程作为投影面高程。当测区距离国家统一高斯投影 3°带中央子午线不远时,采用测区中部的国家 3°带中央子午线,投影面采用测区平均高程面。

（5）施工控制网遵循"按控制点坐标反算的两点间长度与实地长度之差尽量小"原则选择投影面,投影面选于工程最关键或要求最高的高程面上,如无特别要求投影面可以采取测区平均高程面。

2. 投影带换算

高斯投影换带计算方法是先各自利用高斯反算公式,换算成大地坐标系,再对大地坐标在新的投影带下重新投影,用高斯正算公式换算成目标投影带高斯平面坐标系。

3. 陀螺经纬仪定向

在隧道较长时可加测陀螺方位角控制导线的误差累积,并增加多余观测量,使控制网更可靠。陀螺经纬仪为陀螺仪和经纬仪的结合,可以直接测量真方位角,经过子午线收敛角改正,可以直接获得坐标方位角。

（1）陀螺经纬仪定向流程

① 在已知边上测定陀螺常数,即陀螺仪指北方向与真北之间的夹角;

② 在待定边上测定陀螺方位角;

③ 在已知边上重新测定仪器常数,评定精度;

④ 陀螺方位角经过陀螺常数改正,获得大地方位角;

⑤ 通过本地的子午线收敛角求定待定边坐标方位角。

（2）陀螺方位角一次测定流程

① 以一个测回测定已知边或待定边方向,仪器大致对北;

② 粗定向,测定近似陀螺北方向,测前悬带零位观测;

③ 精定向,测定精密陀螺北方向,测后悬带零位观测;

④ 以一测回测定已知边或待定边方向,如互差不超限,取平均数。

资料分析

（1）进、出洞口各 4 个 C 级精度的 GPS 控制点,基准采用 2000 国家大地坐标系（CGCS2000）,中央子午线为×××°50′00″,投影面正常高为 500 m。

该资料采用的是国家统一高斯直角坐标系还是独立直角坐标系? 显然测区采用的是独立坐标系,原因有以下两点,选择独立坐标系的目的是使两化改正带来的长度变形尽量抵消。

① 以正常高 500 m 处为投影面,不再以参考椭球面为投影面,表示投影面进行了重新选择。

② 对国家统一 3°或 6°带投影带进行观察,不可能出现 50′情况,故中央子午线应是经过

了平移处理。

（2）进、出洞口各 2 个二等水准点，采用 1985 国家高程基准。

（3）隧道的设计坐标、高程、里程桩等。

关键点解析

［1］施工测量投影面应选择在精度要求最高或者对工程最关键的地方，对隧道测量来说，应选在隧道贯通面上。此处的项目条件设置都是为了计算出隧道贯通面位置。

［2］×××°10′00″为位于施工区中央的子午线经度（非国家统一投影带中央子午线经度），若选择该经线为测区独立高斯投影直角坐标系中央子午线，则消除了实地长度改正到高斯投影面的长度变形。由此可见资料一所用的独立坐标系中央子午线位于测区东面经差 40′处。

［3］项目组在取得控制测量数据后，应进行复测来检核符合度，包括平面控制测量数据和高程控制测量数据，如不符合，应加以重测。

［4］两化改正影响的抵消需要考虑两方面的因素，中央子午线重新选择后，投影面的选择也是必须的工作。

① 当新建立的坐标系统中央子午线选择在测区中央，消除了椭球面上的长度归化到高斯平面上的长度投影变形；

② 把投影面选择在贯通面上，则消除了贯通面上由实地测量的长度归化到椭球面上的长度变形。

由此可知，坐标系重新建立后，在隧道的贯通面上长度变形被削弱，使隧道贯通测量对精度最敏感部位的长度变形受到了控制，精度得到了保证。但其他高程面上仍有长度变形。

［5］虽然已经收集的资料一，已经选择了抵偿投影面，减弱了测区因实地测量值归算到投影面的长度变形，但对于贯通测量来说，精度要求最高的贯通面长度变形没有被最大化抵消，故本项目重新选择了坐标系统投影面。

［6］隧道较长时，方位角误差和距离测量误差会不断累积，距离误差只会对隧道纵向贯通误差产生影响，可以忽略不计，但方向误差会影响到隧道的横向贯通误差。在隧道中无法有更多的联测手段来增加控制网可靠性，可采用陀螺经纬仪定向来削弱方位角误差。

陀螺经纬仪的测定主要是利用已知边方位角数据测量陀螺方位角，其差值即为陀螺经纬仪常数，该常数反映了陀螺经纬仪测量真方位角的系统误差。在待定边测量方位角后通过获得的常数来改正系统误差，得到真方位角，再利用收集到的当地子午线收敛角数据加以改正，最终得到坐标方位角。

题目评估

本项目改变了原独立坐标系，重新选择投影面，建立了新的独立坐标系，出题素材丰富，牵涉多个中央子午线和独立坐标系，完全可以加大题目难度，但最终问题偏简单。

对此题的解析应足够重视，抵偿投影面的选择是工程测量案例分析中的一个难点，可以变得非常灵活，本题只要稍加调整，难度即可提升。

评价：★★☆   难度：★☆☆

思考题

本项目对中央子午线和投影面进行了重新选择,建立了新的独立坐标系,新坐标系的中央子午线是对( )进行平移得到的,为什么?

A. 国家统一高斯平面坐标系中央子午线

B. 原独立高斯平面坐标系中央子午线

3.2.5.3 参考答案

1. 说明施工单位在隧道施工前应复测的内容及复测方法。

【答】

(1) 平面控制点复测:对隧道口各四个 C 级 GPS 点采用 GPS 静态测量方法复测。

(2) 高程控制点复测:对隧道口各两个二等水准点采用水准测量方法复测。

(3) 复测成果与原控制点成果较差应符合要求,如不符合应分析原因后重测。

2. 说明建立施工坐标系时重新选择投影面的理由,并指出所选最佳投影面的正常高。

【答】

(1) 隧道贯通面高程计算:

$$隧道平均高程＝(850＋750)/2＝800\ m$$

隧道采用双向开挖施工,为直线隧道,坡度一致,可知隧道贯通面在隧道正中央,即平均高程 800 m 处。

(2) 隧道贯通测量的最佳投影面应该选在贯通面上,以控制隧道贯通精度要求最高处(贯通面)的长度变形。该项目原独立施工坐标系的投影面选在 500 m 处,和隧道贯通面差距较大,在隧道贯通精度要求最高的贯通面上会有较大长度变形,故应重新选择投影面。

(3) 综上所述,本项目最佳投影面的正常高即隧道贯通面的正常高 800 m。

3. 说明隧道内加测高精度陀螺定向边的目的和基本作业步骤。

【答】

隧道内加测高精度陀螺定向边的目的是测量方位角,控制隧道方位角误差累积,增大贯通测量精度。加测高精度陀螺定向边步骤如下:

(1) 在洞外已知边上测定陀螺仪器常数。

(2) 在洞内待定边上测定陀螺方位角。

(3) 在洞外已知边上重新测定陀螺仪器常数,并评定精度。

(4) 如测量精度符合标准,测得的陀螺方位角经过陀螺仪器常数改正后即为真方位角。

(5) 通过获取的本地的子午线收敛角改正真方位角求得待定边坐标方位角。

4. 思考题:本项目对中央子午线和投影面进行了重新选择,建立了新的独立坐标系,新坐标系的中央子午线是对( )进行平移得到,为什么?

A. 国家统一高斯平面坐标系中央子午线

B. 原独立高斯平面坐标系中央子午线

【答】

选 B,新坐标系的中央子午线是对原独立高斯平面坐标系中央子午线进行平移得到。

因为本题收集到的已知坐标系资料为独立高斯平面坐标系,采取高斯反算把原独立坐

标系归算到参考椭球面,再通过高斯正算,把参考椭球面上坐标按照新的中央子午线(××
×°10′00″)投影计算为新的独立坐标系坐标。

3.2.6　2013 年第一题

3.2.6.1　题目

测绘单位承接了某城市 1∶500 地形图测绘任务,测区范围为 3 km×4 km,测量控制资料齐全,测图按 50 cm×50 cm 分幅[1]。

依据的技术标准有《城市测量规范》(CJJ/T 8—2011)、《1∶500、1∶1 000、1∶2 000外业数字测图技术规程》(GB/T 14912—2005)、《数字测绘成果质量检查与验收》(GB/T 18316—2008),《测绘成果质量检查与验收》(GB/T 24356—2009)[2]等。

外业测图采用全野外数字测图,其中某条图根导线边长测量时采用单向观测、一次读数[3],图根导线测量完成后发现边长测量方法不符合规范要求,及时进行了重测,碎部点采集了房屋、道路、河流、桥梁、铁路、树木、池塘、高压线、绿地等要素[4],经对测量数据进行处理和编辑后成图。

作业中队检查员对成果进行了 100% 的检查;再送交所在单位质检部门进行检查;然后交甲方委托的省级质监站进行验收[5],抽样检查了 15 幅图[6]。

问题:

1. 上述图根导线边长测量方法为什么不符合规范要求?
2. 按照地形图要素分类,说明外业采集的碎部点分别属于哪些大类要素。
3. 测量成果检查验收的流程和验收抽样比例是否符合规范要求?说明理由。

3.2.6.2　解析

知识点

1. 图根控制测量

图根控制测量是直接为地形测图进行的控制测量,图根控制点没有等级,布设要求比等级控制点低,一般在基本控制网内加密。较小测区,图根控制可直接作为首级控制。图根平面控制网可采用图根导线、极坐标法、边角交会法和 GNSS 测量等方法测制,目前一般采用GNSS-RTK 方法测量。

图根导线采取单程一测回方式测量,2 次读数较差不大于 2 cm。

2. 二级检查一级验收

(1)一级检查为过程检查,在自检互查基础上,由作业组专职或兼职检查人员承担,采用全数检查。

(2)二级检查由施测单位的质量检查机构和专职检查人员在一级检查的基础上进行最终检查,一般采用全数检查,野外检查项采用抽样检查,样本外应内业全数检查。

(3)检查验收工作应在二级检查合格后由任务的委托单位或受其委托的质量检查部门组织实施。验收一般采用抽样检查,质量检验机构应对样本进行详查,必要时可对样本以外的单位成果的重要检查项进行概查。

3. 验收成果确定样本量

样本抽查数量如表3.4所示。

表 3.4 样本抽查数量

批量	样品量	批量	样品量	批量	样品量
≤20	3	81～100	10	161～180	14
21～40	5	101～120	11	181～200	15
41～60	7	121～140	12	≥201	分批次提交
61～80	9	141～160	13		

关键点解析

[1] 已知测区范围、面积、比例尺和分幅规格，可获得测区总图幅数。

[2] 在验收抽样样本数量确定上，《数字测绘成果质量检查与验收》(GB/T 18316—2008)、《测绘成果质量检查与验收》(GB/T 24356—2009)这两本规范要求相同。

[3] 图根导线边长测量读数应读取两次，取中数为结果，如读数差超过限值，应重新读数。

[4] 地形图一般指国家基础比例尺地形图，属于普通地图，应采集交通网、居民地及设施、管线、水系、地貌、土质和植被、境界、控制点等要素。

[5] 测量成果质量检查应按照二级检查一级验收要求进行，本项目的质量检查情况如下。

① 一级检查(过程检查)：作业中队检查员检查。

② 二级检查(最终检查)：单位质检部门检查。

③ 验收：甲方委托的省级质监站验收。

[6] 在[2]处已提示验收参照规范，但没有提示具体表格内容，需要考生熟练背出，再依据图幅数套用表格数据，计算抽样检查样本数。

质量检验作为注册测绘师执业的重点内容所占考试比重会越来越大，需要考生熟悉测绘产品的检查验收过程和内容。

题目评估

本题主要考查考生对测绘标准规范的熟悉度以及测绘成果检查与验收知识。

提示并列出相关测绘规范，并要求考生按照规范解答，考生要十分熟悉相关规范内容，尤其是两本质量检查验收规范，否则易错过题目提示，导致无法下笔。

评价：★★☆   难度：★★☆

思考题

《数字测绘成果质量检查与验收》(GB/T 18316—2008)和《测绘成果质量检查与验收》(GB/T 24356—2009)都是测绘产品质量检验标准，两者使用范围有一定区别，本项目的验收工作应参照哪个规范？

3.2.6.3 参考答案

1. 上述图根导线边长测量方法为什么不符合规范要求？

【答】

按照相应规范规定，图根导线边长测量应单向观测一测回，一测回需要两次读数，取中数为结果。

本项目在进行图根导线边长测量时一测回只进行一次读数，不符合规定。

2. 按照地形图要素分类，说明外业采集的碎部点分别属于哪些大类要素。

【答】

本项目外业采集的碎部点属于以下大类要素：

（1）房屋属于居民地及设施大类要素。

（2）道路、桥梁、铁路属于交通大类要素。

（3）河流、池塘属于水系大类要素。

（4）高压线属于管线大类要素。

（5）绿地、树木属于土质和植被大类要素。

3. 测量成果检查验收的流程和验收抽样比例是否符合规范要求？说明理由。

【答】

（1）本项目经过了二级检查一级验收流程，符合规范要求，具体流程如下。

① 过程检查：作业中队检查员对成果进行了全数检查。

② 最终检查：单位质检部门进行了检查。

③ 验收：甲方委托的省级质监站进行验收。

（2）本项目验收时抽样比例符合规范要求，具体分析如下。

① 测区面积计算：

$$3 \times 4 = 12 \text{ km}^2$$

② 图幅数计算：

$$12 \times 1\,000 \times 1\,000 / 62\,500 = 192 \text{ 幅}$$

③ 按照《数字测绘成果质量检查与验收》（GB/T 18316—2008）规定，图幅数（批量）在 181～200 幅的，抽样的样本量应不少于 15 幅。

④ 本项目抽样检查了 15 幅图，符合相关规范要求。

4. 思考题：《数字测绘成果质量检查与验收》（GB/T 18316—2008）和《测绘成果质量检查与验收》（GB/T 24356—2009）都是测绘产品质量检验标准，两者使用范围有一定区别，本项目的验收工作应参照哪个规范？

【答】

本项目的验收应参照《数字测绘成果质量检查与验收》（GB/T 18316—2008），该规范规定了数字基础测绘 4D 产品的检查与验收标准和方法。

其他测绘成果的检查与验收应参照《测绘成果质量检查与验收》（GB/T 24356—2009）。

3.2.7　2013年第五题

3.2.7.1　题目

某城市建设一座50层的综合大楼,距离1号运营地铁线的最近水平距离为40 m,需对开挖基坑、综合大楼及相邻的地铁隧道进行变形监测,变形监测按照《工程测量规范》(GB 50026—2007)和《城市轨道交通工程测量规范》(GB 50308—2008)中变形监测Ⅱ等精度要求实施。

开挖基坑监测:基坑上边缘尺寸为100 m×80 m,开挖深度为25 m,在基坑周边布设了四个工作基点A、B、C、D,变形监测点布设在基坑壁的顶部、中部和底部;监测内容包括水平位移、垂直位移和基坑回填;基坑开挖初期监测频率为1次/周,随着基坑开挖深度的增加,相应增加监测频率;监测从基坑开挖开始至基坑回填结束。监测到第12期时,发现由工作基点A测量的所有监测点整体向上位移,而由工作基点B、C、D测量的监测点整体下沉或不变[1]。

综合大楼监测:大楼的监测点布设顶部、中部和基础上,沿主墙角和立柱布设;监测内容包括基础沉降、基础倾斜和大楼倾斜等;监测频率为1次/周;监测从基础施工开始至大楼竣工后1年。

地铁隧道监测:监测范围为综合大楼相邻的200 m区段;监测内容包括隧道拱顶下沉、衬砌结构收敛变形及侧墙位移等;变形监测点按断面布设,断面间距为5 m[2],每个断面上布设5个监测点,每个点上安装圆棱镜,采用2台[3]高精度自动全站仪自动测量;监测频率为2次/天;隧道监测从基坑开挖前一个月至大楼竣工后1年。

监测数据采用SQL数据库进行管理,数据库表单包括周期表单[4]、工程表单、原始数据表单、测量仪器表单、坐标与高程表单等。

监测成果包含监测点坐标数据、变形过程线[5]及成果分析等。

问题:

1. 该段地铁隧道变形监测中,总共需布设多少个断面监测点? 对两台高精度自动全站仪的安置位置有什么要求?

2. 利用数据库生成监测点的变形过程线时,需要调用到哪些表单? 并说明理由。

3. 从测量角度判断由工作基点A测量的基坑监测点向上位移的原因,并提出验证方法。

3.2.7.2　解析

知识点

1. 变形周期数据分析

对不同周期观测数据进行叠合分析,绘制变形过程线等。

变形过程线是以时间为横坐标,以累积变形值为纵坐标绘制的周期数据分析图。

2. 变形监测工作基点

工作基点是作为高程和坐标的传递点来使用,是用来直接测定变形观测点的控制点。

通视良好的小工程可以不设工作基点,直接用基准点观测。设在工程施工区域内的工作基点,水平位移监测采用观测墩,垂直位移监测采用双金属标或钢管标。

关键点解析

[1] 监测到第 12 期时,发现由工作基点 A 测量的所有监测点整体向上位移,而由工作基点 B、C、D 测量的监测点整体下沉或不变,应从以下方面加以分析。

① 是否基准点不稳定。

监测到第 12 期时,才发现工作基点 A 可能存在问题,表明前面 11 期数据都属于正常,出现的问题和基准点无关。

② 是否建筑主体异常沉降。

沉降观测值大致有规律,故突然出现反常现象一般不是监测体本身出现了异常。

③ 哪个点可能出现问题。

对于沉降变形监测来说,观测值的高程在合理范围内变小属于正常现象,反之高程变大属于反常现象,且只有一个工作基点 A 与其余三个工作基点变化规律相反,故可能只是工作基点 A 出现了问题。

④ 可能出问题的控制点发生升还是降。

工作基点 A 测量的所有监测点相对于其他工作基点测量的点整体向上位移,表示工作基点 A 可能实际高程值比理论值要小,即因为某种原因可能导致控制点发生沉降。

⑤ 测量过程是否出了问题。

应检查仔细测量成果,必要时可重测,确保该数据测量无误。

⑥ 应如何检查确定问题所在。

对工作基点 A 进行检查,检查时可采用测量四个工作基点的高差来分析点 A 是否稳定,也可以直接从基准点对点 A 重新测量,和理论值对比,如现值比理论值小,且在测量规定限差以外,表示工作基点 A 有沉降。

[2] 用断面间距计算断面数时要考虑到首末断面,除出来的得数应再加一,这是本题故意考验考生对断面测量的认识度。

[3] 采用 2 台高精度自动全站仪自动测量 200 m 长的隧道断面,每台全站仪应测量大致一半测点,故应分别设置于测区两端(图 3.8)。

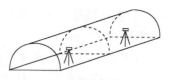

图 3.8　隧道监测设站示意图

待测隧道仅 200 m,全站仪测距完全可以覆盖,故没有要求一定设置在线路 50 m 和 150 m 处,即两分段的正中央。

在设置测站时,应考虑以下因素。

① 如有合适的固定位置,应尽量固定不变,并设置固定观测墩。

② 应避免有震动区域,注意避开火车,不得影响地铁正常运营。

③ 应布设于测区两端,每台全站仪各测量大致一半断面。

④ 要保证对每个测点通视。

[4] 周期表单指的是观测周期计划表,记载了观测时间数据,为绘制变形过程线提供横坐标的时间数据。工程表单描述比较笼统,应是工程情况记录表之类,与测量关系不大。原

始数据表单用作周期数据检核,但不用来直接制作变形过程线。

[5] 变形过程线是以时间为横坐标,以累积变形值为纵坐标绘制的周期数据分析图。

题目评估

本题提供了一个具体的变形监测实践问题案例,要考生加以分析,寻找原因并解决问题,实践性较强,符合注册测绘师案例分析考试的出题方向。

评价:★★★　　　　　　　　　　难度:★★☆

思考题

由工作基点 A 测量的基坑监测点整体向上位移,若确定是点 A 高程数据异常,并排除是测量误差因素,从数据上分析,这是否有可能是因为工作基点下沉或是提升导致的? 说明原因。

3.2.7.3 参考答案

1. 该段地铁隧道变形监测中,总共需布设多少个断面监测点? 对两台高精度自动全站仪的安置位置有什么要求?

【答】

(1)断面监测点计算如下。

① 断面数计算:

$$200/5+1=41 \text{ 个}$$

② 监测点数计算:

$$41 \times 5 = 205 \text{ 个}$$

(2)高精度自动全站仪安置位置要求如下:

① 从覆盖整个监测范围和提高测量效率两方面考虑,两台全站仪应尽量各观测一半监测点,即安置在隧道监测区两端合适位置。

② 仪器应安置在稳固位置,注意避让地铁。

③ 设站位置对所有测点应能通视。

2. 利用数据库生成监测点的变形过程线时,需要调用到哪些表单? 并说明理由。

【答】

生成监测点的变形过程线需要调用的表单如下。

(1)周期表单,提供周期和时间信息,构成变形过程线的横轴。

(2)坐标与高程表单,提供监测点多期位置信息,是变形过程线的基础数据,构成变形过程线的纵轴。

3. 从测量角度判断由工作基点 A 测量的基坑监测点向上位移的原因,并提出验证方法。

【答】 (1)对该情况分析如下:

① 由工作基点 A 测量的所有监测点整体向上位移,即观测值偏大,表示 A 点不稳定,可能发生了沉降,导致数据变大。

② 如为测量过程有误导致,应检查重测后更改。

（2）工作基点 A 稳定性验证方法有如下两种。

① 检验方法一：从测区外基准点进行水准引测，检查 A 点稳定性。

② 检验方法二：联测工作基点 A、B、C、D，通过检查高差来检验 A 点稳定性。

注：验证方法只需写出一种。

4. 思考题：由工作基点 A 测量的基坑监测点整体向上位移，若确定是点 A 高程数据异常，并排除是测量误差因素，从数据上分析，这是否有可能是因为工作基点下沉或是提升导致的？说明原因。

【答】

这种情况应为点 A 出现沉降导致。

因为点 A 下沉，导致测量得到的与测点高差数据变大，但数据计算的时候仍认为 A 点稳定（不变），导致测点出现上升假象。

3.2.8　2014 年第一题

3.2.8.1　题目

某单位拟在一山坡[1]上开挖地基新建一住宅小区，范围内现有房屋、陡坎、路、果园、河沟、水塘等[2]。某测绘单位承接了该工程开挖土石方量的测算任务。外业测量设备使用一套测角精度为 $2''$ 的全站仪，数据处理及土石方量计算采用商用软件。

（1）距山脚 500 m 处有一个等级水准点，在山坡上布测了一条闭合导线，精度要求为 1/2 000。其中导线测量水平角观测结果如表 3.5 所示[3]。

表 3.5　导线测量水平角观测结果

测站	观测点	水平角（° ′ ″）
DX01	DX05	100°32′15″
	DX02	
DX02	DX01	112°10′24″
	DX03	
DX03	DX02	89°10′17″
	DX04	
DX04	DX03	130°05′04″
	DX05	
DX05	DX04	108°02′14″
	DX01	

（2）在山坡上确定了建设开挖的范围，并测定了各个拐点的平面坐标，要求开挖后的地基为水平面（高程为 h[4]），周围坡面垂直于地基。

（3）采集山坡上的地形特征点和碎部点的位置及高程。为保证土石方量计算精度，采集各种地形特征点和碎部点，碎部点的采集间距小于 20 m[5]。

（4）数据采集完成后，对数据进行一系列处理，然后采用方格网法[6]计算出土石方量，最终经质检无误后上交成果[7]。

问题：

1. 列式计算本项目中导线测量的方位角闭合差。
2. 本项目中哪些位置的地形特征点必须采集？
3. 简述采用方格网法计算开挖土石方量的步骤。
4. 简述影响本项目土石方量测算精度的因素。

3.2.8.2 解析

知识点

1. 土石方量测量

计算土石方量的方法有方格网法、等高线法、断面法、三角网法、DEM 法等。

方格网法土石方量测算通过实际高程方格网与原高程方格网两期相减，即可求出土石方量。

（1）工程范围测量

利用测区控制点测量整个工程的边界，确定工程场地平整范围线。

（2）方格网划定

根据测区地形具体情况和工程要求设定方格网的格网尺寸。格网尺寸越小，测量精度越高。

（3）特征数据采集

采集测区内地形点三维坐标，采集间距不宜大于计算要求的网格间距，地形不平时应加大特征点采集密度，地形变换点应采集。

（4）格网内插

把采集的地形特征点坐标按格网进行内插，获得每个格网角点坐标。

（5）计算挖填方量

计算每个方格的挖或填方体积，统计总挖填土方量。

2. 角度闭合差

角度闭合差主要有方位角闭合差、多边形内角闭合差等。方位角闭合差公式如下：

$$\omega = L - \sum L_i$$

式中　ω——闭合差；

　　　L_i——闭合图形各节点方位角观测值；

　　　L——已知边方位角数据。

闭合差计算中，真值是减数还是被减数问题，没有统一规定，在平差计算改正数时注意反符号分配即可。

3. 地形特征点

地形特征点是反映地形起伏情况的主要点，主要包括山顶点、凹陷点、山脊点、山谷点、鞍部点、平地点以及水系特征点等。

关键点解析

［1］住宅小区建立在山坡上,在地形特征点采集的时候和山坡有关的特征点要采集,如山脊。

［2］土石方量测算应考虑到哪些要素跟土石方量计算有关。地形特征点反映了地表的起伏情况,在测区概况的描述内容里,属于地形特征点的要素有陡坎、河沟、水塘等,房屋、果园等属于地表附着物。

项目所处的地形是山坡,山脊点也属于地形特征点,这是题目中的隐藏要素。

［3］闭合导线方位角闭合差等于已知边起始方位角与各拐点方位角实际值之和的差,本项目计算的是多边形内角和计算角度闭合差。关于闭合差的符号取值,理论值和实测值在减法中位置不一样,符号会相反,在误差改正时注意符号相反即可,故单论闭合差的符号并无意义,本书取正号。

［4］此处明确指出地基高程为 h,表示 h 为已知量,注意在解题的时候有关地基高程都应该用 h 来表示。

［5］碎部点的采集间距小于 20 m,考虑到格网内插的精度,方格网的尺寸不应小于特征点采集间距,故方格网的尺寸不应小于 20 m。

［6］土石方量的测算一般采用方格网法、TIN 法、DEM 法、断面法等方法,本项目采用方格网法进行。

［7］题目中多次提示了土石方测算的步骤,在解题时有关的提示都应该写入,如测量范围、采集间距、质量检查等题目中提到的内容。

题目评估

土石方量的计算是工程测量里面常见的一种项目,但考生学习时容易忽略,故本题的解答并不是很容易,通过本题的学习和解答,可以弥补学习盲点。

要注意地形特征点与地表地物点的区别,只有实际影响开挖土石方量的要素才需要野外数据采集和内业计算。

评价：★★☆　　　　　　　　　　难度：★★☆

思考题

方格网法或三角网法进行土石方量测算都是实践中比较常见的方法,在测量精度和工作量角度考虑比较这两种方法,各有什么特点。

3.2.8.3　参考答案

1. 列式计算本项目中导线测量的方位角闭合差。

【答】

(1)闭合图形内角和计算。

由观测表可知该闭合导线为五边形,其内角和理论值为

$$180°×(5-2)=540°$$

(2)方位角闭合差计算:

$$(100°32'15''+112°10'24''+89°10'17''+130°05'04''+108°02'14'')-540°=14''$$

2. 本项目中哪些位置的地形特征点必须采集?

【答】

本项目应采集地形特征点的地方有陡坎、河沟、水塘、山脊等。

3. 简述采用方格网法计算开挖土石方量的步骤。

【答】

本项目采用方格网法测算土石方主要步骤如下:

(1) 确定测量范围,采集拐点坐标;

(2) 采集地形特征点,采集间距不大于 20 m;

(3) 采用商用软件绘制方格网,方格网格网尺寸不大于 20 m;

(4) 利用特征点数据内插计算方格网处高程;

(5) 以设计高程 h 为基准,计算每个方格网挖方量,即

$$格网面积×格网四个角开挖高差的平均=每个方格网挖方量$$

(6) 汇总格网挖方量得到总挖方量;

(7) 质量检查;

(8) 成果提交。

4. 简述影响本项目土石方量测算精度的因素。

【答】

影响本项目土石方量测算精度的主要因素有:

(1) 特征点密度、特征点采集位置合适与否;

(2) 特征点采集精度;

(3) 方格网内插方法;

(4) 方格网格网尺寸。

5. 思考题:方格网法或三角网法进行土石方量测算都是实践中比较常见的方法,在测量精度和工作量角度考虑比较这两种方法,各有什么特点。

【答】

(1) 方格网法测算土石方相对于三角网法特点。

优点:数据处理简单,外业数据采集量较小。

缺点:测算精度较低,适合较平整场地。

(2) 三角网法测算土石方相对于方格网法特点。

优点:测算精度较高,可测算复杂场地。

缺点:数据处理复杂,外业数据采集量较大。

3.2.9　2014 年第四题

3.2.9.1　题目

某水电站大坝长约 500 m,坝高约 85 m。在大坝相应位置安置了相关的仪器设备,主要包括引张线、正垂线/倒垂线、静力水准仪和测量机器人等四类设备[1],以便于对大坝进行变

形监测,保证大坝运行安全。设备的安置情况如下:

(1) 在大坝不同高程的廊道内布设了若干条引张线;

(2) 在坝段不同位置布设了若干个正垂线和倒垂线;

(3) 在坝段不同位置安置了若干台静力水准仪;

(4) 在坝体下游 400 m 处的左右两岸各有一已知坐标的基岩 GPS 控制点,控制点上有强制对中盘,在左岸基岩点 GPS 控制点 A 上架设一台测量机器人(测角精度 0.5″,测距精度 0.5 mm+1 ppm,单棱镜测程 1 km),在右岸基岩 GPS 控制点 B 上安置一圆棱镜[2]。为了使用测量机器人自动监测大坝变形,在大坝下游一侧的坝体不同高程面上安置了一批圆棱镜作为变形监测的观测目标[3]。系统自动监测前首先进行学习测量,然后按设定的周期自动观测,并实时将测量结果传输到变形监测管理系统[4]。在每个周期测量中,各测回都首先自动照准 B 点,并获取距离、水平读盘和垂直度盘读数[5]。

注:1 ppm$=1\times10^{-6}D$,D 为测量距离,单位为 km。

问题:

1. 安置于大坝上的四类设备的观测结果分别是什么?

2. 在每个周期测量中,各测回为什么都要首先自动照准 B 点,并获取距离、水平度盘和垂直度盘读数?

3. 测量机器人学习测量的目的是什么?说明学习测量的详细步骤。

3.2.9.2 解析

知识点

1. 测量机器人

测量机器人又称自动全站仪,是一种集自动目标识别、自动照准、自动测角与测距、自动目标跟踪、自动记录于一体,带内置马达的测量平台。

2. 液体静力水准仪

液体静力水准仪是用装有连通管的贮液容器,根据其液面等高原理制成的进行高差测量的装置,根据两个贮液器液面高度从标尺上读数,适用于测量长距离两点间的高差以及被测高差很小、精度要求很高的情况。

3. 引张线法

在两固定点间以重锤和滑轮拉紧的丝线作为基准线,定期测量观测点到基准线间的距离,以求定观测点水平位移量。

4. 正倒垂装置

正垂装置利用重垂和稳定、固定装置安装固定的铅垂线,倒垂是利用浮力装置安装铅垂线,然后测量测点到铅垂线的水平位移。

关键点解析

[1] 引张线和正倒垂线装置是视准线法的一种,其观测量都是目标点相对于视准线的水平位移,不同的是引张线是水平视准线,正倒垂线装置是垂直视准线。

静力水准仪测量高差数据具有很多优点,测量时无须通视,一个测站可测量很远距离,适合特殊情况下的高精度高程测量。

测量机器人实际上就是全自动观测的全站仪平台,通过学习测量功能,记忆测量流程,然后进行自动周期性测量工作,并实时传输数据到管理处理系统,适合应用于周期性的变形监测等领域。

[2]点 A 和点 B 是本项目的已知控制点,测站点为点 A 处,以点 B 为后视点(图 3.9)。

观测后视点的作用主要有以下两方面:
① 作为起算点来传递空间位置;
② 检核测量控制点的正确性。

[3]安置的圆棱镜为观测目标点,测量时应按顺序依次照准,并进行多测回的观测。

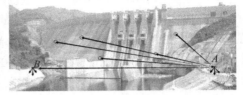

图 3.9 大坝监测示意图

[4]系统自动监测前首先进行学习测量,然后按设定的周期自动观测,并实时将测量结果传输到变形监测管理系统。在每个周期测量中,各测回都首先自动照准 B 点,并获取距离、水平度盘和垂直度盘读数。

要能根据题目提示分析理解没接触过的知识点,需要考生具有扎实的测量综合能力功底和测绘体系知识以及掌握对相关提示说明进行详尽解析的方法。

以上题中提示是关于测量机器人工作方式的重要说明,假设考生不了解测量机器人具体工作情况,也可凭此得出大致解题轮廓,具体分析结论如下。

① 测量机器人的测量原理与全站仪解析法测量相同,都需要先观测后视点来定向,测量得到水平角、垂直角和距离。

② 测量机器人具有测量学习功能,能学习和记忆人工输入的首次测量流程。

③ 测量机器人按学习内容展开周期性自动观测,每个观测周期开始时都需要重新定向。

④ 测量数据实时传输到数据处理平台,即变形监测管理系统。

[5]对后视点观测的主要目的有以下几点。

① 测量水平角主要是用来计算两个已知点之间的坐标方位角,获得已知点和后视点之间的坐标方位角是解析法数据采集的必要条件。

② 测量距离主要是用来检验已知点的正确性和精度,距离测量超过规定限值,要检查控制点数据以及测站的设置、参数的输入等可能出现问题的因素。测量前应获得已知点和后视点之间的距离,但距离测量不是解析法数据采集的必要条件。

③ 测量垂直角主要是用来检验已知点的高程数据正确性。

题目评估

本题考查一种大部分考生都没有接触过的新仪器,实际上只是换了个形式检验考生对知识点的掌握程度,本题表面考查的是测量机器人,实则考查全站仪解析法测量。题目中给出了充实的提示线索引导考生去解题。

大测绘的知识范围非常广阔,对于类似题型考生应加以练习,用学过的知识点去解答看上去陌生的考点,注册测绘师考题不会完全偏离大纲,一些看上去很新的内容刨去表象,其实并没有脱离框架。

评价：★★☆　　　　　　　　难度：★★★

思考题

本项目在坝段不同位置安置了若干台静力水准仪进行沉降观测量监测，试回答大致流程。

3.2.9.3　参考答案

1. 安置于大坝上的四类设备的观测结果分别是什么？

【答】

（1）在坝轴线方向设置引张线，监测水流方向的水平位移变形量。

（2）在大坝不同位置设置正垂线和倒垂线，监测不同高程面的坝体水平位移变形量。

（3）静力水准仪监测测点的高程或高差变形量。

（4）测量机器人监测测点的三维坐标变形量。

2. 在每个周期测量中，各测回为什么都要首先自动照准 B 点，并获取距离、水平度盘和垂直度盘读数？

【答】

首先照准 B 点是把 B 点作为定向点（后视点），获得初始方位角，并检验已知点数据正确性。

（1）获取距离与理论距离比对，检验控制点正确性和测量正确性。

（2）获得水平度盘是为了获得方位角，作为测量的定向基础，并与距离一起计算 B 点坐标，检验控制点正确性和测量正确性。

（3）获得垂直度盘是为了计算 B 点高程，检验控制点正确性和测量正确性。

3. 测量机器人学习测量的目的是什么？ 说明学习测量的详细步骤。

【答】

（1）测量机器人学习测量的目的是获得测站点、定向点、测点的空间位置关系，把测量步骤保存下来作为自动监测的模板。

（2）测量机器人学习测量步骤如下。

① 测前准备。在测站点 A 上架设测量机器人，并连接管理系统，在后视点和各测点安置棱镜，输入测站和后视点数据，存入变形监测管理系统。

② 后视定向。照准后视点 B，获得初始方位角，并检核，确认无误后存入变形监测管理系统。

③ 记忆测量流程。依次人工照准各目标测点，观测水平角、垂直角、距离，存入变形监测管理系统，并设置该流程为周期测量模板进行学习。

4. 思考题：本项目在坝段不同位置安置了若干台静力水准仪进行沉降观测量监测，试回答大致流程。

【答】

静力水准仪大致测量流程如下：

（1）在基准点上安装静力水准仪储液罐；

（2）在大坝不同测点上分别安装静力水准仪储液罐；

（3）保证连通管等连接和安装正确；

（4）观测和读数，求基准点和测点的高差。

3.2.10　2015年第一题

3.2.10.1　题目

某测绘公司承接了某城市新区内 1：500 数字线划图（DLG）的修测任务，有关情况如下。

1. 新区概况

新区面积约 8 km²，对原有的一些主要建筑物、道路和公园绿地进行了保留和整治，同时新建了大量的高层写字楼、住宅小区及道路交通设施等[1]。

2. 已有资料情况

（1）3 个月前完成的全市范围内 0.2 m 分辨率彩色数码航摄，满足相应比例尺测图要求[2]；

（2）2013 年测制的 1：500 地形图数据；

（3）覆盖全市范围的高精度卫星定位服务系统（CORS）及似大地水准面精化模型等。

公司拥有的测绘仪器和设备主要有经纬仪、测距仪、全站仪、双频 GPS 接收机、手持 GPS 接收机、数字摄影测量工作站、地理信息系统、Photoshop 图像处理软件等[3]。

修测要求内容及精度满足 1：500 地形图测图相关规范的要求[4]，现势性达到作业的当时[5]，同时充分利用已有数据资料和仪器设备，合理设计作业方法和流程，尽可能减少工作量[6]。

问题：

1. 简述该项目修测 1：500 DLG 数据应采用的作业方法及理由。

2. 简述修测 1：500 DLG 数据的主要工作步骤。

3. 说明在内业如何发现 1：500 DLG 数据中不需更新的要素。

4. 指出本项目最适合采用的仪器设备其用途。

3.2.10.2　解析

知识点

1. 航空摄影法更新 DLG

航空摄影法 DLG 数据采集是采用人工作业为主的三维立体测图，其数据由立体测图方法在立体像对内在室内采集地物三维数据。

如制作 DOM 来更新 DLG 需要考虑建筑物投影差的纠正处理。以数字正射影像图为主要数据源，参考调绘资料，对建筑物根据高度和距离像主点的远近进行投影差改正。适用于地势较为平坦、建筑物不是很密集的城郊和农村地区。

2. 数字影像成图比例尺和地面分辨率关系

数字影像成图比例尺和地面分辨率关系如表 3.6 所示。

表 3.6　数字影像成图比例尺和地面分辨率关系

成图比例尺	地面分辨率/m	成图比例尺	地面分辨率/m
1∶500	优于 0.1	1∶1 万	优于 1.0
1∶1 000	优于 0.1	1∶2.5 万	优于 2.5
1∶2 000	优于 0.2	1∶5 万	优于 5.0
1∶5 000	优于 0.5		

资料分析

（1）3 个月前完成的全市范围内 0.2 m 分辨率彩色数码航摄，满足相应比例尺测图要求。可用来制作 1∶2 000 比例尺地形图，在本项目中无法用来作为地理信息基础数据来源。可通过空三数据自动生成 DEM 来制作 DOM，作为参考资料比对 DLG 来查找需要更新的区域。

（2）2013 年测制的 1∶500 地形图数据，为该市原 DLG 数据，本项目即对该数据进行更新修测。

（3）覆盖全市范围的高精度卫星定位服务系统（CORS）及似大地水准面精化模型等。该资料能满足全市 RTK 三维测量的要求，不仅可以用来制作图根点，还可以在条件允许下直接采集碎部点。

关键点解析

［1］如果采用航摄方法进行 DLG 更新，新建的大量高层写字楼在采用立体测量时会有很多阴影遮挡，需要很多野外补测工作，如采用 DOM 进行更新，无法消除投影差，故从这个角度看，本项目采取航摄方法测量不是太合适。

［2］由于测区更新地物有大量高层建筑不适合采取航摄方式更新本测区大比例尺 DLG 数据，不仅如此，更重要的是该航空摄影资料的分辨率根本达不到制作 1∶500 比例尺地形图要求，所以该资料无法用来作为基础地理数据的来源更新地形图。

题目中"满足相应比例尺测图要求"指满足 1∶2 000 比例尺测图要求，而非本项目需要达到的 1∶500 比例尺，出题人故意设置了陷阱，引导考生用航空摄影方法答题。

经以上分析，本项目只能采取全野外数字解析测量方法来更新，这是本项目测量方案选择问题，整个题目围绕该点展开，若选择错误，整题解答就会全错。

［3］全野外数字采集方法需要使用全站仪、双频 GPS 接收机、地理信息系统等，其中全站仪、双频 GPS 接收机用来数据采集，地理信息系统用于数据处理，除此之外其余设备分析如下。

① 经纬仪在本项目用不到，可用全站仪替代。

② 若为手持式测距仪，可用来测量距离，若不是则用不到。

③ 手持式 GPS 接收机精度达不到项目要求，无法使用。

④ 数字摄影测量工作站用于航摄影像的处理和制作 4D 产品，在本项目会用到。

⑤ Photoshop 图像处理软件用于影像处理，在本项目中可能用到。

［4］第三次提示考生航摄影像应考虑精度问题。

［5］航摄影像不仅精度不达标，此处可见现势性也不达标。

[6] 项目合理设计作业方法和流程,尽可能减少工作量。第四次提示方案选择应合理,后面半句又再次对考生进行误导,让考生认为航摄方法工作量更少。

题目评估

对比历年案例分析真题,此题设置的陷阱最深,整道题完全围绕测绘方案选择展开,且整道题绝大部分分数与之有关,可谓一旦选错,满盘皆输。

从以上分析可以看到,出题人多次提醒考生,要注意避开陷阱,同时却多次故意诱导,引考生走上弯路。分析此类题,要逐字逐句分析,理解出题人的意图,解开谜语。

评价:★★☆   难度:★★★

思考题

在野外测量前,利用航摄资料查找需要补测内容有两种方法,从实际工作出发,A、B两个方案哪种更加合理?

A. 利用航摄资料制作 DOM,统一空间参考使之与 DLG 套合

B. 直接利用航摄资料作为参考人工检视比对

3.2.10.3 参考答案

1. 简述该项目修测 1∶500 DLG 数据应采用的作业方法及理由。

【答】

(1) 该项目应采取全野外解析法修测 DLG。

(2) 原因是本项目收集的全市范围内 0.2 m 分辨率彩色数码航摄影像分辨率达不到生产 1∶500 比例尺地形图的要求。

2. 简述修测 1∶500 DLG 数据的主要工作步骤。

【答】

(1) 收集资料。

(2) 编写方案设计书和技术设计书。

(3) 发现更新区域。套合比对 DLG 和 DOM,通过对比分析查找需要更新区域。

(4) 利用 CORS 布设图根点。

(5) 采用全野外解析法采集要素。

(6) 内业编辑并更新原数据。

(7) 质量检查。

(8) 成果提交。

3. 说明在内业如何发现 1∶500 DLG 数据中不需更新的要素。

【答】

(1) 用 0.2 m 分辨率彩色数码航摄影像制作生成 1∶2 000 比例尺 DOM。

(2) 对影像图比例尺变换,转换成 1∶500 比例尺 DOM。

(3) 套合 2013 年测制的 1∶500 地形图。

(4) 比对分析,查找并标注需要更新的区域。

4. 指出本项目最适合采用的仪器设备及用途。

【答】

（1）全站仪：采集地形要素坐标。

（2）双频 GPS 接收机：制作图根点或直接用 RTK 测量方式采集地形要素坐标。

（3）数字摄影测量工作站：制作 DOM。

（4）地理信息系统：数据处理和编辑。

（5）Photoshop：影像色彩处理。

5. 思考题：在野外测量前，利用航摄资料查找需要补测内容有两种方法，从实际工作出发，A、B 两个方案哪种更加合理？

A. 利用航摄资料制作 DOM，统一空间参考使之与 DLG 套合

B. 直接利用航摄资料作为参考人工检视比对

【答】

利用航摄资料制作 DOM，统一空间参考使之与 DLG 套合。这种方法更加合理，原因分析如下：

（1）目前制作 DOM 自动化程度很高，制作方便。

（2）直接利用航摄资料作为参考人工检视比对虽然也可以达到寻找更新区域的目标，但因为有投影差存在，地形会有位置偏差，导致比对困难，综合第一点理由，不宜采用。

3.2.11 2015 年第四题

3.2.11.1 题目

某测量单位承担某厂房内大型设备的安装测量任务，要求安装后设备的中轴线与厂房的中轴线重合，安装的点位精度达到 ±5 mm[1]。

考虑到施工程序、方法、场地情况以及使用的方便性，布设了 14 个施工控制网点，都为带强制对中装置的观测墩。其中 A、B 两点位于厂房的中轴线上[2]，且和厂房外的测图控制点通视[3]。

使用 0.5″ 精度全站仪进行施工控制测量。各测站上同时获得观测点的斜距、水平角、天顶距等观测值[4]，并记录测量时的温度和气压，经过三维网平差获得施工控制网点的三维坐标 (X, Y, Z) [5]。

按照"忽略不计原则"（控制点误差对放样点位不发生显著影响）确定施工控制网点的点位允许误差[6]，并将它与三维网平差的点位精度比较，判定施工控制网成果能否满足施工放样的要求。

使用 1″ 精度的全站仪按坐标法进行施工放样。事先将放样点的设计坐标输入到全站仪中，测量时输入现场的温度和气压，让全站仪自动进行气象改正。

问题：

1. 建立施工控制网时，坐标轴的方向如何确定。

2. 提出提高施工控制网高程测量精度的措施[7]。

3. 按照"忽略不计原则"，施工控制点的点位允许误差应为多少？

4. 简述将施工控制网坐标转化到测图控制网的作业流程。

3.2.11.2 解析

知识点

1. 施工控制网的特点

（1）施工控制网与国家控制网相比，在精度上不遵循由高级到低级原则，不要求精度均匀，某部分可能相对精度高。

（2）遵循"按控制点坐标反算的两点间长度与实地长度之差尽量小"原则选择投影面，投影面选于工程最关键或要求最高的高程面上，如无特别要求，投影面可以采取测区平均高程面。

（3）一般采用独立坐标系和独立控制网，坐标轴应与建筑物主轴平行或垂直，点位分布与工程范围建筑物形状相适应，便于施工放样。

2. 可忽略不计原则

当工程的几个独立误差影响中，某一误差影响小于另一误差影响的 1/3 时，即中误差比值小于 1/3 时，认为该误差影响可以忽略不计。

$$m^2 = m_{控}^2 + m_{放}^2$$

若 $m_{控} \leqslant \dfrac{1}{3} m_{放}$，则

$$m = m_{放}$$

关键点解析

［1］安装后设备的中轴线与厂房的中轴线重合，考虑到施工便利性，独立坐标系的坐标轴最好不要设在厂房中轴线上。

安装的点位精度达到 ±5 mm，这是设备安装的最终精度要求，它由两个独立误差构成，即控制点误差因素和放样误差因素。

［2］施工控制网的坐标系一般是独立坐标系，其坐标轴的设置应以便于施工为原则，一般与目标建筑物主轴线平行。

在本项目中，测量目的是完成设备安装，主要目标物是设备，故坐标轴的设置应与设备中轴线平行或垂直，在本项目中即厂房中轴线。

坐标原点的选择应考虑便于施工因素，在本项目中，如选于厂房中轴线上可能会带来施工的不便，故应尽量选在厂房内大型设备的西南角处，横轴与纵轴应不被设备覆盖。因 A、B 两点位于厂房的中轴线上，可平移 A、B 两点连线到某处为坐标轴。

若坐标轴选于中轴线上没给施工带来不便，可以考虑直接以 A、B 点连线为坐标轴。坐标轴的选择要根据实际情况设置，从施工便利性考虑即可，选不选于中轴线并不是原则性问题。

［3］A、B 两点和厂房外的测图控制点通视，意味着可以通过测图控制网对该两点进行观测，A、B 两点便同时具有了测图控制网和独立控制网两套坐标。平面坐标系之间通过两个重合点可以计算四参数（两个平移因子、一个旋转因子、一个缩放因子），建立坐标转换模型，完成坐标系转换。

有意见认为,该转换只需三个参数即可,不需要计算缩放因子。

A、*B* 两点之间的距离在测图坐标系和施工坐标系因测量误差因素不相等,进行平移后两点不完全重合,故需进行拉伸缩放处理后才能完成转换,显然缩放因子是不可缺的。

[4] 施工控制网测量时采用了三维控制网的测量方法,直接测量了斜距、水平角、天顶距等观测值,而不是测量平距、水平角、天顶距或垂直角。

[5] 经过三维网平差获得施工控制网点的三维坐标(X,Y,Z)。请思考 Z 属于什么高程系统。

此处的问题当作此题的思考题,请与(4)结合思考。

[6] 本题采取"忽略不计原则"的目的是控制施工控制网的精度,当精度足够高时就予以忽略,最后在计算设备安装精度时只需考虑放样误差影响,使放样中误差不大于(1)处的 ± 5 mm。但若控制点的精度不能足够小,则无法予以忽略,控制点本身的误差会影响设备安装误差。

按照经验,以上所指可予以忽略的精度足够小值,可认为是放样精度的 1/3,只要达到这个要求,即可不考虑控制点对安装精度的影响,只需考虑放样误差影响。

[7] 根据本项目具体情况,提高控制网高程测量精度的方法分析如下。

可以提高高程测量精度的措施有以下几种:

① 三维测量时,采取对向观测是提高高程精度主要的手段,可以有效改正折光误差。

② 增多测回数,无疑可达到目的。

③ 提高仪器整平精度、提高气象因子测量精度,可以有限提高高程测量精度。

不可提高高程测量精度的措施有以下几种:

① 选择有利的观测时间。本次测量位于厂房室内,而且测距非常短,故观测时间对测量精度没有显著影响。

② 提高对中精度。本项目标石埋设全部采用带强制对中装置的观测墩,无须对中,且提高对中精度和高程测量精度没直接关系。

③ 提高视线高。控制点位置是固定的,无法提高视线高。

④ 利用短边传算。控制点位置是固定的,无法改变测距。

题目评估

本题的题目设置颇为复杂,控制网采取了较少接触的三维测量和三维平差方式测制,考查了工程测量中比较难的控制点忽略不计原则计算,问题设置既开放又不偏离主线,题目质量和难度明显比往年有所提高。

评价:★★★   难度:★★★

思考题

本项目施工控制网三维网平差获得的施工控制网点三维坐标(X,Y,Z),请思考坐标中的 Z 的高程系统是什么? 施工控制网三维网的高程起算点数据在哪?

该坐标系采用了什么投影方式? 中央子午线如何设置? 独立施工坐标系到统一国家测图坐标系转换时是否需要考虑投影换带?

3.2.11.3 参考答案

1. 建立施工控制网时,坐标轴的方向如何确定。

【答】

建立安装施工控制网时,坐标轴方向与厂房中轴线平行或垂直,坐标轴交点宜选在对施工影响小的地方。

2. 提出提高施工控制网高程测量精度的措施。

【答】

提高施工控制网高程精度的措施主要有以下几种:

(1) 增加测回数;

(2) 采取对向观测;

(3) 严格整平、提高气象因子(温度、气压等)测量精度;

(4) 其他可以提高高程测量精度的措施。

3. 按照"忽略不计原则",施工控制点的点位允许误差应为多少?

【答】

(1) 设施工控制点中误差为 $m_{控}$,放样中误差为 $m_{放}$,最终安装中误差为 $m_{装}$。

(2) 按照"忽略不计原则",可知当 $m_{控} < (1/3)m_{放}$,$3\,m_{控} < m_{放}$ 时,$m_{控}$ 可以忽略不计。

(3) 根据误差传播率计算

$$m_{装}^2 = m_{控}^2 + m_{放}^2 = m_{控}^2 + (3\,m_{控})^2 = 10\,m_{控}^2$$

可得出:

$$m_{控}^2 = m_{装}^2 / 10$$

(4) 知 $m_{装} = \pm 5\,\text{mm}$ 得

$$m_{控} = \sqrt{25/10} = 1.58\,\text{mm}$$

(5) $m_{控} < 1.58\,\text{mm}$ 时,控制点中误差对安装中误差的影响可以忽略不计。

(6) 因工程控制网中允许误差一般取中误差的 2 倍,故施工控制网点位允许误差应为 3.16 mm。

4. 简述将施工控制网坐标转化到测图控制网的作业流程。

【答】

施工控制网坐标转化到测图控制网的作业流程如下。

(1) 在可以通视的测图控制点上观测施工控制点 A 和点 B,计算得到在测图坐标系下的点 A 和点 B 坐标。

(2) 选择转换模型,本项目采用平面四参数转换模型。

(3) 利用点 A 和点 B 作为同名点计算施工控制网和测图控制网两个平面坐标系之间的参数,即两个平移因子、一个旋转因子、一个缩放因子。

(4) 利用转换参数把其余施工控制网控制点坐标转换到测图控制网坐标系。

5. 思考题：本项目施工控制网三维网平差获得的施工控制网点三维坐标(X, Y, Z)**，请思考坐标中的**Z**的高程系统是什么？施工控制网三维网的高程起算点数据在哪？**

该坐标系采用了什么投影方式？中央子午线如何设置？独立施工坐标系到统一国家测图坐标系转换时是否需要考虑投影换带？

【答】

（1）本项目施工控制网三维网坐标系统采用独立坐标系下的空间直角坐标系，由于测区非常小，无须考虑地球曲率和投影。Z代表垂直于测区平面的空间直角坐标系坐标轴的值。

（2）由于采用了三维独立坐标系，本项目无须高程起算点。

（3）本项目没有采取投影方式，故不存在中央子午线，独立施工坐标系到统一国家测图坐标系转换时不需要投影换带。

3.2.12　2016 年第二题

3.2.12.1　题目

某甲级测绘单位承担一室内大型设备组装的放样任务，设备长 21 m、宽 10 m、高 3 m，组装设备厂房四面墙皆为钢筋水泥浇注，长 30 m、宽 20 m、高 10 m，要求组装后的设备主轴线与厂房主轴线重合[1]，设备组装的点位误差优于 ±1.5 mm。

1. 测量设备

（1）测量机器人一台，测角精度 0.5″，测距精度 0.6 mm+1 ppm。

（2）原装高精度圆棱镜 20 只。

（3）能安置棱镜的"L"形墙标 20 个，带"+"刻画的测量标志 2 个。

（4）含球形棱镜的专用测量工具一套装。

（5）30 m 钢卷尺一把。

2. 作业流程

（1）厂房主轴线确定。在厂房长对称轴端点内侧 1 m 位置的 A、B 点上，埋设带"+"刻画的测量标志，A、B 的连线即为厂房主轴线[2]。

（2）控制点埋设。在每面墙上埋设 4～5 个"L"形标志，所有的标志在水平面上大致均匀分布，在高度上错落有致，"L"形标志上安置棱镜作为控制点[3]。

（3）控制点测量。利用测量机器人自动测量各控制点的三维坐标，观测 8 测回[4]。

（4）坐标变换。根据组装要求，选择合适的方向作为施工坐标系 X 轴，将控制点坐标转换到施工坐标系中[5]。

（5）自由设站。在适合位置安装测量机器人，选取适当的控制点，按自由设站法测定仪器坐标，并检查自由设站的精度[6]。

（6）坐标放样[7]。

（7）重复（5）～（6）步骤。

3. 放样质量检测

重点检查安装设备上点与点、点与线、点与面之间的相对关系[8]，对大型圆孔检测圆心的位置及圆心到轴线的距离[9]。

问题：

1. 如何建立施工坐标系？简述坐标变换的目的和作业流程。

2. 自由设站对控制点的数量和点位分布有什么要求？如何检查自由设站成果的可用性。

3. 叙述检测圆心平面坐标的作业方法与流程。

3.2.12.2 解析

知识点

1. 球棱镜

球棱镜中心和球心重合，无论如何测量，测点均位于球面法线方向，数据处理方便。

2. 全站仪自由设站测量

全站仪自由设站属于边角后方交会，即在未知点上测定两个已知点角度和距离来定位的方法，自由设站的数据处理一般需要多余观测来检核。

自由设站时，应保证两个或三个已知点可靠，与测站点所成的夹角不能太大和太小，要避免两个已知点和未知点成直线分布。应尽量使已知点在同一控制测量系统中，以消除相似误差影响。

关键点解析

[1] 要求组装后的设备主轴线与厂房主轴线重合，指明本项目应采用基于厂房主轴线的独立坐标系。

要保证设备安装与厂房相对位置关系准确，设备安装位置主要放样依据为厂房的墙体和轴线，与统一的国家测量框架没有关系。

[2] 依据本项目配备的仪器设备，厂房中轴线应采取以下方式确定。

① 采用钢尺量距。首先于两端墙体上定位出中点，再用细线连接两端中点，依据细线方向用 30 m 钢卷尺以墙体为端点，各量取 1 m 位置，埋设带"十"字刻画的测量标志，即为 A、B 点，A、B 两点在本项目中的作用是作为控制测量起算点和坐标转换重合点，本项目的设备安装精度要求非常高，要达到 1.5 mm 的精度要求。

以上中轴线放样主要采取钢尺丈量方法，精度有限，另外检核手段不足，显然难以达到设备安装的高精度要求。

② 采用厂房内墙拐角为已知点，自由设站采用归化放样法测设 A、B 两点，该方法可以满足精度要求，但埋设的 A、B 点与厂房中轴线理论值存在测量误差。

[3] 由(1)分析可知，本项目的控制测量基准主要为厂房的四面墙体，所以把控制点设置在墙面上。假设墙体内测尺寸没有误差，则每面墙体上的各控制点平面连线为一直线，这个约束可以作为平面控制平差的依据。

[4] 利用测量机器人自动测量各控制点的三维坐标时，测站可以直接选用 A、B 两点作为测站点，也可以选用厂房内的任意自由点自由设站，两种方法目的相同，都是为了得到 A、B 点与墙上控制点的实际位置相对关系。

① 若测站直接选用放样的 A 点或 B 点，以该点位作为基准建立的控制网坐标系应在

测量后经过坐标转换计算,纠正到理论中轴线(理论上没有误差的 A、B 点)上。

② 若采取自由设站方式测量,必须对标定的 A、B 两点进行联测。

[5] 根据本项目的实际施工需求,施工坐标系坐标轴的选用,宜直接选用厂房中轴线作为坐标轴。需要进行坐标转换把控制测量坐标系转换到施工测量坐标系(厂房理论中轴线为坐标轴的坐标系)。

要建立自由设站的控制测量网与施工测量坐标系转换关系,需要找到重合点,A、B 两点符合要求,分析如下。

① 自由设站进行控制测量时,已经联测了两点的坐标,实际上是 A、B 两点测量标志在自由设站控制测量坐标系中的实地坐标,与理论值存在测量误差。

② 在要建立的施工测量坐标系中,A、B 两点的坐标已知(各距离墙端点 1 m)。该坐标并非是在实地标定的测量标志坐标,而是理论坐标值。

③ 根据重合点的实测数据经过坐标转换,把 A、B 两点移动到理论坐标上,距离差值作为缩放因子,使实测距离与理论距离吻合。

④ 以理论中轴线建立施工坐标系,把控制点坐标转换到施工坐标系上。

⑤ 检核和精度评估,检核条件有原放样的 A、B 点位置以及墙上控制点和内墙的点面关系。

[6] 自由设站目的是在厂房内利用可以通视的任意三个以上墙面控制点自由设置测站来进行设备放样,测站坐标通过后方交会解算。

本项目用来放样控制点的测站都为自由设站点,已知点位于墙面上,这样的测量方案设站自由,较灵活,效率高,检测时不易被设备遮挡视线。

[7] 利用自由设站点放样待定设备放样点。

[8] 检查时要重点检验的关系。

① 点与点的关系:放样点与墙面控制点、放样点之间。

② 点与线的关系:放样点与中轴线、放样点与墙面投影线。

③ 点与面的关系:放样点与墙面。

[9] 题目中特意提到大型的圆孔,提示无法在圆孔上直接安装棱镜组,圆孔的圆心坐标无法直接测量获得,需要在圆周上测量出数个点拟合出圆心位置。

① 因为有测量误差的存在,测量时无法准确获得圆周上的均匀分布测点和直径圆周点,甚至测点都不在圆周上,故需要在圆周测量数个点采用特殊的拟合算法推算圆心坐标。

② 采用球棱镜测量精度高、数据处理方便,可以在各个方向对之观测,适用于测量机器人自动观测。

③ 圆心到轴线距离测量,在通视条件允许的情况下,可采取在 A、B 点(坐标已经经过纠正)上用小角法测量的方式进行。但本题设备因安装在厂房中轴线上,可能会有通视不佳的情况,题目没有涉及该问题,本书也不继续探讨。

题目评估

本题考查设备安装测量控制网和放样流程,其测量方法和步骤与传统控制网截然不同,整个控制网的施测顺序是倒过来的,虽然没有故意隐藏要素设置,但整个题目是一个大大的谜语,可以说非常经典。

本题解析非常复杂,这是因为考虑到 A、B 两点存在误差。如不考虑这一点,若直接在 A、B 点设站,就不存在第二问中的坐标系转换问题。

评价:★★★ 　　　　　　难度:★★★

思考题

题目第一段中"要求组装后的设备主轴线与厂房主轴线重合",是解开本题谜语的钥匙,试着思考其中的隐含意义。

3.2.12.3 参考答案

1. 如何建立施工坐标系? 简述坐标变换的目的和作业流程。

【答】

(1) 本项目建立施工坐标系,可以厂房两条主轴线为坐标轴,其中 A、B 点连线为坐标系 X 轴,坐标原点可设在 A 点或 B 点上。

(2) 坐标转换的目的是把测得的高精度室内相对控制测量坐标系坐标转换到施工坐标系中,把控制测量坐标系和设计施工坐标系统一,便于设备安装和放样。

(3) 坐标转换流程如下:

① 测前准备和数据整理。

② 利用测量机器人以 A、B 点为已知点,采用自由设站方法自动测量各墙面控制点,获得 A、B 点在控制测量坐标系的坐标。

③ 以 A、B 点作为重合点,计算从控制测量坐标系转换到以 A、B 点理论坐标为基准建立的施工坐标系转换参数,参数共四个,即两个平移、一个旋转、一个缩放因子。

④ 根据转换参数计算得到所有墙面控制点的施工坐标系坐标。

⑤ 质量检查和精度评估。

2. 自由设站对控制点的数量和点位分布有什么要求? 如何检查自由设站成果的可用性。

【答】

(1) 自由设站控制点数量:每个自由设站应至少选取 3 个控制点。

(2) 自由设站点位选择应考虑以下因素:

① 自由设站与控制点和测点保证能通视。

② 控制点应均匀布设于自由设站周围。

③ 交会角不宜过大或过小,控制点避免选在一条直线上。

(3) 可以通过以下方法来检查自由设站成果的可用性:

① 检查由自由设站测量的放样点点位精度是否能达到标准要求。

② 检查自由设站加测的检验控制点是否和设计值相符。

3. 叙述检测圆心平面坐标的作业方法与流程。

【答】

(1) 检测圆心平面坐标的作业方法:

采用测量机器人自动测量检测圆心平面坐标,计算得到的点位中误差与项目要求点位中误差(不大于 ±1.5 mm)比对,检查是否超限。

（2）主要检查流程如下：

① 在圆形孔圆周上选取若干点安置球形棱镜。

② 在圆孔附近安置测量机器人，采取自由设站方法测量。

③ 自动观测数个圆周测点和墙面控制点坐标。

④ 通过圆拟合算法计算圆心坐标。

⑤ 把测得的圆心坐标和设计值比对。

4. 思考题：题目第一段中"要求组装后的设备主轴线与厂房主轴线重合"一句是解开本题谜语的钥匙，试着思考其中的隐含意义。

【答】

要求组装后的设备主轴线与厂房主轴线重合，表示本项目属于独立空间参考系，是以厂房内角点和墙壁为起算数据的独立坐标系，全程的测量工作都在室内完成，与外部测量系统无关。

从这个角度去思考，就能理解整个项目控制网的构建原理和步骤。

3.2.13　2017 年第六题

3.2.13.1　题目

地铁施工测量。

（1）地铁东西走向，地铁站采用明挖法进行施工，设计的基坑大小为长 200 m，宽 60 m，深 30 m[1]；区间隧道采用盾构法进行施工[2]。

（2）已有资料。

① 地铁沿线按 GNSSC 级网精度要求测制的首级平面控制网点。

② 沿线按二等水准测量精度测制的水准点。

（3）已有设备[3]。

① 双频 GNSS 接收机 4 台，标称精度 5 mm＋2 ppm。

② 高精度测量机器人 1 台，测角精度 1″，测距精度 1 mm＋1 ppm。

③ DS05 数字水准仪一台。

④ 高精度陀螺仪一台，精度 5″。

（4）主要任务：①施工控制网的建立与复测；②基坑变形监测；③施工放样。

（5）现场作业。

为方便施工，在建立地表施工控制网时，沿着基坑边[4]布设了两个带强制对中装置的观测墩 A、B 作为施工控制点，以 A、B 为工作基点[5]，进行基坑变形监测和联系测量；为保证地下控制网与地面控制点的坐标系一致[6]，在基坑底面布设了 C、D 两点，作为地下导线控制的起点[7]，C、D 距离约 180 m。

问题：

1. 水准仪每千米测量高程中误差。

2. 选用合适的设备和方法，确定 A、B 两点平面坐标和高程，需要写出主要的作业流程。

3. 选用合适的设备和方法,确定 C、D 两点的三维坐标 (X_C, Y_C, Z_C)、(X_D, Y_D, Z_D)[8](写出主要的作业流程),并写出根据坐标计算 CD 边坐标方位角 α_{CD} 的公式[9]。

3.2.13.2 解析

知识点

1. 水准仪型号

水准仪有自动安平水准仪、数字水准仪、气泡式水准仪等几种。型号为 DS05、DS1、DS3、DS5 的水准仪分别对应大地测量水准仪相应精度为每千米偶然中误差 0.5 mm、1 mm、3 mm、5 mm。DSZ 代表自动安平水准仪。

2. 联系测量

联系测量的作用是为了建立地上、地下统一的坐标系统,实现空间位置的传递,并确定地下工程与地面建(构)筑物相对位置关系,以保证安全。

平面联系测量一般采用几何定向法、陀螺经纬仪定向法。

高程联系测量可采用长钢尺法、长钢丝法、光电测距法、铅直测距法等。

关键点解析

[1] 如图 3.10 所示,基坑与地面控制点存在 30 m 高程差。为了保持与设计坐标系统统一,便于使用,坐标系统一般采用城市统一坐标系,投影面采用城市高程投影面(平均高程面)。

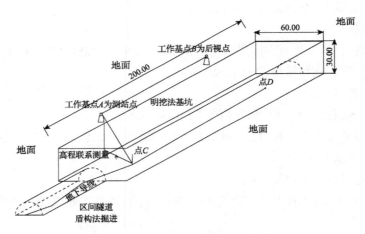

图 3.10 基坑与地面控制点示意图

基坑采用明挖法,表示联系测量的时候无须采用钻孔竖井定向,可直接用双极坐标法测量地下控制点平面坐标。

[2] 基坑连接各区间的隧道,隧道需要进行地下导线控制测量,通过联系测量与地面控制测量建立关系。

[3] 在本项目中,设备主要的用途如下:

① 双频 GNSS 接收机 4 台,用于地面控制测量。

② 高精度测量机器人 1 台,用于变形监测和放样。

③ DS05 数字水准仪 1 台,用于变形监测和放样。

④ 高精度陀螺仪一台,用于隧道内的导线方位控制。

〔4〕两个带强制对中装置的观测墩 A、B 作为施工控制点,注意题目中用词是沿基坑边布设,而非基坑边附近,指点位位于基坑边沿上,目的是在施工放样时方便观测基坑内各点。

〔5〕A、B 点还作为工作基点,进行基坑变形监测和联系测量。

① 变形监测工作基点上要能直接设站观测各个变形观测点,所以要满足与基坑下变形点通视的要求,也表明 A、B 点埋设于基坑上边缘处。

② 基坑监测精度要求较高,要达到三等以上变形监测等级要求。

③ A、B 点的坐标可直接以首级网为起算点通过精密导线测量或 GNSS 测量的方式得到。对比两种仪器设备,对照规范要求,本项目已有的 GNSS 接收机和测量机器人都能达到要求。由于地铁线路呈带状分布,且 A、B 点距离较近(大约为 200 m),采用 GNSS 测量优势不明显,在一定程度上会影响基线测量精度,故加密施工控制网宜采取直伸形精密导线控制网布设。

④ 由于首级控制网与具体线路不一定契合,有时需要采用 GNSS 法进行加密测量,加密点应与首级网一起平差处理。

⑤ 采用二等水准测量引测高程。

〔6〕地下控制网与地面控制点的坐标系应在一个系统内,其坐标由地面控制通过联系测量传导到地下。

〔7〕基坑底面的 C、D 两点,布设于基坑两侧,作为地下导线控制的起点。

要测量 C、D 两点坐标,需要采取联系测量,要考虑以下两方面要求。

① 平面联系测量

由上分析可知,工作基点 A、B 布设于基坑上缘,能直接采用双极坐标法或交会法观测测点 C、D,虽然高差达到 30 m,但不影响平面测量精度。如 C、D 点布设时无法与 A、B 点通视,应重新布设点位满足通视要求。

GNSS 方法在基坑底部因易受遮挡,不适于本项目施测。

② 高程联系测量

由于采用测量机器人三角高程测量方法进行高程联系测量,受到大高差影响,精度会受到限制,故不宜采用。

本项目可采用垂吊长钢尺法进行高程联系测量。

〔8〕C、D 两点的三维坐标 (X_C, Y_C, Z_C)、(X_D, Y_D, Z_D) 为基于城市平面直角坐标系与城市投影面高程的三维坐标,由于测区范围小,可不考虑地球曲率影响。

〔9〕CD 边坐标方位角的计算方法:

$$\alpha_{CD} = \arctan \left| \frac{\Delta y}{\Delta x} \right|$$

当 α_{CD} 位于第一象限时,$\beta_{CD} = \alpha_{CD}$

当 α_{CD} 位于第二象限时,$\beta_{CD} = 180° - \alpha_{CD}$

当 α_{CD} 位于第三象限时,$\beta_{CD} = 180° + \alpha_{CD}$

当 α_{CD} 位于第四象限时，$\beta_{CD} = 360° - \alpha_{CD}$

式中　α_{CD}——线段 CD 的象限角；

　　　β_{CD}——线段 CD 的坐标方位角；

　　　Δx、Δy——坐标增量。

题目评估

本题实战性强，基本为实际项目移植而来，题目中提示量少；问题开放，需要根据项目类型设计方案，考验考生对项目设计的把握程度。

评价：★★☆　　　　　　　　　　难度：★★★

思考题

假设相邻地铁站之间的间隔为 2 km，采用盾构法掘进，地铁站基坑都采用明挖法，假设不设区间竖井，联系测量统一采用本题所用方法，试着写出区间隧道贯通测量大致步骤。

3.2.13.3　参考答案

1. 水准仪每千米测量高程中误差。

【答】

DS05 水准仪每千米测量高程中误差为 0.5 mm。

2. 选用合适的设备和方法，确定 A、B 两点平面坐标和高程，需要写出主要的作业流程。

【答】

本项目应选择高精度测量机器人采用精密导线法测量 A、B 两点平面坐标，采用 DS05 水准仪测量 A、B 两点高程，主要测量流程如下。

（1）收集和整理已知资料。

（2）就近选取已知平面控制点（首级控制点），如无合适已知点，可采用 GNSS 接收机加密测量。

（3）布设直伸形精密导线，并在基坑边强制对中观测墩上联测 A、B 两点。

（4）从就近已知水准点上采用二等水准测量方法引测高程至 A、B 两点。

（5）质量检查和精度评定。

3. 选用合适的设备和方法，确定 C、D 两点的三维坐标 $(X_C，Y_C，Z_C)$、$(X_D，Y_D，Z_D)$（写出主要的作业流程），并写出根据坐标计算 CD 边坐标方位角 α_{CD} 的公式。

【答】

（1）本项目应选择高精度测量机器人，采用双极坐标法测量 C、D 两点平面坐标。应选择 DS05 水准仪测量，采用吊坠长钢尺法测量 C、D 两点高程。

（2）主要测量流程如下：

① 收集和整理已知资料。

② 在 A、B 两点分别设站，采用双极坐标法或交会法测量 C、D 两点平面坐标 $(X_C$，$Y_C)$、$(X_D$，$Y_D)$。

③ 采用垂吊长钢尺法进行高程联系测量，在 A 点或 B 点以及基坑底部采用 DS05 水准

仪测量垂吊的长钢尺,求 A、B 两点与 C、D 两点高差,继而获得 C、D 两点高程 Z_C、Z_D。

④ 在 C 点设站观测 D 点(或反之),检查 (X_C, Y_C, Z_C)、(X_D, Y_D, Z_D) 的精度。

(3) CD 边坐标方位角的计算公式如下:

$$象限角\ \alpha_{CD} = \arctan \left| \frac{Y_C - Y_D}{X_C > X_D} \right|$$

当 $X_C > X_D$,$Y_C > Y_D$ 时,象限角 α_{CD} 位于第一象限,坐标方位角 $\beta_{CD} = \alpha_{CD}$。

当 $X_C < X_D$,$Y_C > Y_D$ 时,象限角 α_{CD} 位于第二象限,坐标方位角 $\beta_{CD} = 180° - \alpha_{CD}$。

当 $X_C < X_D$,$Y_C < Y_D$ 时,象限角 α_{CD} 位于第三象限,坐标方位角 $\beta_{CD} = 180° + \alpha_{CD}$。

当 $X_C > X_D$,$Y_C < Y_D$ 时,象限角 α_{CD} 位于第四象限,坐标方位角 $\beta_{CD} = 360° - \alpha_{CD}$。

4. 思考题:假设相邻地铁站之间的间隔为 2 km,采用盾构法掘进,地铁站基坑都采用明挖法,假设不设区间竖井,联系测量统一采用本题所用方法,试写出区间隧道贯通测量大致步骤。

【答】

在相邻地铁基坑采用两台盾构机相向掘进的方法进行隧道贯通施工。

(1) 采用双极坐标法和长钢尺法进行联系测量,把坐标和高程从地上引入基坑底部。

(2) 以基坑底部的两点为控制点,布设低等级洞内导线指示掘进方向,布设高等导线检核。

(3) 掘进一定距离后采用高精度陀螺经纬仪测量定向,控制误差累积。

(4) 隧道贯通后应从隧道两侧已知点进行附合贯通测量,评定贯通精度。

3.2.14　2018 年第六题

3.2.14.1　题目

某测量单位承接一风力发电机塔柱的垂直度检测任务[1]。

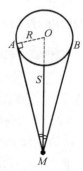

图 3.11　风力发电机塔柱示意图

待检测的塔柱位于山脊线上,塔柱由一系列水平横截面为圆形、上细下粗的预制件组装而成,塔柱底面直径约 7.5 m,顶端直径约 4.0 m,高度约 40 m[2]。由于现场地形条件的限制,只能在塔柱一侧架设测量仪器[3]进行塔柱垂直度的检测工作。

具体作业步骤如下:

(1) 坐标系建立:在距离塔柱约 50 m 的位置选择一点 M 架设仪器,并作为坐标系原点,在塔柱上选择与 M 点通视的一点 N 作为定向点,以 MN 的水平方向作为 X 轴,垂直向上的方向为 Z 轴,建立左手坐标系[4]。

(2) 测量仪器架设:在 M 点上架设全站仪(测角精度为 $1''$,无棱镜测程为 300 m[5]),对中、整平、定向,并量取仪器高。

(3) 塔柱下端截面圆心坐标确定:全站仪十字丝中心切准塔柱下端截面[6]的左边缘点 A,水平度盘读数为 a、竖盘读数为 v;保持竖盘读数不变[7],旋转仪器,使全站仪十字丝中心切准塔柱的右边缘点 B,水平度盘读数为 b;保持竖盘读数不变,旋转仪器,把全站仪视准线安置在 $\angle AMB$ 的角平分线上,测量全站仪至塔柱面的斜距 S[8];计算过 A 点截面圆心 O 的坐标(X, Y, Z)。

  (4) 塔柱上端截面圆心坐标确定。

  (5) 塔柱垂直度计算。

  (6) 成果检查。

  (5) 检测报告的撰写与提交。

问题:

  1. 当全站仪视准线安置在∠AMB的角平分线上,全站仪水平度盘读教应为多少?(不考虑测量误差)

  2. 简述确定塔柱上端截面圆心坐标的作业流程。

  3. 推导计算M点到塔柱下端截面圆心水平距离的公式(仅讨论$b>a$的情况)。

3.2.14.2 解析

> **知识点**

1. 全站仪度盘刻画

  全站仪度盘一般按照$0°\sim360°$按顺时针增大,电子全站仪也可以设置改为按逆时针增大。

2. 全站仪偏心测量

  全站仪偏心测量是指棱镜无法到达点位时,可通过观测与其相邻的可视点位后,通过相对关系推算出这些视线无法到达的点位的坐标。

  目前主要的全站仪偏心测量一般分为单距偏心测量、角度偏心测量及双距偏心测量三种,其中圆柱偏心测量是距离偏心测量的一种特殊情况。

> **关键点解析**

  〔1〕本项目是对塔柱上下截面圆心进行水平位移检测,即垂直度倾斜检测,需要计算上下多个截面圆心位置加以比较水平位移偏差。

  〔2〕待检测的塔柱位于山脊线上,意味着与地面接壤的底面为一斜面,题中所给直径7.5 m的底面和实际测量实施中的下截面并非同一个截面。

  此处的山脊线是一个很隐晦的伏笔,直接和答案相关。

  检测体为上细下粗的塔柱,则观测时水平横截面的选取必须保证在同一个水平面上,否则圆截面直径大小不等。

  〔3〕本项目只能在塔柱一侧架设测量仪器,表明图中所示测站点是唯一的。

  〔4〕本项目的坐标系设置有玄机,和第一问直接相关。

  独立坐标系的坐标系原点为测站点(0,0),定向点直接选在了塔柱上,表明坐标轴X穿过塔柱圆截面,坐标轴从测站点朝向圆截面方向。

  〔5〕选用无棱镜全站仪含有以下两个含义。

  ① 采用无棱镜方式测距,在圆截面上无需安置棱镜,不需要考虑棱镜安置带来的改正。

  ② 圆截面边缘切线测量时由于不安置棱镜,无法精确选定切点,故只能定向,不能测距,此处直接关系到第三问公式推导时的数据选用问题。

〔6〕全站仪十字丝中心切准塔柱下端截面边缘点 A 和 B 时,A、B 两点分别位于坐标轴 X(定向点)的两侧,从测站点 M 距离塔柱 50 m,以及塔柱最大直径为 7.5 m 来分析,由于水平度盘读数从定向线(MN)开始,以顺时针 $0°\sim360°$ 递增,a、b 水平读数范围分别为 $0°\sim90°$ 和 $270°\sim360°$。

要计算角平分线的水平度盘读数要考虑两种情况,假设 A 在定向点(顺时针方向)左侧,则其水平度盘读数为 $270°\sim360°$,负数形式为 $a-360°$,并假设角平分线与圆弧交点为 C,其水平度盘读数为 c。

① $a-360°+b>0$ 时,A 点比 B 点靠近定向点 N,$c=(a-360°+b)/2$。

② $a-360°+b<0$ 时,A 点比 B 点远离定向点 N,$c=(a-360°+b)/2+360°$。

〔7〕保持竖盘读数不变的目的是使测量值位于同一个水平圆截面,该圆截面不一定等于塔柱底面,也不与测站视线水平。

竖盘读数不等于垂直角值,要获取垂直角,还需知道是盘左观测或盘右观测,题目中没有提示,应是此题漏洞,后面计算平距所需的垂直角无法获知。

〔8〕测站沿角平分线方向与圆截面交点距离与圆截面半径之和即测站到圆心距离,还要注意斜距与平距的换算。

通过双距偏心测量公式计算即可解算圆心位置。

思考题

假设定向点为 A,MA 为 X 轴,试求下端圆截面圆心坐标。

3.2.14.3　参考答案

1. 当全站仪视准线安置在 $\angle AMB$ 的角平分线上,全站仪水平度盘读教应为多少?(不考虑测量误差)

【答】

设在 $\angle AMB$ 的角平分线上,全站仪水平度盘读教为 c。

(1) $a-360°+b>0$ 时,$c=(a-360°+b)/2$。

(2) $a-360°+b<0$ 时,$c=(a-360°+b)/2+360°$。

2. 简述确定塔柱上端截面圆心坐标的作业流程。

【答】

(1) 全站仪照准塔柱上端截面的左切点,读取水平度盘和竖盘读数。

(2) 全站仪照准塔柱上端截面的右切点,读取水平度盘读数,竖盘不变。

(3) 把全站仪视准线安置在测站与两切点的角平分线上,测量斜距。

(4) 利用全站仪偏心测量公式计算上端截面圆圆心三维坐标。

3. 推导计算 M 点到塔柱下端截面圆心水平距离的公式(仅讨论 $b>a$ 的情况)。

【答】

(1) 平距计算(设 D 为平距)

$$D = S \cdot \cos v$$

(2) 半径计算

$$R = (D + R) \cdot \sin \frac{\angle AMB}{2} = \left(D \cdot \sin \frac{\angle AMB}{2} \right) \Big/ \left(1 - \sin \frac{\angle AMB}{2} \right)$$

代入 D 得

$$R = \left(S \cdot \cos v \cdot \sin \frac{\angle AMB}{2} \right) \Big/ \left(1 - \sin \frac{\angle AMB}{2} \right)$$

（3）M 点到塔柱下端截面圆心水平距离计算

$$D + R = S \cdot \cos v + \left(S \cdot \cos v \cdot \sin \frac{\angle AMB}{2} \right) \Big/ \left(1 - \sin \frac{\angle AMB}{2} \right)$$

4. 思考题：假设定向点为 A，MA 为 X 轴，试求下端圆截面圆心坐标。

【答】

$$x = R \Big/ \left(\tan \frac{\angle AMB}{2} \right)$$

$$= \left(S \cdot \cos v \cdot \sin \frac{\angle AMB}{2} \right) \Big/ \left(1 - \sin \frac{\angle AMB}{2} \right) \left(\tan \frac{\angle AMB}{2} \right)$$

$$y = -R = -\left(S \cdot \cos v \cdot \sin \frac{\angle AMB}{2} \right) \Big/ \left(1 - \sin \frac{\angle AMB}{2} \right)$$

第4章 不动产测绘

不动产测绘与案例分析有关的知识点有不动产权属调查、不动产要素采集、不动产面积测算、不动产变更测绘等。不动产测绘知识体系如图4.1所示。

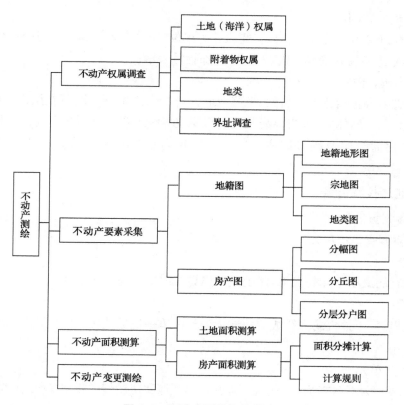

图4.1 不动产测绘知识体系

4.1.1 不动产权属调查

4.1.1.1 房产调查

房产调查又称为房产信息数据采集,分为房屋用地调查和房屋调查。

1．房屋用地调查

（1）房屋用地调查的单元

房屋用地调查以丘为单元分户进行。丘，指地表上一块有界空间的地块，有固定界标的按固定界标划分，没有固定界标的按自然界线划分。

丘以一个房产分区为编号区（非一个图幅），按市代码（2位）＋区（县）代码（2位）＋房产区代码（2位）＋房产分区代码（2位）＋丘号（4位）进行编号。丘的顺序号从北至南、从西至东以反S形顺序编列。

（2）房屋用地调查内容

房屋用地调查的内容包括用地坐落、产权性质、等级、税费、用地人、用地单位所有制性质、使用权来源、四至、界标、用地用途分类、用地面积和用地纠纷等情况以及绘制用地范围略图。

2．房屋调查

（1）房屋调查单位

房屋调查以幢为单元分户进行。幢以丘为单位，幢号自大门起，从左到右，从前到后，按S形编号，幢号应标注在房廓线内左下角，并加括号表示。

（2）房屋调查内容

房屋调查内容包括建筑物名称、坐落地址、产权人、产别、层数、所在层次、建筑结构、建成年份、房屋用途、墙体归属、权界线及绘制房屋权界线示意图、权源、产权纠纷和他项权利、楼号与房号、房屋分幢及幢号编注等以及与建筑物有关的规划信息、产权人及委托人信息等。

4.1.1.2　地籍权属调查

1．地籍调查的单元

（1）地籍调查最小单元

① 宗地

地籍调查的最小单元是宗地，即土地权属界线封闭的地块或空间。

② 图斑

被行政界线、土地权属界线或现状地物分割的单一地类地块为图斑，图斑是土地利用类别划分的最小单位。

③ 不动产单元

不动产单元为不动产统一登记后，新设立的土地和房屋等的权属单元，定义为权属界线固定封闭，且具有独立使用价值的空间。

不动产权籍调查以宗地、宗海为单位，查清宗地、宗海及其房屋、林木等定着物组成的不动产单元状况，包括宗地信息、宗海信息、房屋（建、构筑物）信息、森林和林木信息等。

（2）地籍调查区域

① 地籍区

地籍区在县级行政区内，以乡镇、街道界线为基础结合明显线性地物划分。

② 地籍子区

地籍子区在地籍区内，以行政村、居委会或街坊界线为基础结合明显线性地物划分地籍子区。

（3）宗地编号

宗地编号代码共 5 层 19 位代码，具体格式如下。

行政区代码＋地籍区代码＋地籍子区代码＋权属类型代码＋宗地顺序号
　（6 位）　　　　（3 位）　　　　（3 位）　　　　（2 位）　　　　（5 位）

（4）宗地编号方法

地籍总调查时，根据土地登记申请书及土地权属来源证明材料将每一宗地标绘到工作底图上，在地籍子区范围内，从西到东、从北到南，统一预编，并填写到地籍调查表及土地登记申请书上，通过地籍调查确定宗地代码。

日常地籍调查时只需要在地籍总调查预编的宗地号上局部改变。

2. 土地权属调查

土地权属调查是现场勘查宗地的权利人、坐落地址、权属性质、地类、四至、共有权、权利限制等基本情况，结合权源证明资料进行调查核实的过程。

3. 地籍界址调查

界址点的调查工作在界址点测绘工作之前，分属土地权属调查和地籍测绘内容。总权属调查应采取通知指界方式。根据调查计划，将指界通知书送达权利人及相邻宗地人并留存回执；权利人下落不明的，可采用公告形式通知指定时间和地点出席指界。

（1）指界

① 对土地权属来源资料合法、界址明确且没有变化的宗地，可直接利用已有资料填写地籍调查表，原土地权属来源资料复印件作为地籍调查表的附件。

② 土地权属来源资料中的界址不明确的宗地以及界址与实地不一致的，需要现场指界，并将实际用地界线和批准用地界线标绘在工作底图上，并在地籍调查表的权属调查记事中说明。

③ 无土地权属来源资料的，根据法律法规规定经核实为合法拥有或使用的土地，可根据双方协商、实际利用状况及地方习惯现场指界。

（2）指界过程

指界人需在"指界通知书回执"上签名或盖章。调查员、权利人、相邻宗地人应同时到场指界，并在地籍调查表、土地权属界线协议书、土地权属争议原由书上签字盖章。

指界完成后，指界人应当在"地籍调查表"上签字盖章。现场指界时，指界人在指定时间未到场，则由调查人员根据土地权属来源和地籍调查结果单方确定权属界线。无法确定指界人或指界人过多的由调查人员根据土地来源证明、地籍调查结果、宗地使用现状确定界址，并在国土管理部门网站公告。

（3）界址线和界址点调查

界址线的性质分为已定界和未定界，其中未定界又分为工作界（超出供地）和争议界。界址线应根据界标物位置关系分别注明外（以外边界为界）、中（以中心线为界或空地）、内（以内边界为界）。

界址点设定原则有以下几点：

① 界址线走向变化处及两个以上宗地界址线交叉处。

② 应反映界址线具体走向。

③ 在一条界址线上存在多个界址类型时,变化处应设点。

④ 土地权属界线依附于线状地物的交叉点应设置。

（4）界址点编号

界址点编号属于土地调查中的工作内容,为了和房产测量对应,在界址点测量一节详述。

（5）界址边长丈量

界址边长应实地丈量。

4. 地籍调查表

地籍调查表是权属调查的主要成果和重要工作,应按照规定格式现场填写,地籍测绘记事栏要记录地籍测绘时采用的技术方法和使用的仪器,测量中遇到的问题和解决办法,遗留问题并提出解决意见等。

5. 宗地草图

宗地草图是描述宗地位置、界址点、界址线和相邻宗地关系的现场记录。宗地草图要附于地籍调查表之后作为土地权属调查成果的附图,用于表示宗地的大致大小和位置以及与邻宗地的权属关系。

宗地草图数字注记字头应自北向西,过密部位可移位放大绘出,应在实地绘制,不得涂改注记数字,应附在地籍调查表上,也可直接绘在地籍调查表上,较大宗地可分幅。原宗地草图与宗地实际情况一致的,不用重新绘制。

宗地草图的内容有:宗地号、宗地坐落地址、宗地权利人、宗地界址点、宗地界址点号及界址线、宗地内的主要地物、相邻宗地号、相邻宗地坐落地址、相邻宗地权利人或相邻地物、相邻宗地界址边长、相邻宗地界址点与邻近地物的距离、确定宗地界址点位置、界址边方位所必需的建筑物或构筑物、指北针、检查者、检查日期、概略比例尺、丈量者、丈量日期等。

6. 土地利用现状调查

土地利用现状调查是以县为单位,依据土地利用方式、用途、经营特点、覆盖特征因素,对土地进行分类,保证不重、不漏、不设复合用途,反映土地基本利用现状,查清村和农、林、牧、渔场,居民点及其以外的独立工矿企事业单位土地权属界线和村以上各级行政界线,查清各类用地面积、分布和利用状况。

土地利用现状调查流程如下。

（1）资料准备

要收集县级以上行政界线资料、土地权属调查成果、土地利用总体规划资料、以前土地利用现状分类资料、国家四等平面控制点资料、相关的其他技术资料等。

（2）工作底图制作

土地利用现状分类调查采用的基本工作底图一般以 DOM 为主。

（3）内业判读

地类判定应在土地权属调查成果的基础上进行;地类唯一性,即不允许同一图斑同一时点有两种及两种以上地类;空间垂直交叉重叠的,应只能按某一层地类认定;平面交叉分布,按主要地类认定。

（4）外业实地核实

图斑范围的核实确认、新增及变化地物的补测和判绘、地类核实确认和数据整理。

（5）内业编辑

内业编辑主要包括数据编辑、图形编辑、数据接边和图幅整饰。

（6）面积计算

图斑地类面积＝图斑面积－（实测线状地物面积＋田坎面积＋应该扣除的面积）

（7）数据成果检查

数据成果检查质量元素有空间参考系（大地基准、高程基准和地图投影）、精度与完整性检查、逻辑一致性检查、表征质量检查、附件质量检查。

（8）成果提交

成果提交内容有技术设计书、DOM、土地利用现状分类图、面积汇总表、原始调查图、元数据文件、新增地物补测数据、农村土地调查记录手簿、工作报告、技术报告、检验报告等。

4.1.2　不动产要素采集

1. 不动产控制测量

（1）房产测绘控制测量

房产测绘应采用 2000 国家大地坐标系或基于 2000 国家大地坐标系的地方独立坐标系，采用地方坐标系时应和国家坐标系联测。房产测量统一采用高斯投影。

房产测量一般不测高程，需要进行高程测量时，由设计书另行规定，高程测量采用 1985 国家高程基准。

房产控制首级网分为二、三、四等和一、二、三级控制网。

（2）地籍控制测量

地籍控制测量坐标系统尽量采用 2000 国家大地坐标系。采用其他坐标系的需要与国家统一坐标系统建立联系。对 1∶1 万或 1∶5 000 比例尺图件或数据应选择高斯 3°带平面直角坐标系，1∶50 000 比例尺选择 6°带平面直角坐标系。

当长度变形值大于 2.5 cm/km 时，应根据具体情况依次选择。

① 有抵偿高程面的高斯-克吕格投影统一 3°带平面直角坐标系统。

② 高斯-克吕格投影任意带平面直角坐标系统。

③ 有抵偿高程面的任意带平面直角坐标系统。

高程基准采用 1985 国家高程基准。部分山区地籍图需要有等高线等内容。

地籍平面控制测量首级网一般布设三、四等网以及一、二级网。加密点应联测 3 个高级控制点。地籍高程控制网原则上只测四等水准和等外水准。

2. 不动产图测绘

（1）房产图

房产图分为分幅图、分丘图、分层分户图三类。

① 房产分幅图

测绘方法有解析法、航空摄影测量、全野外数据采集、编绘法等。

分幅图采用 50 cm×50 cm 分幅,建筑物密集区比例尺采用 1∶500,其他区域比例尺采用 1∶1 000。分幅图应表示的内容有控制点、境界、丘界、房屋、房屋附属设施和房屋围护物以及房地产有关的地籍地形要素和注记。

房屋注记代码在分幅图上:产别(1 位数)+结构(1 位数)+总层数(2 位数)。

② 房产分丘图

内容比分幅图详细和丰富,反映了房屋的权属界线范围以及四至权界关系。

分丘图的比例尺根据房产丘的面积大小在 1∶100~1∶1 000 选用。分丘图应表示房产分幅平面图的内容,还应表示权界线、界址点点号、窑洞使用范围、挑廊、阳台、建成年份、用地面积、建筑面积、墙体归属和四至关系等。

房屋注记代码在分丘图上:产别(1 位数)+结构(1 位数)+总层数(2 位数)+竣工年份(4 位数)。

③ 房产分层分户图

比例尺一般为 1∶200。分户图表示的内容有房屋权界线、四面墙体的归属和楼梯、走道等部位以及门牌号、房屋所在层次、户号、室号、房屋建筑面积和房屋边长等。

(2) 地籍图

地籍测绘成果图包括地籍基础图以及其他与地籍测绘有关的图件。地籍图比例尺选择如表 4.1 所示。

表 4.1　地籍图比例尺选择

项目	比例尺选择	适用范围
土地所有权调查	1∶10 000	基本比例尺
	1∶500,1∶1 000,1∶2 000,1∶5000	城镇周边地区
	1∶50 000	人口很少的沙漠、高原等地区
土地使用权调查	1∶500	基本比例尺
	1∶1 000,1∶2 000	农村居民点用地、公路用地、风景设施用地

① 基础地籍图

基础地籍图测绘方法有全野外数字测图、摄影测量成图、编绘法等。

基础地籍图主要内容有地籍要素、数学要素、地形要素、行政区划要素、图廓要素。地籍要素包括界址点、界址线、地类、地籍号、地籍区(子区)界线、地籍区(子区)号、坐落位置、宗地号、土地使用者或所有者及土地等级等。

② 宗地图

宗地图的比例尺可以任意选择,图幅规格以宗地大小为准选取。

宗地图表示内容有图幅号、街道号、街坊号、宗地号、界址号、土地利用分类号、土地等级、幢号、用地面积、界址线边长、邻宗地号、宗地分隔线、紧靠宗地地理名称、宗地内图斑界线、建构筑物和宗地外紧靠界址点的附着物、界址点位置、界址线、地形地物、界址点坐标表、权利人、用地性质、用地面积、测图日期、测点日期、制图日期、指北针、比例尺、制图者、审核者签名等。

3. 不动产界址测绘

（1）界址点测量方法

界址点测量方法包括解析法和图解法。

① 解析法

解析法是指采用全站仪通过全野外测量技术获取界址点坐标的方法。其主要方法有极坐标法、正交法、截距法、距离和角度交会法、GNSS 法等。

界标应与永久性地物联测。界址点的坐标一般应有两个不同测站点测定的结果,取两份成果的中数作为该点的最后结果。对间距很短的相邻界址点应由同一条线路的控制点进行测量。

② 图解法

图解法是指采用标示界址、说明界址点位和说明权属界线走向等方式描述实地界址点位置,在扫描数字化的房产图、地籍图、土地利用现状图、正射影像图和地形图上获取界址点坐标和界址点间距的方法。图解界址点坐标不能用于放样实地界址。

图解法测量界址点精度低,原则上目前不使用图解法测量界址点,只在特殊情况下使用。

（2）界址点精度要求

① 房产界址点精度要求（表 4.2）。

表 4.2　房产界址点和相邻界址点间距精度　　（m）

界址点等级	房产界址点相对于邻近控制点点位中误差和相邻界址点间距中误差	适用范围
一	±0.02	特殊要求
二	±0.05	新建商品房
三	±0.10	其他房屋

注:1. 间距在 50 m 以内参照上表,50 m 以外采用:$\Delta D = \pm(m_j + 0.02\,m_jD)$ 计算,其中 ΔD 为界址点坐标计算的边长与实量边长较差的限差,m_j 为相应等级界址点的点位中误差,D 为相邻界址点间的距离。

　　2. 分丘图上房角点精度要求同界址点要求,分幅图上房角点精度同地物点精度。

② 地籍界址点精度要求（表 4.3）。

表 4.3　界址点解析法测量要求　　（m）

类别	对于邻近图根点点位误差		相邻点间距限差	适用范围
	中误差	允许误差		
一	±5	±10	±10	土地使用权明显界址点
二	±7.5	±15	±15	土地使用权隐蔽界址点
三	±10	±20	±20	土地所有权界址点可选用一、二、三级

（3）地籍界址点编号

地籍界址点编号用 5 位数表示。地籍总调查时,先编制临时界址点号,入库后应以地籍子区为单位生成正式界址点号,从左上角开始顺时针编界址点号,并保证界址点号唯一。

在地籍调查表和宗地草图中,可采用地籍子区范围内统一编制的界址点号,也可以宗地为单位,从左上角顺时针方向开始编制界址点号。解析界址点编号为英文字母"J"+序号,图解界址点为英文字母"T"+序号。

日常变更调查时,未废弃的界址点使用原编号,废弃的不得再用,新增的在地籍子区内按最大号续编。

4.1.3 不动产面积测算

4.1.3.1 房产面积测算

1. 房产面积测算类别

房产面积的测算工作,主要是房屋建筑面积测算。

房屋建筑面积认定应具备的条件有:具有上盖;有围护物;结构牢固,属永久性的建筑物;层高在 2.20 m 以上;可作为人们生产或生活的场所。

建筑面积测算按照测量方式和数据来源的不同分为房屋面积实测和房屋面积预测。

① 房屋建筑面积预测是根据经规划部门审核的设计图纸,对房屋进行图纸数据采集,获取房屋面积数据的过程。房屋建筑面积预测成果主要作为房屋预售的定量依据。

② 房屋建筑面积实测是在房屋竣工验收后,实地测算建筑面积的工作。

2. 测量方法

房产面积测算主要有坐标解析法、实地量距法和图解法。距离单位为 m,取至 0.01 m;面积单位为 m^2,取至 0.01 m^2;分摊系数取自小数后 6 位。面积测算需独立测算两次,较差应在限差内,取中数为结果。

地籍测绘面积量算一般不采用实地量距法,计算单位和取位精度以及测绘方法基本与房产测绘相同。

3. 房产建筑面积计算原则

(1)计算全部建筑面积

① 房屋内的夹层、技术层及其梯间、电梯间等层高在 2.20 m 以上的部位。

② 门厅内的回廊部分,层高在 2.20 m 以上的。

③ 楼梯间、电梯井、提物井、垃圾道、管道井等。

④ 房屋天面上层高在 2.20 m 以上的楼梯间、水箱间、电梯机房及斜面结构屋顶高度在 2.20 m 以上的部位。

⑤ 挑楼、全封闭的阳台、封闭的架空通廊。

⑥ 属永久性结构有上盖的室外楼梯。

⑦ 与房屋相连的有柱走廊,两房屋间有上盖和柱的走廊,按其柱的外围算面积。

⑧ 地下室、半地下室及其相应出入口,层高在 2.20 m 以上的,按其外墙(不包括采光井、防潮层及保护墙)外围水平投影面积计算。

⑨ 玻璃幕墙等作为房屋外墙的。

⑩ 属永久性建筑有柱的车棚、货棚等按柱外围。

⑪ 与室内任意一边相通,具备房屋一般条件的沉降缝。

⑫ 有柱或围护的门廊或门斗,按柱或围护外围。

⑬ 依坡地建筑的房屋,利用吊脚做架空层,有围护结构的,按其高度在 2.2 m 以上部位的外围水平投影面积计算。

（2）计算一半建筑面积

① 与房屋相连有上盖无柱的走廊、檐廊按围护结构水平投影面积的一半计算。

② 独立柱、单排柱的门廊、车棚等属永久性的,按上盖水平投影面积一半计算。

③ 未封闭的阳台、挑廊,按其围护结构外围水平投影面积的一半计算。

④ 无顶盖的室外楼梯按各层水平投影面积的一半计算。

⑤ 有顶盖不封闭的永久性的架空通廊,按外围水平投影面积的一半计算。

（3）不计算建筑面积

① 突出房屋墙面的构件、装饰。

② 与室内不相通的建筑。

③ 房屋之间无上盖的架空通廊。

④ 底层作为公共道路街巷通行的,不论其是否有柱均不计算建筑面积。

⑤ 利用引桥、高架路、高架桥、路面作为顶盖建造的房屋。

⑥ 独立烟囱、亭、塔、罐、池以及地下人防干、支线。

⑦ 楼梯已计算建筑面积的,其下方空间不论是否利用均不再计算建筑面积。

4. 建筑面积分摊

产权各方有合法权属分割文件或协议的,按文件或协议规定执行。无产权分割文件或协议的,可按相关房屋的建筑面积按比例依据谁使用谁分摊原则进行分摊。

（1）分摊公式

$$成套房屋的套内面积＝套内使用面积＋套内墙体面积＋套内阳台面积$$

$$分摊系数＝分摊面积总和/总的套内面积$$

$$每户分摊面积＝分摊系数×该户套内面积$$

$$该户建筑面积＝该户分得的分摊面积＋该户套内面积$$

（2）不可分摊的共有部分

独立使用的地下室、车棚、车库;为多幢服务的警卫室、管理用房;作为人防工程的地下室。

（3）共有部分分类

共有部分按使用功能和服务对象分为全幢共有部分、功能区间共有部分、功能区内共有部分。

（4）分摊计算

① 简单的单一住宅楼面积计算按上面公式计算即可,复杂的单一住宅楼也可按单元划分功能区,按照多功能综合楼的分摊方式进行分摊计算。

② 商住楼分摊计算,先根据住宅和商业的不同功能区将全幢共有建筑面积分摊成住宅和商业两部分,分别将分摊得到的幢共有面积加上住宅和商业功能共有面积,在不同功能区内按各套房屋的套内建筑面积分摊计算该功能区各套房屋分摊的共有面积,最后根据各套房屋分摊得到的共有建筑面积与套内建筑面积计算各套建筑面积。

（5）面积测算精度要求

房产面积的精度分为三级，两次面积测算残差应符合要求（表4.4）。

表4.4　房产测量面积测算精度要求（S为房产建筑面积）　　　　　　　（m^2）

等级	房屋面积中误差	房屋面积误差的限差	适用范围
一级	$\pm(0.01\sqrt{S}+0.0003S)$	$\pm(0.02\sqrt{S}+0.0006S)$	特殊要求或黄金地段
二级	$\pm(0.02\sqrt{S}+0.001S)$	$\pm(0.04\sqrt{S}+0.002S)$	新建商品房
三级	$\pm(0.04\sqrt{S}+0.003S)$	$\pm(0.08\sqrt{S}+0.006S)$	其他普通房屋

4.1.3.2　地籍面积测算

地籍面积测算内容有县、乡、村级行政区面积测算，地籍区、地籍子区面积测算，宗地面积测算，宗地内建筑占地面积测算，房屋建筑面积测算等。

长度和面积单位和取值、面积量算方法与房产测绘相同。

（1）面积控制和校核

① 采用部分解析法时

各宗地面积之和与街坊总面积较差按面积配赋给各宗地，实测的宗地只参与计算闭合差，不参加配赋。

② 采用图解法时

宜采用二级控制，首先以图幅理论面积为首级控制，将闭合差（图幅理论面积和各街坊及其他面积之和的差）按比例分配，再去控制街坊内各宗地面积。采用实测解析法测算的宗地面积，只参加闭合差计算，不参加闭合差的配赋。

与图幅理论面积的较差允许值

$$F \leqslant 0.0025P$$

式中　P——图幅理论面积。

③ 全部采用解析法时

各宗地面积之和与街坊面积较差按面积比例配赋给各宗地。

（2）分摊土地面积的方法

基底面积与一层建筑面积不同，基底面积指与地表相接的建筑物主体面积，指的是建筑物的外围，一层建筑面积则不一定等同于建筑物外围面积，如底层的敞开式阳台面积以1/2计算。对基底面积的分摊计算方法如下。

① 单幢的土地分摊面积计算：

分摊土地面积＝（本幢基底面积/本幢建筑面积）×权利人建筑面积

② 有共用院落的土地分摊面积计算：

分摊土地面积＝［（宗地总面积－总基底面积）/宗地总建筑面积］

×权利人建筑面积权利人土地面积

＝分摊土地面积＋权利人基底面积

4.1.4　不动产变更测绘

4.1.4.1　房产变更测量

房产变更测量分为现状变更测量和权属变更测量。

1. 变更测量方法和流程

（1）变更控制测量

以变更范围内平面控制点和房产界址点作为房产变更测量的基准点,已修测过的地物点不得作为变更测量依据。

（2）变更测量流程

① 根据房地产变更资料进行房产要素调查,包括现状、权属和界址调查。

② 分户权界和面积的测定,调整房产编码。

③ 房产资料的修正和整理。

（3）房产合并或分割

房产分割应先进行房产登记,应根据变更登记文件,在当事人或关系人到现场指界下,实地测定变更后的房地产界址和面积。分割处必须有固定界标;位置毗连且权属相同的房屋和用地可合并,应先进行房产登记。修测之后,应对现有房产、地籍资料进行修正与处理。

用地或房产合并或者分割后相应项目应重新编号,丘号、丘支号、界址点、房角点、幢号如有新增应在编号区内按最大号续编。

房屋所有权发生变更或转移,其房屋用地也应随之变更或转移。

2. 变更测量面积配赋

① 房产分割后各户房屋建筑面积之和与原有房屋建筑面积的不符值应在限差以内。

② 用地分割后各丘面积之和与原丘面积的不符值应在限差以内。

③ 房产合并后的建筑面积,取被合并房屋建筑面积之和;用地合并后的面积,取被合并的各丘面积之和。

4.1.4.2　日常地籍调查

因宗地设立、灭失、界址调整及其他地籍信息的变更而开展的地籍调查叫日常地籍调查,日常地籍调查工作分为日常土地权属调查和日常地籍测绘。

1. 日常土地权属调查

调查人员接收到土地登记人员初审的变更土地登记或初始土地登记申请文件后,会同权利人在现场对宗地权属和界址变化进行调查核实,并在现场重新标定土地权属界址点,绘制宗地草图,调查土地用途,填写变更地籍调查表。

（1）界址未发生变化的土地权属调查

根据土地登记申请书或地籍调查任务书,查询档案资料,经分析后确定是否需要进行实地调查。

如不需要到实地进行调查的,在复印后的地籍调查表内变更部分加盖"变更"字样印章,并填写新的地籍调查表,不重新绘制宗地草图。

经实地调查发现丈量错误,须在宗地草图的复印件上用红线划去错误数据,注记检测数据,重新绘制宗地草图,并填写新的地籍调查表。

土地权属类型发生变化的宗地,原宗地代码不再使用,新宗地代码在地籍子区内相应宗地特征码的最大宗地顺序号后续编。

（2）新设界址或界址发生变化的土地权属调查

原宗地代码不再使用,新宗地代码在该地籍子区内相应宗地特征码的最大宗地顺序号后续编;新增界址点点号在地籍子区内的最大界址点号后续编。

2. 日常地籍测绘

日常地籍测绘包括界址检查、界址放样与测量、地形要素测量、宗地面积计算和日常地籍测绘报告编制等工作。

（1）界址点测绘

界址检查时,检查值和原有值较差在允许误差之内的,采用原有值;检查值和原值较差超限应分析原因,经权利人同意后重新进行测量。

界标丢失的要恢复,只有图解坐标的不得通过界址放样来恢复界标,应根据宗地草图、土地权属界线协议书、土地权属争议原由书等资料,采用放样、勘丈等方法放样复位设立界标。

宗地分割或界址调整的可根据给定调整条件坐标实地测设界址点,也可在权利人同意下,先埋设界标,再测量坐标。地形要素需要一起进行变更测量。

（2）宗地面积计算与变更

宗地面积变更采用高精度的代替低精度的原则。

① 原面积计算有误的,在确认重新量算的面积值正确后,须以新面积值取代原面积值,面积在限差内的不予更改。

② 变更前为图解法量算,变更后为解析法量算的宗地面积,取代原宗地面积。

③ 都是图解法量算的要经过较差检核。

④ 对宗地进行分割的,分割后宗地面积之和与原宗地面积的差值满足规定限差要求的按比例配赋到变更后的宗地面积,如差值超限应查明原因。

4.1.5 质量控制和成果提交

1. 成果整理

（1）房产测绘成果归档

① 房产簿册

房产簿册是装订成表册的成果资料,如房产调查表、房屋用地调查表、产权调查表、有关证明及协议等。

② 房产数据集

房产数据集是各类文字说明和表单,如控制资料。界址点和房角点成果、高程成果、面积测算资料等。

③ 房产图集

房产图集是各类房产图,如分幅图、分丘图、分户平面图、房产证附图、房屋测量草图、用地测量草图、分幅索引图等。

（2）地籍测绘成果归档

① 文字资料：技术报告、工作方案、工作报告、技术方案等。

② 图件资料：调查工作底图、地籍图、宗地图。

③ 簿册资料：外业手簿、控制测量数据和计算资料、地籍调查表、质量检查记录。

④ 电子数据：地籍数据库、数字地籍图、数字宗地图、影像数据、电子表格、文本、界址点坐标数据、土地分类面积汇总数据。

⑤ 国土管理部门对本辖区地籍档案进行备案和更新。

2. 地籍总调查成果检查验收

地籍总调查成果实行三级检查一级验收，即作业人员自检、作业组互检、作业队专检、省级国土主管部门组织验收。

（1）检查

① 自检比例为 100%。

② 互检：内业检查 100%，外业实际操作检查不低于 30%，巡视检查不低于 70%。

③ 专检是由作业单位质量管理机构组织的对成果质量进行的检查。内业检查 100%，外业实际操作检查不低于 20%，巡视检查不低于 40%。

④ 其他检查：全检记录、技术方案执行情况、总结报告、工作报告。

（2）验收

验收组对地籍测绘成果进行抽检和质量评定。内业随机抽检率为 5%～10%，外业实际抽检比例视内业抽检情况而定，但不得低于 5%。

有下列情况之一的为不合格，退回整改后再验收：作业中有伪造行为；不正确界址点超过 5%；控制网严重错漏；面积量算错误的宗地超过 5%。

验收报告一份交被检单位，一份交国土管理部门存档。

4.2 真题解析

4.2.1 2011 年第六题

4.2.1.1 题目

某市某区按照国家第二次土地调查的技术规定和要求[1]，完成了全区城镇地籍调查项目[2]。调查范围涉及区政府所在地、乡镇政府所在地、各类开发区、园区等区域，调查面积约 36 km²。

项目的主要内容包括：权属调查、地籍控制测量、界址点测量、1:500 数字地籍图测绘、宗地图测绘、面积计算、城镇地籍数据库及管理系统建设等[3]。

该市第二次土地调查领导小组办公室组织成立了验收组，依据《第二次全国土地调查成果检查验收办法》，对城镇地籍调查成果进行验收[4]。

在验收城镇地籍数据库时，对数据库、元数据、地籍图、宗地图、统计表格、文字报告进行了检查;在验收城镇地籍调查成果时,内业抽取 50%、外业抽取 5% 进行了检查[5],其中地籍控制测量成果内业检查内容如下[6]。

(1)平面坐标系统选择是否合理、长度变形是否超限。

(2)观测记录数据是否齐全、规范。

(3)高程基准选择是否正确,高程施测精度是否能满足相关技术标准要求。

(4)资料是否齐全、内容是否完整规范等。

在细部测量外业检查时,验收组实地选取了 10 个[7]地物特征点进行检测并评定了精度。

问题:

1. 简述在城镇地籍数据库验收中,地籍图和宗地图应检查的内容。

2. 补充完善地籍控制测量成果内业检查的内容。

3. 细部测量外业检查的方法和内容是否合理? 若不合理,说明正确检查方法和内容。

4.2.1.2 解析

知识点

1. 地籍总调查

地籍总调查是对特定区域内在一定期间内组织进行的全面性地籍调查。地籍总调查起到了地籍管理基础建设的作用。

2. 土地利用现状调查

土地利用现状调查是以县为单位,查清村和农、林、牧、渔场,居民点及其以外的独立工矿企事业单位土地权属界线和村以上各级行政界线,查清各类用地面积、分布和利用状况。

第二次全国土地调查以县区为基本单位,实地调查城镇以外的每块土地的地类、位置、范围、面积、分布等利用状况。

3. 地籍总调查成果验收

地籍总调查成果实行三级检查一级验收,即作业人员自检、作业组互检、作业队专检、省级国土主管部门组织验收。验收组对地籍测绘成果进行抽检和质量评定。

内业随机抽检率为 5%~10%,外业实际抽检比例视内业抽检情况而定,但不得低于 5%。

关键点解析

[1] 第二次土地调查的技术规定和要求是关于地类调查的规范标准。

[2] 本题项目为全区城镇地籍调查,属于地籍总调查(2012 年前称为初始地籍调查)内容,其目的主要是测制基础地籍图,其标准应套用 TD/T 1001—1993《城镇地籍调查规程》(已替换为 TD/T 1001—2012《地籍调查规程》)。

[3] 此处可以看到完成的任务中没有土地利用现状调查,毫无疑问本项目不涉及地类调查,结合(1)、(2)分析可知,本项目选错了标准规范。

[4] 奇怪的是,验收组由该市第二次全国土地调查领导小组成立,这确实又是一个土地利用现状调查项目。因 TD/T 1001—1993《城镇地籍调查规程》《地籍调查规程》(TD/T 1001—2012)有规定地籍总调查的验收方法,但在 2011 年还未出台)没有规定地籍总调查的

验收方法,在《第二次全国土地调查成果检查验收办法》中规定了城镇地籍调查成果验收办法,该标准的选择没有问题。

〔5〕《第二次全国土地调查成果检查验收办法》中规定,城镇土地调查成果内业抽取率为 30%～50%,外业抽查比例视内业抽检情况确定,一般为 3%～5%(现行《地籍调查规程》(TD/T 1001—2012)规定内业随机抽检率为 5%～10%,外业实际抽检比例视内业抽检情况而定,但不得低于 5%)。

〔6〕《第二次全国土地调查成果检查验收办法》中规定,地籍控制测量成果检查内容如下:

① 坐标系统选择是否合理、长度变形是否超限。

② 起算数据是否可靠,首级控制等级选择是否适当,施测方法是否正确。

③ 各级控制网布设、点位密度是否适当,精度是否符合要求,是否能同时满足界址点测定,地籍图测绘和相片联测要求。

④ 首级控制、加密控制与图根控制施测方法是否正确,精度和密度是否符合要求。

⑤ 平差方法、数据处理方法是否符合《城镇地籍调查规程》要求。

⑥ 观测记录数据是否齐全、规范。

⑦ 高程基准选择是否正确、施测精度是否能够满足内业要求。

⑧ 资料是否齐全、内容是否完整规范。

〔7〕《第二次全国土地调查成果检查验收办法》中规定,外业利用全站仪、光电测距仪等仪器采用高精度或同精度方法检测,界址点、地物点实地检测点数均不少于 25 个,并与已有坐标进行比较,评定精度。

题目评估

本题内容空洞,且选错规范和标准,项目前后矛盾。

全题所有考点都在背诵规范标准,难度极高。

评价:★☆☆　　　　　　　　难度:★★★

思考题

注册测绘师对于行业规范标准应十分熟悉,假设该项目确实是地籍总调查项目,请思考以下四本规范在地籍测绘检查与验收中的异同,以现行标准选择应选哪项?

A. TD/T 1001—2012《地籍调查规程》

B.《第二次全国土地调查成果检查验收办法》

C. TD/T 1001—1993《城镇地籍调查规程》

D. GB/T 24356—2009《测绘成果质量检查与验收》

4.2.1.3　参考答案

1. 简述在城镇地籍数据库验收中,地籍图和宗地图应检查的内容。

【答】　以下参考答案为相关规范原文,应试只需写出部分内容。

(1)地籍图检查内容:

① 图内要素必有项目包括行政界线、界址点线、街坊界、地籍号、使用者名称注记、建筑

物及构筑物、围墙、栅栏、道路、水系、独立地物、图廓线、坐标格网、坐标注记、测量控制网、测量控制点及其注记。

② 图外要素必有项目包括图种名、图名、图号、图幅接合表、坐标系及高程系说明、成图比例尺、制图单位全称、说明(含调绘时间、制图时间)、辅助说明、图例。

③ 图内、外要素的颜色、图案、线型等表示符合《城镇地籍调查规程》要求。

(2) 宗地图检查内容:

① 图内要素必有项目包括图幅号、地籍号,本宗地号、地类号、门牌号、面积及宗地使用者名称,本宗地内建、构筑物,界址点、界址点号、界址线及边长,邻宗地址界址线(示意)、邻宗地使用者,相邻道路、街巷及名称,指北针。

② 图外要素必有项目包括图种名、宗地面积、绘图员签名、审检员、制图时间、其他说明注记。

③ 图内、外要素的颜色、图案、线型等表示符合《城镇地籍调查规程》要求。

2. 补充完善地籍控制测量成果内业检查的内容。

【答】 以下参考答案为相关规范原文,不再归纳。

(1) 起算数据是否可靠,首级控制等级选择是否适当,施测方法是否正确。

(2) 各级控制网布设、点位密度是否适当,精度是否符合要求,是否能同时满足界址点测定,地籍图测绘和相片联测要求。

③ 首级控制、加密控制与图根控制施测方法是否正确,精度和密度是否符合要求。

④ 平差方法、数据处理方法是否符合《城镇地籍调查规程》要求。

3. 细部测量外业检查的方法和内容是否合理? 若不合理,说明正确检查方法和内容。

【答】

(1) 不符合规定。

(2) 验收组只抽检了 10 个细部点,按照《第二次全国土地调查成果检查验收办法》规定,正确方法应外业利用全站仪、光电测距仪等仪器采用高精度或同精度方法检测,界址点、地物点实地检测点数均不少于 25 个,并与已有坐标进行比较,评定精度。

4. 思考题:注册测绘师对于行业规范标准应十分熟悉,假设该项目确实是地籍总调查项目,请思考以下四本规范在地籍测绘检查与验收中的异同,以现行标准选择应选哪项?

A. TD/T 1001—2012《地籍调查规程》

B.《第二次全国土地调查成果检查验收办法》

C. TD/T 1001—1993《城镇地籍调查规程》

D. GB/T 24356—2009《测绘成果质量检查与验收》

【答】

应选 A、D,地籍测绘检查与验收应按照 TD/T 1001—1993《地籍调查规程》、GB/T 24356—2009《测绘成果质量检查与验收》有关规定执行。

4.2.2 2014 年第五题

4.2.2.1 题目

某单位在紧邻其围墙[1]的旁边征用了一块土地,新建了一栋三层办公楼及附属设施,改建了单位内部道路、绿地等[2]，建设完工后，因土地权属变更登记和新建房屋产权登记的需要，某测绘单位承接了有关的变更地籍测量和房产测量任务。

已有的测绘资料：城市高精度 GPS 平面控制网及 CORS 服务系统，高程控网及似大地水准面模型[3]。

执行的相关标准有如下几个：

（1）《地籍调查规程》（TD/T 1001—2012）；

（2）《房产测量规范第 1 单元：房产测量规定》（GB/T 17986.1—2000）；

（3）《城市测量规范》。

测绘单位现有测量仪器设备：GPS 接收机、全站仪、手持测距仪、自动安平水准仪等[4]。

变更地籍测量进行了权属调查、界址点测量、地籍图测量等工作。其中，地籍图测量采集了地籍要素和地形要素等内容；界址点测量采用全野外测量方法，现场可直接进行角度观测和距离测量[5]。

房产测量实测了新建成办公楼的有关数据，包括隔层的外墙尺寸、一层的大厅尺寸、二层大厅挑空尺寸和三层阳台的外围尺寸[6]，所有尺寸不考虑墙厚[7]，详见图 4.2。

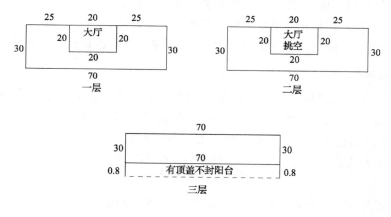

图 4.2　建筑面积示意图（单位：m）

问题：

1. 简述该项目界址点测量可采用的测量方法和使用的仪器设备。

2. 简述该项目变更地籍测量中地籍要素和地形要素的主要内容。

3. 根据图中所给尺寸计算办公楼的建筑面积。（列出计算过程，结果取位至 0.01 m²）

4.2.2.2　解析

知识点

1. 日常地籍调查

日常地籍调查是对因土地权属、土地用途等地籍要素发生变化的宗地进行地籍调查，是地籍管理的日常性工作。

2. 地籍图内容

地籍图主要内容有地籍要素、数学要素、地形要素、行政区划要素、图廓要素。

（1）地籍要素

地籍要素包括界址点、界址线、地类、地籍号、地籍区（子区）界线、地籍区（子区）号、坐落位置、宗地号、土地使用者或所有者及土地等级等。

（2）地形要素

地形要素包括控制点、房屋、道路、水系以及与地籍有关的必要地物、地理名称、等高线与高程点等。

3. 极坐标法测量

极坐标法是利用点位之间的边长和角度关系进行坐标测量或者测设。其方法是在控制点上设置好测站，录入测站数据，用后视点定向并检验后，拨定方位角测量距离获得目标点的坐标。极坐标法测量一般不包括垂直角测量。

4. 房产测绘计算一半建筑面积的情况

① 与房屋相连有上盖无柱的走廊、檐廊按围护结构水平投影面积的一半计算。

② 独立柱、单排柱的门廊、车棚等属永久性的，按上盖水平投影面积一半计算。

③ 未封闭的阳台、挑廊，按其围护结构外围水平投影面积的一半计算。

④ 无顶盖的室外楼梯按各层水平投影面积的一半计算。

⑤ 有顶盖不封闭的永久性的架空通廊，按外围水平投影面积的一半计算。

关键点解析

[1] 暗示该项目为权利人原宗地的相邻宗地，围墙为两块宗地的分界，应予以测绘。

[2] 新增地物应测绘，此处提示了三类新增地物，写上即可得分。即一栋三层办公楼及附属设施、单位内部道路、绿地，其他题目中未提到但本项目应具有的新增地形要素应写出，如宗地的围护（围墙等）、入口、外部道路、注记、地理名称等。其他题目中未提到的要素可不写，如水系等。

[3] 指明可用 RTK 采集平面坐标和高程，不仅可以测量图根控制点，还可测量碎部点和界址点，但 RTK 测量需要满足接收卫星信号的要求。

[4] GPS 接收机用于 RTK 测量；全站仪用于极坐标测量；手持测距仪用于房产面积测算和碎部点测量，但一般不可用于界址点测量；自动安平水准仪因不动产测绘一般不需要高程，故用不到。

[5] 全野外测量指的是采用解析法或者直接坐标法在野外采集坐标数据，"可进行角度测量和距离测量"提示采用极坐标法测量方法，既是提醒也是陷阱，考生可能因为这个提示忽略此项目可直接采用网络 RTK 进行数据采集。

[6] 本项目的房产建筑面积测算要注意如下两点：①二层挑空处无楼板，不能计算建筑面积；②不封闭阳台应计算一半建筑面积。

[7] 不考虑墙厚指的是所有尺寸已经考虑了墙体尺寸，无须另计。

题目评估

无明显陷阱和干扰，题中有很多线索需抓住。

条件很多,难度偏低。

评价：★★☆　　　　　　难度：★☆☆

思考题

本项目是一个典型的土房合一测量的不动产测绘项目,请思考在本项目中具体需要出具哪些成果报告,如何处理地籍测绘和房产测绘在项目中的关系?

4.2.2.3 参考答案

1. 简述该项目界址点测量可采用的测量方法和使用的仪器设备。

【答】

界址点测量采用全野外数字测量。

(1)采用 GPS-RTK 方法在条件允许的情况下用直接坐标法采集界址点。

(2)采用全站仪解析法,即用极坐标法采集界址点。

(3)当采用极坐标法进行界址点测量时,需要用 GPS-RTK 方法测量图根控制点。

2. 简述该项目变更地籍测量中地籍要素和地形要素的主要内容。

【答】

(1)本项目中需要采集的地籍要素有界址点、界址线、地类、地籍区(子区)界线和编号、坐落位置、宗地号、权属人、土地面积、土地等级等。

(2)本项目中需要采集的地形要素有围墙、三层办公楼及附属设施、内部道路、绿地、宗地外道路、入口、地理名称、其他注记等。

3. 根据途中所给尺寸计算办公楼的建筑面积(列出计算过程,结果取位至 0.01 m^2)。

【答】

办公楼的建筑面积计算如下。

(1)一层:$30 \times 70 = 2\,100 \text{ m}^2$

(2)二层:$30 \times 70 - 20 \times 20 = 1\,700 \text{ m}^2$

(3)三层:$30 \times 70 + 70 \times 0.8 / 2 = 2\,100 + 28 = 2\,128 \text{ m}^2$

(4)一共:$2\,100 + 1\,700 + 2\,128 = 5\,928.00 \text{ m}^2$

4. 思考题:本项目是一个典型的土房合一测量的不动产测绘项目,请思考在本项目中具体需要出具哪些成果报告,如何处理地籍测绘和房产测绘在项目中的关系?

【答】

(1)应分别出具的成果资料主要有以下几种。

①技术设计书、技术总结、质量检查报告、仪器检定报告、控制点资料等。

②地籍测量相关成果资料:地籍图、宗地图、界址点成果表、地籍调查表等。

③房产测量相关成果资料:分幅图、分丘图、分户图、房产和用地调查表、界址点成果表等。

(2)地籍测绘和房产测绘成果应分别出具,权属调查和野外数据采集应一次进行,内业成果应分别出具,避免相似内容重复测绘。

4.2.3 2015 年第二题

4.2.3.1 题目

某市国土资源管理部门委托某测绘单位承担某城镇的土地权属变更调查工作。

1. 收集资料情况

（1）2007 年全野外实测的 1∶500 比例尺数字化城镇地籍图以及宗地图、界址点坐标成果[1]等地籍调查成果。

（2）截至调查前的全部土地审批、转让、勘测定界、地籍调查表以及权属界线协议等资料[2]。

（3）任务区内等级控制成果，能较好满足碎部测量需要[3]。

2. 仪器设备

经检定合格的全站仪、GPS、手持测距仪、30 m 钢卷尺等。

3. 主要工作内容

利用收集的资料，对所有宗地变化情况进行检查，对丢失、损失的界标进行恢复[4]，对变更宗地的界址点进行放样和测量，同时测量地形要素以及进行宗地面积量算等工作（解析法量算面积允许误差计算公式为 $m_p = \pm(0.04\sqrt{p} + 0.003p)$，其中 p 为宗地面积，单位为 m^2）。

测区内原有一宗地，大致为矩形，长约 300 m，宽约 250 m，通过解析法量算的面积为 75 200 m^2，调查发现该宗地被分割为两宗地，将临街部分（长约 300 m，宽约 70 m）用于商业开发，建成一幢 20 层的商住两用楼。利用全站仪采用极坐标法对分宗后的界址点进行了测量定位，分宗后利用解析法[5]计算两宗地面积分别为 54 046 m^2，21 018 m^2。

问题：

1. 说明具有图解坐标的界址点损坏后的恢复方法。

2. 结合测区实际，简述利用极坐标法放样新界址点的作业流程。

3. 判断该宗地分割前后面积差值是否超限，并计算分割后的两宗地最后确权面积，精确到 1 m^2。

4.2.3.2 解析

知识点

1. 日常地籍调查

日常地籍调查是对因土地权属、土地用途等地籍要素发生变化的宗地进行地籍调查。是地籍管理的日常性工作。

2. 日常地籍测绘界址检查

界标丢失的要恢复，只有图解坐标的不得通过界址放样来恢复界标，应根据宗地草图、土地权属界线协议书、土地权属争议原由书等资料，采用放样、勘丈等方法放样复位设立界标。

3. 宗地面积变更

宗地面积变更采用高精度的代替低精度的原则。

（1）原面积计算有误的，在确认重新量算的面积值正确后，须以新面积值取代原面积值，面积在限差内的不予更改。

（2）变更前为图解法量算，变更后为解析法量算的宗地面积，取代原宗地面积。

（3）都是图解法量算的要经过较差检核。

（4）对宗地进行分割的，分割后宗地面积之和与原宗地面积的差值满足规定限差要求的按比例配赋到变更后的宗地面积，如差值超限应查明原因。

4. 图解法采集界址点

图解法是指采用标示界址、绘制宗地草图、说明界址点位和说明权属界线走向等方式描述实地界址点位置，在扫描数字化的地籍图、土地利用现状图、正射影像图和地形图上获取界址点坐标和界址点间距的方法。

资料分析

（1）2007 年全野外实测的 1∶500 比例尺数字化城镇地籍图以及宗地图、界址点坐标成果等地籍调查成果。该资料现势性较差，不是数字测图产品，而是纸质数字化地籍图。从问题一中可知原宗地的界址点坐标成果中含有图解法测量的界址点，原因即在于此。

（2）截至调查前的全部土地审批、转让、勘测定界，地籍调查表以及权属界线协议等资料。

（3）任务区内等级控制成果，能较好满足碎部测量需要。

关键点解析

［1］所谓数字化地图，指的是在模拟法测图时期测制的纸质地形图经过扫描仪扫描录入计算机存储的地图，这是本题非常不起眼的关键隐含信息。因可能的各种原因，该宗地界址点没有经过实测，采取了直接从纸质地籍图上量取的方法，精度很低，与数字化后的地籍图坐标不符合，也与实地相应坐标相差甚远。

故按照该坐标表放样的图解坐标会偏出实际位置很多，故相关规范规定图解界址点坐标不能用于放样实地界址。

放样图解界址点的正确做法，应根据各种资料重新在实地标定界址点，明确其实际位置，并采用解析法测量其坐标。

［2］原宗地的勘测定界资料、地籍调查表以及权属界线协议等都可以用于复原界址点位置，应在测量图解界址点前详尽查对这些资料。

［3］指明控制测量条件，即答题时无须考虑控制点因素。

［4］此处依然是为问题一埋伏笔，指明需要进行界址点恢复工作。

［5］宗地面积变更时应采用高精度的测量成果代替低精度的测量成果的原则，该宗地原测量方法为解析法，现测量方法也是解析法，可以认为精度相同，故需要对面积进行按比例配赋。

题目评估

本项目要对图解界址点予以恢复，规定不能按常规解析方法放样。在题目中给出了三处提示，但依然非常隐晦，需要相当熟悉相关知识点才能解答第一小问，要理解出题人的思路非常困难。

评价：★★☆　　　　　　　　难度：★★☆

思考题

若原宗地面积为图解法获得，现进行分割测量时采用解析法，则该项目的面积应如何配赋？

4.2.3.3　参考答案

1. 说明具有图解坐标的界址点损坏后的恢复方法。

【答】

只有图解坐标的界址点，不得通过界址放样的方法恢复界址点位置，应根据勘测定界资料、地籍调查表（宗地草图）以及权属界线协议等资料，重新标定界址点实际位置，继而采用极坐标法等方法测量复位，并设立界标。

2. 结合测区实际，简述利用极坐标法放样新界址点的作业流程。

【答】

利用极坐标法放样新界址点的作业流程如下：

(1) 将仪器架设在合适的控制点上，并进行定向；

(2) 利用界址点坐标数据，计算放样元素（距离和方位角）；

(3) 拨定放样方位角，指挥放样员按放样距离标定界址点；

(4) 进行检核直到放样位置正确为止。

3. 判断该宗地分割前后面积差值是否超限，并计算分割后的两宗地最后确权面积，精确到 1 m^2。

【答】

(1) 面积测算允许误差计算。

根据解析法量算面积允许误差计算公式：

$$m_p = \pm(0.04\sqrt{p} + 0.003p)$$

其中 $p = 75\,200$ m^2，代入计算得

$$m_p = 236 \text{ m}^2$$

(2) 实际误差计算：

$$(54\,046 + 21\,018) - 75\,200 = 136 \text{ m}^2$$

(3) 因

$$136 \text{ m}^2 \leqslant 236 \text{ m}^2$$

故该宗地分割后面积不符值不超限。

(4) 面积不符值分配计算。

非临街宗地面积：

$$54\,046 + 136 \times 54\,046/75\,200 = 54\,144 \text{ m}^2$$

临街宗地面积：

$$21\ 018＋136×21\ 018/75\ 200＝21\ 056\ m^2$$

4. 思考题：若原宗地面积为图解法获得，现进行分割测量时采用解析法，则该项目的面积应如何配赋？

【答】

若原宗地面积为图解法获得，现进行分割测量时采用解析法，由于解析法测量精度高于图解法测量，分割后的宗地面积应代替原宗地面积。

分割后的非临街宗地面积为 54 046 m^2，分割后的临街宗地面积为 21 018 m^2。

4.2.4　2016 年第六题

4.2.4.1　题目

2015 年某市完成了城镇地籍总调查工作，总调查工作以"权属合法、界址清楚、面积准确"为原则，充分利用了现有成果，以高分辨率航空正射影像为基础，查清了每宗地的权属、界址、面积和用途。测绘了全市地籍图，建立了地籍数据库。

（1）利用的资料有以下几种：

① 该市 CORS 系统及似大地水准面精化模型；

② 2014 年底 0.2 m 分辨率航空正射影像数据[1]；

③ 2015 年初 0.5 m 分辨率卫星正射影像数据；

④ 行政界线、地籍区和地籍子区界线数据；

⑤ 地籍权属来源资料(纸质)；

⑥ 有效使用权宗地(地块)及权属界线数据[2]；

⑦ 城市规划数据；

⑧ 房产测量数据。

（2）某处地籍发生了变化，由地块一和地块二合并形成了一个新地块(图 4.3)。有相应的合法手续，调查时采用全站仪按照一类界址点[3]要求测量了界址点坐标(表 4.5)。

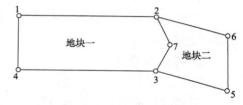

图 4.3　界址点编号示意图

表 4.5　界址点新旧坐标比较表　　　　　　　　　　(m)

界址点号	原 X	原 Y	新测 X	新测 Y	D_X	D_Y	D_S
1	47 567.371	95 366.546	47 567.382	95 366.559	0.011	0.013	0.017
2	47 568.434	95 976.095	47 568.421	95 976.111	0.013	0.016	0.021
3	47 184.699	95 988.861	47 184.729	95 988.859	0.030	0.002	0.030
4	47 182.573	95 370.801	47 182.569	95 370.825	−0.004	0.024	0.024
5	47 137.928	96 238.850	47 137.901	96 238.858	−0.027	0.008	0.028
6	47 444.065	96 239.914	47 444.081	95 239.351	0.016	−0.563	0.563[4]
7[5]	47 359.027	96 020.774	47 359.031	96 020.764	0.004	−0.010	0.011

（3）成果验收时，专家查阅了监理检查记录，检查记录中对某地块的工作进行情况概述如下："指界时，调查员、本宗地指界人及社区工作人员[6]同时到现场进行指界，由调查员在

地籍调查表、土地权属界线协议书或土地权属争议书上签字盖章确认[7]，由于界址点标石没有按时搬运到现场，调查员对指界人指定的界址点现场设置标石，为方便起见，根据指界结果做好标记，进行事后补设[8]。"

问题：

1. 本次地籍总调查外业调查工作底图应采用哪些资料？

2. 列表表示合宗后地块界址点号及坐标值。

3. 根据检查记录，你认为作业人员操作是否有误？如有说明原因。

4.2.4.2 解析

知识点

1. 界址点编号

（1）地籍总调查

对地籍进行总调查时，先编制临时界址点号，入库后应以地籍子区为单位生成正式界址点号，从左上角开始顺时针编界址点号，并保证界址点号唯一。

（2）权属调查

在地籍调查表和宗地草图中，可采用地籍子区范围内统一编制的界址点号，也可以宗地为单位，从左上角顺时针方向开始编制界址点号。

（3）日常变更调查

日常变更调查时，未废弃的界址点使用原编号，废弃的不得再用，新增的在地籍子区内按最大号续编。

2. 界址点检查

① 检查值和原有值较差在允许误差之内的，采用原有值。

② 检查值和原有值较差超限应分析原因，经权利人同意后重新进行测量。

3. 指界和界址点埋设

宗地分割或界址调整的可根据给定调整条件坐标实地测设界址点，也可在权利人同意下，先埋设界标，再测量坐标。

调查员、权利人、相邻宗地人应同时到场指界，并在地籍调查表、土地权属界线协议书、土地权属争议原由书上签字盖章。

4. 调查工作底图制作

① 工作底图比例尺和坐标系选择应与地籍图成图比例尺一致。

② 已有土地利用现状图、地籍图、地形图、DOM 可以作为调查工作底图。

③ 无图件地区可以在地籍子区内绘制所有宗地的位置关系图形成调查工作底图。

④ 工作底图应标绘地籍区和地籍子区界线。

⑤ 采用 DOM 套合各级境界图和土地权属界线，并附以村级以上必要地名。

资料分析

（1）该市 CORS 系统及似大地水准面精化模型，用来作为图根控制测量起算资料。

（2）2014 年底 0.2 m 分辨率航空正射影像数据，分辨率较高，宜制作底图。

(3) 2015 年初 0.5 m 分辨率卫星正射影像数据,分辨率较低。

(4) 行政界线、地籍区和地籍子区界线数据,是必要的权属调查数据。

(5) 地籍权属来源资料(纸质),可用来参考。

(6) 有效使用权宗地(地块)及权属界线数据,可知该项目调查的是土地使用权,是必要的权属调查数据。

(7) 城市规划数据,可用来补充和参考。

(8) 房产测量数据,可用来补充和参考。

关键点解析

[1] 土地使用权地籍图的成图比例尺应为 1∶500～1∶2 000,收集的两种 DOM 影像资料中只有 0.2 m 分辨率的航空摄影影像符合项目精度要求,可制作 1∶2 000 比例尺地形图,0.5 m 分辨率卫星正射影像数据不符合要求。

[2] 该项目的界址点和界址线数据取自收集的使用权宗地及权属界线数据,采用权属界线图件套合 DOM 的形式制作使用权地籍图,隐含了两处信息:①指明了成图所需比例尺,为 DOM 数据的选择作了要求;②界址点数据精度比 1∶2 000 比例尺地形图地物点精度高。用全站仪检核界址点精度时,界址点新旧坐标比较表所示界址点可达到厘米级的检核要求,从中可看出原界址点不是由 DOM 数据定位而得。

[3] 一级界址点精度要求为相对于邻近控制点的点位中误差不大于 ±5 cm,允许误差最大不超过 ±10 cm,该指标作为本次界址点检核的精度标准。

[4] 界址点 6 的点位较差达到了 0.563 m,显然该点的测量精度有问题,应按规定要求检查原因,并重新测量。若确定是原坐标有误,应用新的测量结果替代原测量值。

[5] 本题的难点在于界址点的编号方法,从该宗地界址点的点位排列和编号分析,可以得出以下结果:

① 两宗地的界址点编号没有重复,且相邻界址点(2、3、7)只编一号,表明界址点是以地籍子区为编号区按顺序编号,而不是按宗地为单位编号。

② 地块一和地块二合并后,没有新增界址点,界址点 7 已没有意义,应废弃。

③ 除了界址点 7 其他界址点都没有变动,应维持点号不变。

④ 合并后,仍应以原地籍子区为编号区,界址点入库时不会产生重号现象。

⑤ 虽然界址点 6 坐标超限,数据可能需要更改,但这只是坐标数据纠正,和界址点无关,故该界址点编号应维持不变。

[6] 从本题指界检查记录来分析,存在重新埋设界址点的情况。除了界址点 7 被废弃外,只可能是 1～6 号界址点中存在界址点重新设置的情况,从界址点检查表来看,没有发现有界址点变动,故这是本题的一个疏忽。

既然根据题意,有界址点变动需重新设置,则指界时本宗地权利人及相应邻宗地权利人都应该到场共同指界,绝不能单方面指界。

若界址点没有变动,相邻宗地指界人无须到场指界。

[7] 该项目由调查员在地籍调查表、土地权属界线协议书或土地权属争议书上签字盖章确认,显然操作不正确,还需本宗地权利人和邻宗地权利人盖章签字确认,相关文件才能生效。

[8] 界址点应在相关指界人监督下现场埋设,坐标测量则允许延后进行。

题目评估

本题的要点在于宗地合并后的编号处理和数据超限情况处理,如把所有界址点按宗地左上角开始重新编号或把超限界址点重新编号,都是中了出题人精心埋设的陷阱,设置得十分巧妙。

考生必须明白界址点编号的综合知识运用,并明晰界址点编号区为地籍子区,才能解答本题。题中也给出了充足提示,两宗地的原界址点编号(图中所示)即是出题人给考生的答题信息。

评价:★★★   难度:★★★

思考题

假设在该宗地合并时,在原界址点 1 和界址点 2 之间新增一个界址点,该界址点应编号多少?

A. 1-1   B. 2   C. 7   D. 8

E. 条件不足,无法判断

4.2.4.3 参考答案

1. 本次地籍总调查外业调查工作底图应采用哪些资料?

【答】

外业调查工作底图应采用的资料如下:

(1) 2014 年底 0.2 m 分辨率航空正射影像数据;

(2) 行政界线、地籍区和地籍子区界线数据;

(3) 有效使用权宗地(地块)及权属界线数据。

2. 列表表示合宗后地块界址点号及坐标值。

【答】

合宗后地块界址点号及坐标值见表 4.6。

表 4.6 合宗后地块界址点号及坐标值表

新的界址点号	界址点坐标 X	界址点坐标 Y
1	47 567.371	95 366.546
2	47 568.434	95 976.095
6	47 444.081	95 239.351
5	47 137.928	96 238.850
3	47 184.699	95 988.861
4	47 182.573	95 370.801
7	废弃	

3. 根据检查记录,你认为作业人员操作是否有误? 如有说明原因。

【答】

作业人员操作有误,具体内容如下:

(1) 邻宗地权利人未到场指界;

(2) 调查员、本宗地权利人、相邻宗地权利人应共同在地籍调查表、土地权属界线协议书或土地权属争议书上签字盖章确认;

(3) 界标应在指界时现场埋设。

4. 思考题:假设在该宗地合并时,在原界址点 1 和界址点 2 之间新增一个界址点,该界址点应编号多少?

  A. 1-1   B. 2   C. 7   D. 8

  E. 条件不足,无法判断

【答】

应选 E。假设在该宗地合并时,在原界址点 1 和界址点 2 之间新增一个界址点。因变更地籍调查以地籍子区为编号区编号,增加的新界址点应在编号区内最大号后续编,而本项目无地籍子区内最大界址点号信息,故无法编号。

4.2.5　2017 年第二题

4.2.5.1　题目

某测绘单位进行商业楼测绘,商业楼地下三层,−3 层、−2 层为人防和车库,−1 层为设备间和管理用房[1],地上 32 层,1 到 5 层为商用,6 到 32 层为住宅。

1. 测绘内容

预售测绘、竣工测绘、权属登记测绘[2]。

2. 预售测绘结果

(1) 成套房屋的室内建筑面积和成套房屋的室外部分建筑面积的水平投影面积。

① 套内建筑面积＝套内使用建筑面积＋套内墙体＋套内阳台面积。

② 套外部分建筑空间水平投影面积包括电梯井、管道井、楼梯间、变电室、地下车库、设备间、公共门厅、人防面积[3]。

(2) 32 层 01 室为复式结构,顶层设阁楼(图 4.4,单位 cm)[4]。

3. 共有建筑面积汇总

一楼大厅的回廊部分(2.6 m 高)和连接本楼与楼外电力设备用房之间的无上盖架空通廊部分均未计入建筑面积[5]。

图 4.4　32 层立面图(左)和 32 层平面图(右)(单位:cm)

问题:

1. 简述预售测绘成果中不应计入分摊共有建筑面积的内容。

2. 计算 3201 室阁楼的套内使用面积(不考虑特殊,不考虑楼板,不考虑墙体)。

3. 一楼大厅回廊部分(高 2.6 m)和无上盖架空通廊部分均未计入建筑面积,这个做法对不对? 如果不对,应该如何改正?

4.2.5.2 解析

知识点

1. 本项目中相关的建筑面积计算规则

① 回廊是指在建筑物门厅、大厅内设置在二层或二层以上的回形走廊。门厅内的回廊部分层高在 2.20 m 以上的应计算全部建筑面积。

② 屋顶为斜面结构的按层高 2.20 m 以上的部位为准量测。

③ 房屋之间无上盖的架空通廊不计算建筑面积。

2. 共有建筑面积部分

房屋共有部分指各产权主共同占有或共同使用的部分,共有建筑面积的内容包括电梯井、管道井、楼梯间、垃圾道、变电室、设备间、公共门厅、过道、地下室、值班警卫室等以及为整幢服务的公共用房和管理用房的建筑面积,以水平投影面积计算。共有建筑面积还包括套与公共建筑之间的分隔墙以及外墙(包括山墙)水平投影面积一半的建筑面积。

(1) 可分摊共有建筑面积部分

交通通行类(门厅等);共用设备用房类(水泵房、配电房等);公共服务用房类(幢内警卫室、管理用房等);建筑物基础结构类(外墙、承重垛柱等)。

(2) 不可分摊共有建筑面积部分

独立使用的地下室、车棚、车库;为多幢服务的警卫室、管理用房;作为人防工程的地下室等。

3. 建筑面积测算分类

建筑面积测算按照测量方式和数据来源的不同分为房屋面积实测和房屋面积预测。

(1) 房屋建筑面积预测

房屋建筑面积预测是根据经规划部门审核的设计图纸,对房屋进行图纸数据采集,获取房屋面积数据的过程。房屋建筑面积预测成果主要作为房屋预售的定量依据。

(2) 房屋建筑面积实测

在预测绘完成后,经过一段时间,房屋竣工验收后,需要进行实测绘,和预测绘成果进行比对,购房户以实测面积为基准对购房款进行多退少补。房屋建筑面积实测成果用于房屋交易、产权登记、办理土地及规划手续、征地拆迁、房屋评估等用途。

关键点解析

[1] 商业楼地下三层,−3 层、−2 层为人防和车库,−1 层为设备间和管理用房。

独立使用的地下室、车棚、车库,为多幢服务的警卫室、管理用房,作为人防工程的地下室等均不能进行共有建筑面积分摊,应在整幢建筑面积计算时再减去套内建筑面积总和后予以扣减。

本项目中只提及−2 层为车库,没有更加详细信息,应认为−2 层为独立使用的地下车库。一般来说,地下车库应作为社区公共配套设施归全体业主共有,已作为独立功能使用的地下车库不进行分摊。若地下室存放共用设备等,具有为整幢服务分功能,应计入共有分摊建筑面积。

－3层作为人防设施不得分摊。－1层作为设备间和管理用房为本幢服务,应计入分摊建筑面积。

〔2〕该项目测绘内容有预测绘、竣工测绘、权属登记测绘,其中预测绘为房屋竣工前计算提供房屋预售面积的测绘服务。

〔3〕房屋分摊部分建筑面积计算时应满足三个条件:

① 该部分能计算建筑面积,符合建筑面积认定规则,题中所列都可计算建筑面积。

② 该部分面积为共有建筑面积,非专有建筑面积,题中所列都为共有部分。

③ 该部分不属于规范规定的不可分摊共有建筑面积部分,独立使用的地下车库和人防面积不能分摊。

〔4〕屋顶为斜面结构的按层高 2.20 m 以上的部位为准量测,3201 室阁楼只能计入部分建筑面积,以层高 2.2 m 为标准实地量取计算。

〔5〕此处根据相关规定分析如下:

① 一楼大厅的回廊部分(2.6 m 高),指回廊部分层高为 2.6 m(大于 2.2 m),而非大厅层高为 2.6 m,规范规定回廊部分层高高于 2.2 m,按水平投影面积计算建筑面积。有回廊(层高大于 2.2 m)的大厅,建筑面积为回廊建筑面积与大厅建筑面积之和。

② 无上盖架空通廊部分不计入建筑面积。

题目评估

本题考点主要是建筑面积计算规则以及共有分摊建筑面积计算规则。题目比较切合实际项目,题目设计一般。

评价:★★☆   难度:★★☆

思考题

已知 3101 室为东北边间(东、北墙体为外墙),其套内使用面积为 $4.2 \times 7.2 = 30.24 \text{ m}^2$,设墙体厚度一律为 24 cm,该套分摊到的共有建筑面积为 5 m²,则其总建筑面积为多少?(单位 m²,小数取两位)

4.2.5.3 参考答案

1. 简述预售测绘成果中不应计入分摊共有建筑面积的内容。

【答】

预售测绘成果中不应计入分摊共有建筑面积的内容有:

(1) 套内建筑面积;

(2) －2层的地下车库建筑面积和－3层的人防部分建筑面积。

2. 计算 3201 室阁楼的套内使用面积(不考虑特殊,不考虑楼板,不考虑墙体)。

【答】

单位应取 m²,题目中没有提到单位,且标注为 cm,不符合规范要求。

(1) 阁楼低于 2.2 m 部分长度计算。

因阁楼斜面呈 $45°$,低于 2.2 m 部分的长度 D_1 以下式计算:

$$D_1=(2.2-1.8)\times2=0.8 \text{ m(每侧 0.4 m)}$$

(2) 阁楼高于 2.2 m 部分长度计算:

$$D_2=4.2-0.8=3.4 \text{ m}$$

(3) 套内使用面积计算:

$$S=3.4\times7.2=24.48 \text{ m}^2$$

3. 一楼大厅回廊部分(高 2.6 m)和无上盖架空通廊部分均未计入建筑面积,这个做法对不对？如果不对,应该如何改正？

【答】

做法不对,分析如下:

(1) 一楼大厅回廊部分层高高于 2.2 m(2.6 m),应计入全建筑面积;

(2) 无上盖架空通廊部分不计入建筑面积。

故应把一楼大厅回廊部分建筑面积计入,对成果予以纠正。

4. 思考题:已知 3101 室为东北边间(东、北墙体为外墙),其套内使用面积为 $4.2\times7.2=30.24$ m²,设墙体(外墙与隔墙)厚度一律为 24 cm,该套分摊到的共有建筑面积为 5.00 m²,则其总建筑面积为多少？（单位取 m²,小数取两位）

【答】

(1) 内半墙建筑面积计算:

$$(4.2+7.2)\times2\times0.12+0.12\times0.12\times4=2.736+0.057 6=2.79 \text{ m}^2$$

(2) 套内建筑面积计算:

$$2.79+30.24=33.03 \text{ m}^2$$

(3) 总建筑面积计算:

$$33.033 6+5.00=38.03 \text{ m}^2$$

4.2.6 2018 年第四题

4.2.6.1 题目

某测绘公司承接了新建小区的竣工测绘任务[1],内容包括:测算小区各幢建筑的基底面积、总建筑面积、各户建筑面积;测制小区 1:500 竣工现状平面图等。

该小区位于城市居住区,地势平坦,建筑布局均衡,间距适宜,所在城市具有覆盖全市的高精度卫星定位服务系统(CORS)、高程控制网及似大地水准面模型,委托单位提供了小区用地和规划审批文件及各幢建筑的报建建筑施工图。测绘前作业单位搜集到测区附近分布均匀的五个等级平面控制点[2]。

1. 可用仪器设备

全站仪、GNSS 接收机、手持测距仪等。

2. 执行技术规范

(1)《房产测量规范》(GB/T 17986—2000)；

(2)《1∶500 1∶1 000 1∶2 000 地形图图式》(GB/T 20257.1—2007)；

(3)《城市测量规范》(JJ/T 8—2011)。

3. 建筑物情况

该小区地上共有五幢建筑,地下为两层各幢连通共用的车库、人防用房[3]。五幢建筑中 A 幢为公寓住宅综合楼,地上 26 层,01～26 层外轮廓基本一致[4],01～03 层为公寓,04～26 层为住宅,出屋面有 A 幢公共的楼梯间、电梯机房和水箱[5]。01 层主入口设有公寓、住宅共 用的入户大堂[6];A 幢公共的核心筒楼电梯由 01 层通往 26 层并出屋面,每层均开门[7]。经 测量计算 A 幢建筑的整幢共有建筑面积分摊系数为 0.116 666。

A 幢第 26 层共四户,01 户套内建筑面积为 106.50 m^2;02 户套内建筑面积为 96.00 m^2;03 户套内建筑面积为 55.00 m^2;04 户套内使用面积及套内墙体面积为 80.00 m^2,该户有两个阳台(一个为水平投影面积 6.00 m^2 的封闭阳台,另一个为水平投影 面积 4.00 m^2 的未封闭阳台)[8]。该层核心筒楼电梯井建筑面积为 30.00 m^2,A 幢公共的半 外墙建筑面积为 15.00 $m^{2[9]}$,本层四户共用过道建筑面积为 20.00 $m^{2[10]}$。共有建筑面积 全部被分摊,不考虑其他的情况。

问题:

1. 简述采用网络 RTK 进行图根平面控制测量的施测步骤。

2. A 幢建筑进行共有建筑面积分摊时,被分摊的整幢共有建筑面积包括哪些?

3. 按 26 层作为独立功能区,计算该层共有建筑面积分摊系数及 04 户的套内建筑面 积、建筑面积。(列出计算式、计算过程;面积计算结果保留 2 位小数,分摊系数计算结果保 留 6 位小数)

4.2.6.2　解析

知识点

(1)共有分摊建筑面积

全幢共有部分指为整幢服务的共有部位,需全幢进行分摊。主要有为全幢服务的交通 通行类、共用设备用房类、公共服务用房类等建筑部位,以及建筑物基础结构类,如外半墙、 承重柱等。

功能区间共有部分指专为某几个功能区服务的共有部位,由其所服务的功能区分摊。

功能区内共有部分指专为某个功能区服务的共有部位,由该功能区分摊。

(2)分摊计算公式

成套房屋的套内面积由套内使用面积、套内墙体面积、套内阳台面积构成。

共有分摊系数=共有分摊建筑面积总和/总的套内建筑面积

每户共有分摊建筑面积=共有分摊系数×该户套内建筑面积

该户建筑面积=该户分得的共有分摊建筑面积+该户套内建筑面积

（3）房屋共有建筑面积

房屋共有部分指各产权主共同占有或共同使用的部分。

共有建筑面积的内容包括电梯井、管道井、楼梯间、垃圾道、变电室、设备间、公共门厅、过道、地下室、值班警卫室等，以及为整幢服务的公共用房和管理用房的建筑面积。另外还包括套与公共建筑之间的分隔墙，以及外墙（包括山墙）水平投影面积一半的建筑面积。

其中不可分摊的部分有：独立使用的地下室、车棚、车库；为多幢服务的警卫室、管理用房；作为人防工程的地下室等。

关键点解析

［1］本项目为竣工核实测绘任务，从本项目的内容来看，主要是房产建筑面积核实项目。

［2］该小区地势平坦，建筑间距适宜，适合进行 RTK 测量。由于本项目覆盖了高精度卫星定位服务系统（CORS），可以进行网络 RTK 测量，直接输出 CGCS2000 坐标，无需再采用控制点作为基站点，收集的已知平面控制点可作为检验点。

［3］地下两层为多幢连通共用的车库不能分摊，人防用房也不得作为共用分摊建筑面积部位。

［4］A 幢为公寓住宅综合楼，具有公寓和住宅两个功能区。整幢共有建筑面积分摊系数可以与某个功能区建筑面积一起计算该功能区整幢分摊建筑面积。

［5］出屋面的楼梯间、电梯机房和水箱中，楼梯间、电梯机房作为整幢共有建筑面积分摊，水箱不计算建筑面积，若是水箱间则要计入整幢共有建筑面积。

［6］1 层主入口处的公寓、住宅共用的入户大堂为公寓、住宅两个功能区间的共有建筑面积，在本题中也可直接作为整幢共有建筑面积。

［7］核心筒楼电梯为整幢共有建筑面积，每层均开门表示为所有层次所使用，为整幢共有建筑面积。

［8］套内建筑面积由套内使用面积、套内墙体建筑面积、套内阳台建筑面积组成，该户的封闭阳台按围护水平投影计算全建筑面积，未封闭阳台按围护水平投影计算半建筑面积。

［9］26 层核心筒楼电梯井建筑面积、公共的半外墙建筑面积应计入整幢共有建筑面积，由于幢共有建筑面积为整幢分摊而来，此处的两个整幢共有建筑面积为迷惑项，不参与计算。

［10］26 层（26 层独立功能区内）四户共用过道建筑面积为功能区内建筑面积。

思考题

若 01～26 层外轮廓和每层套内分隔都完全一样，整幢共有建筑面积为多少？

4.2.6.3　参考答案

1. 简述采用网络 RTK 进行图根平面控制测量的施测步骤。

【答】

（1）打开 GNSS 接收机和手簿。

（2）输入参数,通过通信网络连入 CORS 网。

（3）新建工程,选择坐标系,并设置中央子午线等参数。

（4）选取已知点作为检验点,检查测量精度。

（5）选取合适点位作为图根点,并做控制点标记。

（6）在图根点上进行 RTK 测量,要求双差固定解。

（7）内业展点和处理。

2. A 幢建筑进行共有建筑面积分摊时,被分摊的整幢共有建筑面积包括哪些?

【答】

被分摊的整幢共有建筑面积包括整幢共有的楼梯间建筑面积(包括出屋面公共的楼梯间)、公共的核心筒楼电梯建筑面积(包括出屋面电梯机房)、外半墙建筑面积以及其他为整幢服务的公共用房和管理用房的建筑面积等。

3. 按 26 层作为独立功能区,计算该层共有建筑面积分摊系数及 04 户的套内建筑面积、建筑面积。(列出计算式、计算过程;面积计算结果保留 2 位小数,分摊系数计算结果保留 6 位小数)

【答】 （由于本题可能存在问题,以下答案仅做参考）

（1）26 层功能区套内建筑面积 $S_{套内}$ 计算

$$S_{套内} = 106.50 + 96.00 + 55.00 + 80.00 + 6.00 + 4.00/2 = 345.50 \text{ m}^2$$

（2）分到本功能区的整幢共有建筑面积 $S_{幢}$ 计算

$$S_{幢} = (345.50 + 20.00) \times 0.116\,666 = 42.64 \text{ m}^2$$

（3）共有建筑面积 $S_{共}$ 计算

$$S_{共} = 42.64 + 20.00 = 62.64 \text{ m}^2$$

（4）共有建筑面积分摊系数 M 计算

$$M = 62.64/345.50 = 0.181\,302$$

（5）04 户套内建筑面积 $S_{04套内}$ 计算

$$S_{04套内} = 80.00 + 6.00 + 4.00/2 = 88.00 \text{ m}^2$$

（6）04 户建筑面积 S_{04} 计算

$$S_{04} = 88.00 \times 0.181\,302 + 88.00 = 103.95 \text{ m}^2$$

4. 思考题:若 01～26 层外轮廓和每层套内分隔都完全一样,整幢共有建筑面积为多少?

【答】

（1）总的功能区内建筑面积 $S_{总功}$ 计算

$$S_{总功} = (106.50 + 96.00 + 55.00 + 88.00 + 20) \times 26 = 9\,503.00 \text{ m}^2$$

（2）整幢共有建筑面积 $S_{总幢}$ 计算

$$S_{总幢} = 9\,503.00 \times 0.116\,666 = 1\,108.68 \text{ m}^2$$

（3）也可按第三题第二步结果直接计算

$$S_{总幢} = 42.64 \times 26 = 1\,108.64 \text{ m}^2$$

排除进位误差影响后,可见,两者计算结果相同。

第5章 航测与遥感

5.1 知识点解析

　　航测与遥感与案例分析有关的知识点有航摄技术设计、像控点的选取与测量、空三加密测量、调绘和补测、数字地理信息产品生产等内容。航测与遥感知识体系如图5.1所示。

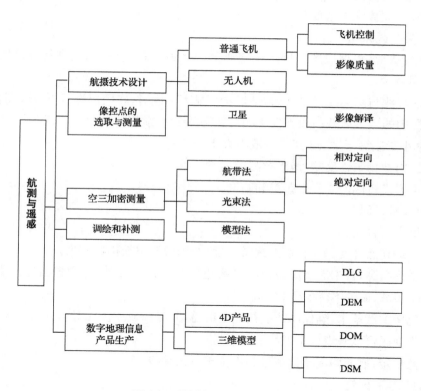

图5.1 航测与遥感知识体系

5.1.1 航空摄影

1. 航摄技术设计

（1）航摄仪的选择

　　根据测图方法、仪器设备、成图比例尺和测图精度等内容综合选择航摄仪。

　　除考虑相机的技术参数外，还要考虑机载数据存储和处理单元的各项指标。选用的摄影器材应是经过检定合格的仪器和设备。像场角和主距应根据项目具体情况选择。

① 常角或窄角

大比例尺单像测图、DOM、综合法测图等以及山区测图使用常角或窄角摄影,可以减小投影差的影响,减少摄影死角的影响。

② 宽角或特宽角

在平坦地区进行立体测图采用宽角或特宽角摄影,能提高立体量测精度。

由物镜的光学中心与像场直径端点的连线所形成的角度,称为像场角。像场角越大,对应主距越小,则立体测量精度提高。如不需要立体测量精度或考虑减小投影差,如综合法测图不需要进行立体量测,则像场角可调小。

③ 基高比的选择

基高比为摄影基线和相对航高比值。航空摄影时,相对航高一般不轻易改变,用基高比调整航向重叠度,基高比大小依靠相机曝光时间间隔来控制,基高比越大,曝光间隔越大,航向重叠度越小,立体观测精度越高。

(2)航摄分区原则

当测区较大时,根据成图比例尺确定测区分区最小跨度,对测区进行分区实施航空摄影,分区数尽量少。

① 分区界线与图廓线尽量一致,地形特征显著不同时,在用户许可下可破图幅分区。

② 分区内的地形高差一般不大于相对航高的1/4,航摄比例尺大于或等于1∶7 000(或地面分辨率小于或等于20 cm)时,一般不大于1/6。

③ 分区内地物景物反差、地貌类型应尽量一致。

④ 应考虑飞机侧前方安全距离和高度。

(3)航线敷设原则

① 尽量东西直飞。

② 地形最高点处要保证相邻航线重叠度,否则应调整航摄比例尺。

③ 应平行图廓,首末航线应布设于测区边界线上或边界外,旁向覆盖超出界线一般不少于像幅的50%,最少不得少于30%。

④ 避免像主点落水,确保岛屿能被完全覆盖,并能构成立体像对。

⑤ 困难地区可以敷设构架航线。

⑥ 规范规定,航向两端超出测区各不少于一条基线。

2. 航摄因子计算

航摄因子包括地区困难类别、分区面积、航摄比例尺、分区平均平面高程、绝对航高、基线长度、航线间隔、航线长度、分区像片数等。

(1)摄区平均高程基准面高程计算

① 地形起伏不大地区取最高点高程与最低点高程之和的平均高程。

② 地形起伏大地区舍去摄区个别最高点和最低点,取高点平均高程与低点平均高程之和的平均高程。

(2)航线数计算

① 影像实地尺寸计算

基线长度＝影像宽度×（1－航向重叠）×摄影比例尺分母
航线间隔＝影像高度×（1－旁向重叠）×摄影比例尺分母

② 航向和旁向计算

下式计算的航线条数即可满足旁向边缘覆盖率要求，即每侧旁向覆盖超出界线一般不少于像幅的 50%，合起来不少于一条航线。

分区航线条数＝INT（分区宽度/航线间隔）＋1

根据规范规定，航向上两侧边界各超出一条基线。

每航线影像数＝INT（航线长度/基线长度）＋2

（3）模型数计算

分区总像片数＝分区航线条数×每航线影像数
总模型数＝总像片数－航线数

总模型指航向上两两相邻像片形成的所有立体像对，由于每个立体像对是邻幅的两张像片而成，故计算总数时要减掉一个立体模型。

（4）最大最小重叠度计算

航高保持的情况下，重叠度大小与地形高低有关，在地形最高点上重叠度最小，分辨率最高，在地形最低点上重叠度最大，分辨率最低。

最高点航向重叠度＝航向重叠度＋（1－航向重叠度）×（基准面－最高点）/相对航高
最低点航向重叠度＝航向重叠度＋（1－航向重叠度）×（基准面－最低点）/相对航高
最高点旁向重叠度＝旁向重叠度＋（1－旁向重叠度）×（基准面－最高点）/相对航高
最低点旁向重叠度＝旁向重叠度＋（1－旁向重叠度）×（基准面－最低点）/相对航高

3. 航摄时间选择

（1）航摄季节选择

要在合同范围内选择最佳季节进行航摄，需要晴天日数多，大气透明度好，光照充足，地表覆盖物影响最小。彩红外及真彩色摄影在北方地区要避开冬季。

（2）航摄时间选择（表 5.1）

① 保证光照充足，避免过大阴影，山区或高层建筑密集的特大城市应专门设计。

② 沙漠等反光强烈地区，一般在正午前后 2 小时内不应测量。

③ 雨后绿色植被未干时不应进行彩红外摄影。

表 5.1　航摄太阳高度角选择

地形类别	太阳高度角	阴影倍数
平地	＞20°	＜3
丘陵一般城镇	＞30°	＜2
山地中型城市	≥45°	≤1
陡峭山区和高层建筑密集的大城市	限于正午前后 1 h 进行航摄	＜1

4. 航摄注意事项

（1）漏洞和缺陷

相对漏洞、绝对漏洞和其他严重缺陷应及时补摄,漏洞补摄必须按原航迹进行,补摄航线的两端应超出漏洞之外不少于一条基线。

① 相对漏洞：旁向重叠度达不到构成立体像对要求。

② 绝对漏洞：旁向像片之间出现漏摄。

（2）重叠度

为满足立体量测与拼接的需要,像片要有一定的重叠度。地形起伏大时要增大重叠度。

① 航向重叠度一般为 $56\% \sim 65\%$,最小不得小于 56%,最大不超过 75%。

② 旁向重叠度一般为 $30\% \sim 35\%$。

（3）太阳高度角

要保证充足的光照条件和避免航摄阴影过长。

（4）摄影比例尺计算

$$1/M = f/H = d/D$$

式中　M——摄影比例尺分母；

　　　f——主距；

　　　H——相对航高；

　　　d/D——像元大小。

5. 低空遥感

低空遥感受天气因素和起飞场地条件影响小,效率高,获取的影像分辨率高,具有对地快速、实时调查和监测能力。

（1）超轻型飞行器航摄系统

超轻型飞行器航摄系统指采用 2 000 万像素以上框幅式数码相机和有人驾驶超轻型固定翼飞机、三角翼飞行器、动力滑翔伞、直升机等飞行平台进行航空摄影的系统。

（2）无人飞行器航摄系统

无人飞行器航摄系统指采用 2 000 万像素以上框幅式小像幅数码相机和无人驾驶的固定翼飞机、直升机、飞艇等飞行平台进行航空摄影的系统。

① 多旋翼无人机

优点：体积小,重量轻,可以垂直起降,飞行灵活和机动,飞行高度低,成本低,安全性好,拆卸方便,易于维护。

缺点：速度慢,飞行距离短,视线容易被建筑物遮挡,不宜拍摄大面积建筑群。

② 固定翼无人机

优点：飞行距离长,巡航面积大,飞行速度快,飞行高度高,可设置航线自动飞行,可设置回收点坐标自动降落。

缺点：不能悬停获取连续某处影像,只能按照固定航线,飞行不够灵活,操作难度较大,上手难,高风险,成本较高。

6. 航空摄影质量控制

航空摄影质量控制包括飞行质量检查和影像质量检查。

（1）飞行质量检查

飞行质量检查包括重叠度（旁向、航向）、倾斜角、旋偏角、弯曲度、航高保持（实际航高与设计航高之差）、摄区边界覆盖保证、图幅中心线和旁向图幅图廓敷设航线质量、构架航线、漏洞补摄、飞行记录。

飞行返航前对索引像片进行检查，确保无漏飞，且无云影及烟雾。

（2）影像质量检查

影像质量检查内容如下：

① 色调均匀、反差适中、不偏色、清晰、色彩饱和、层次分明、能辨别地面最暗处细节等。
② 不得有色斑、大面积坏点、云影、曝光过度等缺陷，少量缺陷不能影响立体测图。
③ 曝光瞬间造成的像点位移不应超过规定要求。
④ 拼接影像应无明显模糊和错位。
⑤ 对整个测区调色匀光，对个别像片进行单独处理。

5.1.2　影像处理准备

1. 影像收集和分析

数字影像成图比例尺和地面分辨率关系如表 5.2 所示。

表 5.2　数字影像成图比例尺和地面分辨率关系

成图比例尺	地面分辨率/m	成图比例尺	地面分辨率/m
1∶500	优于 0.1	1∶10 000	优于 1.0
1∶1 000	优于 0.1	1∶25 000	优于 2.5
1∶2 000	优于 0.2	1∶50 000	优于 5.0
1∶5 000	优于 0.5		

2. 影像预处理

遥感卫片影像预处理内容有格式转换、轨道参数提取、影像增强、滤波、薄云处理、降位处理、多光谱波段选取、匀色等。

航空摄影影像预处理内容有影像增强、影像灰度级降位、匀光处理、匀色处理、影像旋转、格式转换、畸变差改正、影像数字化等。

如果是模拟影像（胶片），还需要进行影像数字化工作，一般采用扫描的方式进行。

3. 像点位移

地面点在像片上的构像相对于同摄站、同主距的水平影像的位置差异叫像点位移，即成像偏移实际平面位置。需要经过影像纠正改正像点位移才能形成正射投影影像。像点位移主要有像片倾斜产生的像点位移和投影差。

（1）像片倾斜引起的像点位移

理想情况下，像片应完全与地面平行，但实际上像片一般会有倾斜，即每处的航高不等，以致影像上摄影比例尺处处不等，由此会引起像点位移导致几何变形。

171

（2）投影差

由于实际地面会有起伏，导致每一点的航高不同，从而引起像点位移，叫投影差。

① 像底点处没有投影差，距离像底点越远，投影差越大。

② 投影差大小和地面点高度成正比，和主距成反比。

③ 投影差计算公式：

通过这个公式，利用像点到像底点距离、地物高程（立体测量得到），计算投影差，并加以改正：

$$\sigma = hR/H$$

式中　σ——投影差，即 a_0 与 a 之间的距离；

　　　h——地面点相对于基准面的高；

　　　H——相对航高；

　　　R——地物相对于像底点的辐射距，像点在像平面上与像底点的距离。

4. 像片纠正

对航摄像片进行投影变换，消除像点位移，并将其归化为规定的比例尺图像的方法叫像片纠正。

数字微分纠正根据已知像片的方位元素（内定向参数和外方位元素）以及 DEM，建立数学模型，利用计算机对每个像元进行微分纠正。这种过程是将影像化为很多微小的区域逐一进行纠正，而且使用的是数字方式处理。

5. 影像分辨率

（1）几何特征和空间分辨率

空间分辨率是在扫描成像过程中一个光敏探测元件通过望远镜系统投射到地面上的直径或对应的视场角度，即遥感图像上能详细区分的最小单元的尺寸，一般用地面分辨率或影像分辨率表示。

数字影像分辨率以地面分辨率表示，以 m/像素为单位。地面采样间隔（GSD），指以地面距离表示的相邻像素中心的距离。

（2）物理特征和光谱分辨率

光谱分辨率指传感器所能记录的电磁波谱中，某一特定波长范围值，波长范围值越宽，光谱分辨率越低，波段数越多，波段宽度越窄。有针对性地选择光谱分辨率才能达到增强像片的效果，光谱分辨率太高会导致数据冗余，不利于识别地物。

（3）时间特征和时间分辨率

时间分辨率指对同一目标重复探测的相邻两次观测的时间间隔。利用时间分辨率可以提高成像率和解像率，对历次获取的数据资料进行叠加分析，提高地物识别精度。

5.1.3　像片控制网

1. 航摄区域网布点方式

（1）全野外布点

全野外布点不需内业加密，精度高且费时。

（2）非全野外布点

非全野外布点是通过布设空中三角网，建立像片之间的连接关系，从而减少野外控制点的布设，分为单航线网和区域网两种。

区域网应尽量布设成矩形，航线数小于 4 条时采用 6 点法布设、大于 4 条时采用 8 点法或多点法布设。平高区域网受地形影响无法布设矩形网时，应在区域网周边凸角处布设平高点，凹角处布设高程点。当沿航向的凸凹角间距大于或等于 3 条基线时，则在凹角处也应布设平高点。

（3）特殊情况布点要求

在航摄分区邻接处、重叠度不符合要求时以及立体模型主要点位落水无法布设时，需要采取特殊的布点方法。

① 航摄分区结合处布点要求

控制点应尽量公用，不满足要求时，要分别布点以加强图形结构性。

② 重叠度不符合要求时布点要求

航向、旁向重叠度过大时应抽去多余片，叫做航片抽稀。航向重叠度不够 53％ 或旁向重叠度不够 15％ 时，应分别布点，或要进行单张测图补救。

③ 像主点落水

像主点或标准点位位置附近一定范围内为水域、云影、雪地等无明显影像地域。如不影响模型连接，按正常布点方案进行。标准点位落水且无法保证像对连接要求，要进行全野外布点。水滨及岛屿应全野外布点。

2. 像控点布设

像控点指的是用于区域网定向，为内业加密提供基础的直接地面控制点。

基础控制点为像控点的上级点，平面精度与国家等级大地点相同，高程基础控制点包括国家等级水准点和等外控制点。

（1）像片上选点要求

像控点的选取要使立体模型结构牢固，尽量清晰，能保证像对之间的有效连接，并尽量减轻成本，所以在像片上选取有一定要求。

① 控制点目标影像应清晰易判别。

② 像控点在符合要求的情况下应尽量公用，应设在航向和旁向 6°重叠内，困难时可以选在 5°重叠内。不同区域间高精度控制点应尽量共用，否则应按不同要求分别布点。

③ 像控点距像片边缘不小于一定距离。

（2）实地选点要求

实地选点前要在影像上先刺点做标记，刺点目标应根据地形条件和像控点的性质进行选择。

① 平面控制点（p）

刺点目标应选择在影像清晰处，易于准确定位。

平面控制点一般选在线状地物交点或地物拐点上，地物稀少地区，也可选在线状地物端点，点状地物中心要小于图上±0.3 mm，弧形地物和阴影不能作为目标。

② 高程控制点（G）

高程控制点应选在高程变化不大处。一般选在地势平缓的线状地物的交会处、地角等，在山区常选在平山顶以及坡度变化较缓的圆山顶、鞍部等处，狭沟、太尖的山顶和高程变化急剧的斜坡不宜做刺点目标。

③ 平高程控制点（N）

平高点应同时符合平面控制点和高程控制点选点条件。

3. 像控点施测

（1）像控点平面控制测量

像控点平面控制测量可采用 GNSS 法、双基准站、RTK、电磁波导线、交会及引点等方法测量，像控点相对于基础控制点不超过地物点平面中误差的 1/5。

（2）高程控制测量

像控点高程测量通常采用测图水准、电磁波测距高程导线或单基准站 RTK 方法测定。

5.1.4　影像调绘和补测

像片调绘是利用像片进行判读、调查、描绘和注记等工作的总称。先内后外法是先在室内判读，后在野外实地调查。

1. 影像判读

通过解译要素和解译标志来实现，解译标志分为直接解译标志和间接解译标志。直接解译标志有形状、大小、布局、位置、颜色、色调、阴影、纹理、图案等。

（1）目视解译

解译顺序：从已知到未知、先易后难、先山区后平原、先地表后深部、先整体后局部、先宏观后微观、先图形后线形。

（2）计算机解译

计算机解译分类是依据遥感图像相似性进行自动识别分类，包括监督分类和非监督分类两类。

2. 调绘

调绘应根据要素在国民经济中的重要程度、分布密度、地区特征、成图比例尺、用图部门要求等情况进行制图综合。

（1）调绘的要求

调绘的具体要求如下：

① 应采用放大片调绘，比例尺不应小于成图比例尺的 1.5 倍。

② 调绘应判读准确，描绘清楚，图式符号运用恰当，图面清晰易读。

③ 要素属性和要素实体应一同表示在调绘影像图上。

④ 表示内容一般以获取时间为准，后新增重要地物应补测，消失的地物用红色"╳"划去，被云影遮盖的应外业补测。

（2）调绘内容

调绘内容有独立地物、居民地、道路及附属设施、管线、垣栅和境界、水系、地貌、土质、植被、地理名称调查和注记等。像片调绘后应及时清绘，清绘后如发现调查遗漏或新增要进行补调。

3. 补测

新增地物应补调至调绘日期,通常用全站仪或 RTK 采用极坐标法、交会法、截距法、坐标法和比较法等方法测绘。

(1)高程注记点

高程注记点无法达到精度要求时,应实测足够高程点,等高线由立体测绘采集。

(2)需要补测的内容

需要补测的内容有影像模糊地物、不进行补摄的绝对漏洞、被阴影遮盖的地物、航摄时的水淹、云影地段、自由图边、新增地物等。

(3)立体测图无法精确采集时

立体测图无法精确采集的城市密集区,可将阴影、漏洞外扩确定补测范围进行野外补测。

5.1.5 空中三角测量

1. 空三加密点选点

(1)内业加密点的选点

① 航向连接点宜 3°重叠,旁向连接点宜 6°重叠。

② 每个像对要确保 6 个标准点位附近都有加密点,像主点 1 cm 范围内的明显点上要选点。

③ 解析空三加密点位距离像片各类标志、像片边缘距离要符合要求。

④ 旁向重叠过大或过小应分别选点。

⑤ 选点目标在本片和邻片上都应位于影像清晰的地形点上,所选点位构成的图形应大致成矩形。

⑥ 在地形变换处,每像对需增 1~2 个地形特征点。

⑦ 林间应选在明显空地上,如选不出可选在左右像对和相邻航线清晰的树顶上。

(2)像点坐标量测

加密点像点坐标、像控点像点坐标、相邻航带间所有同名公共点坐标、相邻区域网中相邻航带间所有同名公共点坐标都需要坐标量测。

2. 空三测量流程

(1)准备工作

空三内业实施前要收集影像索引图、像片原始数据、航摄仪检定表、飞行记录、小比例尺地形图、控制点略图、控制点成果表、刺点片等。

航摄仪参数有航摄仪坐标系、航摄仪框标编号、航摄仪框标坐标、航摄仪检定焦距、航摄仪镜头自准轴主点坐标、航摄仪镜头对称畸变差测定值等。

(2)内定向

内定向是已知摄影仪检定参数,通过仿射变换把扫描坐标归算到像片坐标,把模拟影像数字化,并具有标准的像平面数学基础以实现建模。

(3)相对定向

暂不考虑外方位元素,建立任意比例尺和方位的相对立体模型,叫相对定向。相对定向的唯一标准是所有同名点投影光线对对相交。

相邻影像需要对重叠区的同名点进行配对以实现影像的连接。立体测量的关键在于识别和配对同名像点,用解析法处理像片前必须先求出像点的像片坐标,传统方法使用坐标量测仪进行像点坐标量测。数字化摄影测量用立体影像匹配自动量测像点坐标。

（4）绝对定向

绝对定向指在相对定向基础上,利用地面参考系至少2个平高控制点和1个高程控制点,且不能处于一条直线上,解算7个未知数。如采用 IMU/GNSS 辅助空三和 GNSS 辅助空三时需导入地面摄站点坐标和影像外方位元素进行联合平差。

（5）区域网接边

（6）质量检查和成果提交

3. 空中三角测量主要方法

（1）解析空中三角测量

空中三角测量根据平差模型分为航带法、独立模型法和光束法。

① 航带法

航带法空中三角测量首先把许多立体像对所构成的单个模型连接成一条航带,然后以一个航带模型视为单元进行解析处理。绝对定向后还需作模型的非线性改正,才能得到较为满意的结果。

② 独立模型法

独立模型法空中三角测量是以一个立体模型作为一个平差单元,利用模型间的公共点通过单元模型空间相似变换连成一个区域进行平差。

③ 光束法

光束法空中三角测量是以一幅影像所组成的一束光线作为基本单元,以共线方程作为平差的基础方程,使公共点的光线实现最佳交会,并使整个区域最佳地纳入到已知的控制点坐标系统中。光束法平差是目前空中三角测量使用最广泛的方法。

（2）GNSS 辅助空中三角测量

GNSS 辅助空中三角测量是利用装在飞机和地面基准站上的 GNSS 接收机,在航空摄影的同时获取航摄仪曝光时刻摄站的三维坐标,将其视为观测值引入摄影测量区域网平差中,采用统一的数学模型和算法确定点位的方法。

（3）POS 辅助空中三角测量

机载 POS（定位定姿）系统由惯性测量装置 IMU、DGPS、计算机系统、数据后处理软件组成,和航摄仪集成在一起,直接获得每张像片的外方位元素,大大减少乃至无须地面控制直接进行定位。

5.1.6　地理信息产品生产

5.1.6.1　DLG 制作方法

1. DLG 制作流程

（1）资料准备

要准备外业采集数据、航空像片、高分辨率卫片、地形图资料、技术设计书等资料。

（2）数据采集与属性录入

依据设计和规范要求进行 DLG 数据采集和属性录入。

数据采集方法有航空摄影与遥感法、大比例尺地形图缩编法、地形图矢量化、全野外测图法等方法。

（3）图形数据和属性数据的编辑和接边

数据录入后需要依据影像数据、外业调绘与补测成果、最新交通数据、境界数据以及地名等资料，对图形和属性数据进行编辑处理，使多边形闭合、属性逻辑正确一致，每个要素对应一个代码设为一层，并以图幅为单元存放一个文件。

图幅间的接边既要保证线状要素正确、无缝连接，又要保证要素属性接边的准确性。

（4）质量检查

空间参考系（大地基准、高程基准、地图投影），位置精度（地物平面和高程精度），属性精度（分类代码和属性正确性），完整性（地图基本要素完整性），逻辑一致性（概念一致性、拓扑一致性、格式一致性），表征质量（几何表达、地理表达、符号、注记和整饰）和附件质量检查（元数据、质量检查记录、质量验收报告、技术总结完整性和正确性）。

2. DEM 制作作业方法

（1）航空摄影法

航空摄影法 DLG 数据采集是采用人工作业为主的三维立体测图，分为先内后外测图方式、先外后内测图方式、内外调绘采编一体化测图方式三类。

利用立体像对空间前方交会成像原理，借助立体镜，在测图仪上同时获得平面坐标和高程信息的测量方法。立体测图是目前制作 DLG 的主要方法。

（2）航天遥感

采用单景卫片生产 DLG 时，具体操作如下：

① 以 DOM 影像为背景叠加 DRG 进行数据采集，几何位置依据 DOM 采集，其他属性参照 DRG 判定，不能准确判绘的要素属性应到野外调绘。

② 根据内业预采成果到野外核查、补调。

③ 对野外补调成果，内业进行补充采集和编辑。

（3）地形图扫描矢量化

以地形图扫描生成的 DRG 为背景进行 DLG 采集和属性录入，属性数据由 DRG 获取；当有现势高的 DOM 数据，应以 DOM 为背景对新要素进行采集，矢量数据比对 DOM 超限时，以 DOM 为准进行位置修正。

（4）大比例尺 DLG 缩编

（5）全野外解析测量

3. 立体测图方法

立体测图是采用航空摄影影像或多线阵传感器建立具有一定重叠度的立体像对，采用前方交会原理立体观测采集像点地面三维坐标的方法。

（1）立体测图制作 DLG 流程

立体测图制作 DLG 的过程包括：资料准备、技术设计（先内后外的成图方法）、像控点测绘、空三加密、创建立体模型、立体测量地理要素、外业调绘与补测、矢量数据编辑、DLG

输出、数据库建立、成果检查、提交成果。

（2）立体测图要求

立体测图一般采取先内后外法，采集影像上所有可见的地物要素，由内业定位、外业定性，按规定图层赋要素代码。对把握不准的要素只采集可见部分，未采集或不完整处用红线圈出范围，由外业补调。

4. 质量控制

DLG 生产质量控制内容包括几何精度检查和属性质量检查两个方面。

（1）参考数据比对

参考数据比对指与高精度数据、专题数据、生产中使用的原始数据、可收集到的国家各级部门发布的数据等参考数据对比，确定是否错漏。

（2）实地检测

实地检测指与野外测量、调绘的成果对比，确定是否错漏。

（3）室内检查

通过软件自动分析和判读结果，进行属性、逻辑一致性、现势性、接边等检查；也可通过人机交互检查。

（4）逻辑一致性检查

逻辑一致性检查包括：点、线、面的表示；面要素要闭合；要素冗余要最小；要素位置关系要正确；有向点、线要素方向要正确；数据结构和格式要符合要求。

（5）完整性检查

完整性检查一般包括：要素完整性、分层完整性、属性值完整性检查。

5.1.6.2 DEM 制作方法

1. DEM 制作流程

（1）资料准备

要收集原始像片或扫描地形图等资料，编写技术设计书。

（2）定向建模

定向建模指区域网定向建立立体模型。

（3）特征点线采集

特征点线采集指对地形特征点、线、与高程有关的其他要素进行三维坐标量测。采集的特征点线数据是 DEM 高程数据的来源，特征点质量、数量、分布合理情况会直接影响 DEM 精度。

（4）构建 TIN 内插 DEM

DEM 的内插指根据一系列数据点上的高程信息来模拟地表特征，并内插出指定点上的高程信息。

（5）DEM 数据编辑

DEM 数据编辑是指把生成的 DEM 套合立体模型，对内插形成的 DEM 格网点逐个进行高程检查和编辑。

（6）接边与镶嵌

应确保不少于两排同名格网点用来接边，检查相邻 DEM 同名格网点高程。

（7）裁切

按规定的成图图幅规格裁切、整饰。

（8）质量检查与成果提交

检查空间参考系、高程精度、逻辑一致性和附件质量。

2. DEM 作业方法

数据点的密度是影响 DEM 的主要因素，数据点太密会增加数据采集和处理的工作量，加大存储负担；太稀则会影响 DEM 精度。

对所获取的数据必须进行数据预处理，一般包括数据编辑、数据分块、数据格式的变换以及坐标系统的转换等内容。

（1）航摄方法

利用数字摄影测量工作站来进行自动化的 DEM 数据采集，规则格网点自动匹配。

（2）空间传感器方法

利用 GNSS、机（星）载雷达或激光测距仪 LIDAR 等进行数据采集，快速地获取 DEM 或数字表面模型 DSM。

（3）地形图矢量化

用手扶数字化仪与扫描数字化仪对已有地图进行扫描数字化。

（4）全野外数据采集

全野外数据采集适用于小范围的 DEM 制作。

3. 质量控制

DEM 特征数据采集，一般包括特征点线、水域线面、高程推测区等信息。质量检查时要检查原始资料使用的正确性、定向的准确性以及数据采集是否合理。

（1）水域

湖泊、水库、双线河的分层是否合理；水涯线及海岸线的高程赋值是否合理正确；静止的水体范围内的 DEM 高程值应一致，并取常水位高程。流动水域的 DEM 高程值应自上而下平缓过渡，并与周围地形高程关系协调。

（2）高程推测区

达不到规定高程精度要求的区域应划为 DEM 高程推测区。

（3）空白区域

空白区域的格网应赋予高程值-9 999，对空白区的处理要完整地记录在元数据中。

5.1.6.3　DOM 制作方法

1. 航空摄影测量法 DOM 制作流程

（1）资料准备

收集原始数字像片、控制点成果、解析空中三角测量成果、DEM 成果、技术设计书等。

（2）色调调整

影像的色彩不平衡可以分为单幅影像内部的色彩不平衡和多幅影像之间的色彩不平衡，需要进行匀光、匀色处理。

色调调整一般在影像预处理阶段以及在镶嵌接边后进行。

（3）定向建模与 DEM 采集

用于 DOM 几何纠正的 DEM 要符合规范要求,当资料来自航空摄影时,要通过空三加密测量来定向建立 DEM 模型。

（4）影像纠正

影像纠正指利用控制点和 DEM 进行正射微分纠正,如有空三测量成果,只需要导入内、外定向参数即可。

（5）影像融合

把卫星遥感影像的多光谱数据和全色波段数据进行融合,融合影像数据源必须是经过几何正射纠正的数据。

（6）影像镶嵌

通过多幅影像的同名点自动匹配进行影像拼接,叫做影像镶嵌。原始像片的幅面与最终所成图的幅面不一致,影像需要先拼接成全景,进行接边处理,处理影像间色差,再按地形图标准裁切。

① 按图幅范围选取需要镶嵌的 DOM 影像。

② 在相邻 DOM 影像间选绘、编辑镶嵌线,选绘镶嵌线时保证镶嵌的影像完整。

③ 按镶嵌线对所选单片正射影像进行裁切,完成单片正射影像之间的镶嵌工作。

④ 镶嵌线尽量避开大型建筑物,注意色彩一致性。

（7）图幅裁切

按照内图廓线对镶嵌好的 DOM 进行裁切。也可外扩一排或多排栅格点进行裁切,所生成的 DOM 成果应附有相关坐标、分辨率等基本信息参数。

（8）质量检查与成果提交

空间坐标系、精度、影像质量、逻辑一致性和附件质量检查。

2. 遥感法 DOM 制作流程

遥感影像制作 DOM 包括波段选择、正射纠正、图像融合等工作。

① 如采用全色与多光谱影像纠正,应根据地区光谱特性通过试验选择多光谱波段组合,分别对全色与多光谱影像进行正射纠正。

② 对于高山地、山地,根据影像控制点,应用严密物理模型或有理函数模型,并通过DEM 进行几何纠正,对影像重采样获取正射影像。

③ 对于丘陵地可根据情况利用低一等级的 DEM 进行正射纠正,对于平地可不利用DEM 而直接采用多项式拟合进行纠正。

3. 真正射影像制作

真正的射影像 TDOM,就是以数字表面模型 DSM 来进行数字微分纠正,彻底消除了投影差的数字正射影像。

对于空旷地区而言,由于 DEM 表示的是地表,此时 DEM 和 DSM 一致,只要知道了影像内外方位元素和所覆盖地区的 DEM,就可以按共线方程进行数字微分纠正得到 TDOM,纠正后没有投影差。

5.1.6.4 三维模型制作方法

1. 作业流程

① 资料准备。

要准备高分辨率的航片影像、大比例尺矢量数据等。

② 数据采集与属性录入。

点云数据采集、实地建筑纹理采集、属性(建成年份、权属部门、层数、建筑性质、用途类型、工作时间)的调绘及录入、建筑纹理与大比例尺数据的对应。

③ 模型的制作。

构建三维模型、几何图形描边、匹配建筑纹理、得到模型几何与纹理数据文件集。

④ 数据编辑。

对几何数据和属性数据进行编辑、模型单体化、三维模型拓扑生成等。

⑤ 质量检查。

⑥ 成果整理与提交。

2. 作业方法

(1) 航空摄影测量法

① 一般航空摄影测量方法

采用航空摄影立体测图,采集模型三维数据构建模型,并贴补纹理。

② 倾斜摄影法

倾斜摄影是在同一飞行平台上搭载多台传感器或多镜头系统(如 SWDC-5),同时从一个垂直、四个倾斜等多个不同的角度同时采集影像数据,把具有重叠度的空间多像数据建立立体模型,抽取点云生成 TIN 三维模型映射真实影像纹理,一体化生成三维模型和 DOM,通过模型单体化处理把全景模型分离为地物单体,最后进行拓扑建立并入库便于空间分析。

倾斜摄影测量技术以大范围、高精度、高清晰的方式全面感知复杂场景,直观反映地物的外观、位置、高度等属性,同时有效提升三维模型的生产效率。倾斜摄影精度越来越高,与无人机结合,正日益代替传统的航空摄影测量。

倾斜摄影在近地面贴图易失真,水体会有破洞,还需要和野外相机补摄或地面移动测量系统,补充水体符号,来修正三维模型。

(2) 激光扫描法

三维激光扫描技术改变传统的单点测量方法为点阵测量方法,高效高精度,能提供扫描物体表面的海量三维点云数据,可用于获取高精度高分辨率的数字地形模型,分为机载、车载、地面和手持型等几类三维激光扫描方法。

三维激光扫描仪每次测量的数据不仅包含点的位置信息,还包括 R、G、B 颜色信息,同时还有物体反色率的信息。目前,三维激光扫描仪已经从固定式向移动式方向发展,最具代表性的就是车载三维激光扫描仪和机载三维激光雷达系统。

① 车载三维激光扫描仪

车载三维激光扫描仪的传感器部分集成在稳固的车顶,和 POS 系统结合可以快速得到大面积的点云数据。

② 机载三维激光雷达系统

机载三维激光雷达系统(LIDAR)是一种集激光扫描仪、全球定位系统和惯性导航系统以及高分辨率数码相机等技术于一身的光机电一体化集成系统,用于获得激光点云数据并生成精确的数字高程模型、数字表面模型、数字正射影像信息,通过对激光点云数据的处理,可得到真实的三维场景图。

（3）近景摄影测量

近景摄影测量一般采用独立坐标系或与其他坐标系联测，近距离拍摄目标图像，经过数据加工处理，确定其大小、形状和几何位置，建立三维模型。

5.2 真题解析

5.2.1 2011年第三题

5.2.1.1 题目

某测绘项目采用航空摄影测量方法生产某测区 1∶2 000 比例尺的数字地形图。测区面积约 5 000 km²，东西长约 100 km，南北长约 60 km。测区内陆地最低点高程为 20 m，最高点高程为 200 m[1]。

原始影像采用真彩色胶片航空摄影获取，摄影像机型号为 RC-30，像幅为 230 mm×230 mm，焦距为 152 mm，摄影比例尺为 1∶8 000，航片的航向重叠度为 65%，旁向重叠度为 35%，影像扫描分辨率为 20 μm[2]。

航摄公司完成测区摄影后，向项目承担单位提交了下列资料：

（1）测区航摄底片、晒印的像片；

（2）成果质量检查记录；

（3）各种登记表和提交资料清单。

项目承担单位认为航摄公司提交的资料不全，要求航摄公司补齐有关资料[3]。

项目承担单位在完成整个测区外业控制点布设、测量及验收工作后，进行解析空中三角测量内业加密[4]，平面坐标采用 2000 国家大地坐标系，高程采用 1985 国家高程基准[5]。在野外调绘工作完成后，进行内业立体测图，然后对立体测图数据成果进行点位精度、属性精度、逻辑一致性和附件质量等方面的质量检查[6]。

问题：

1. 航摄公司应补交哪些资料？

2. 以框图形式表示本项目立体测图的工作流程。

3. 简述解析空中三角测量内业加密的主要工作流程。

4. 该项目立体测图数据成果检查内容是否全面？若不全面，予以补全。

5.2.1.2 解析

知识点

1. 立体测图

立体测图是利用不同摄站采用航空摄影测量或多线阵遥感传感器建立具有一定重叠度的立体像对，利用前方交会原理立体观测采集像点地面三维坐标的方法。

立体测图制作 DLG 主要步骤是资料准备、技术设计、像控点测绘、空三加密、创建立体模型、立体测量地理要素、外业调绘与补测（也可与立体测图同时或先展开）、矢量数据编辑、成果检查、提交成果。

2. 先内后外法测图要求

采集影像上所有可见的地物要素，由内业定位、外业定性，按规定要求对各要素编制代码。对把握不准的要素只采集可见部分，未采集或不完整处用红线圈出范围，由外业补调。

3. 空三测量流程

空三测量流程主要是准备工作和影像数据收集和整理、内定向、相对定向、绝对定向和区域网平差、区域网接边、质量检查和成果提交。

关键点解析

［1］测区最高点和最低点数据，主要用来计算航摄基准面设定相对航高，以此作为航摄分区的依据，并且要计算最高点和最低点处的重叠度，以保证所有相邻航片都能组成立体像对。

［2］本次航摄采用胶片摄影机 RC-30，拍摄的影像先进行扫描数字化处理，再经过内定向进行解析空三测量。航片的航向重叠度为 65％，旁向重叠度为 35％，满足相关规范要求。

［3］项目承担单位要采用航空摄影测量方法生产 1∶2 000 比例尺 DLG，航空摄影影像作为应收集的资料由专业航空摄影公司生产和提供，在《测绘资质分级标准》中规定，航空摄影和摄影测量与遥感分属两个专业，即航片的生产与航片的处理是两个不同项目。

项目承接公司从航摄公司收集的资料应有以下几点。

① 成果数据：原始底片、晒印的航摄像片。

② 索引图或概略图：索引图、结合表、航线示意图、摄区完成情况图等。

③ 仪器有关数据：航摄仪参数检定报告、内方位元素鉴定报告。

④ 底片参数等：底片参数、压平检测参数。

⑤ 技术文件：项目技术设计书（航摄因子计算表、航摄时间计算表、航摄耗材计算表）、技术总结等。

⑥ 质量检查验收报告等。

⑦ 飞行记录等。

［4］该项目虽然采用的是胶片航空摄影，经过影像数字化工作后，采用解析空中三角测量内业加密方法定向。与采用胶片和光学航空摄影测图仪方法进行的模拟法空三加密法以及全数字法空三加密都有区别。

［5］本项目利用像控点采用绝对定向和联合平差方法把区域网定义在 2000 国家大地坐标系和 1985 国家高程基准框架内。

［6］应注意 4D 产品生产要按照 GB/T 18316—2008《数字测绘成果质量检查与验收》规定展开成果质量检验工作，而不是参照 GB/T 24356—2009《测绘成果质量检查与验收》相关规定。

按照规范规定，DLG 生产的质量元素检查内容包括空间参考系、位置精度、属性精度、完整性、逻辑一致性、表征质量和附件质量检查。

其中，位置精度质量元素包括平面位置质量子元素和高程质量子元素，本项目只检查了点位平面精度,显然需要补上高程质量子元素检查。

题目评估

本题属于注册测绘师案例分析考试早期题型,题目不灵活,按照辅导资料所载背书即可。

在质量元素的检查中,本题把质量元素和质量子元素列于一起,并故意漏掉高程检查项,显然这是出题人有意为之,读题时应详查。

评价:★☆☆　　　　　　　难度:★☆☆

思考题

本项目的 1∶2 000 比例尺 DLG 生产环节中,采取先立体测图后野外调绘,该方法有何优点。

5.2.1.3 参考答案

资料收集

技术设计

定向建模

野外调绘

立体测量

数据编辑

裁切整饰

质量检查

技术总结

提交成果

1. 航摄公司应补交哪些资料?

【答】

航摄公司应补交的资料有以下几种。

(1) 航摄索引图和结合表、航线示意图。

(2) 航摄仪参数报告、航摄仪鉴定报告。

(3) 底片参数报告、压平检测参数。

(4) 项目技术设计书(包括航摄因子计算表等)、项目技术总结。

(5) 飞行记录表。

2. 以框图形式表示本项目立体测图的工作流程。

【答】 (参考答案以图 5.2 为准,详细流程作为扩展参考。)

(1) 资料收集,主要是影像数据验收、数字化、数据预处理等工作。

(2) 技术设计,项目技术设计书的编写。

(3) 定向建模,有内定向、相对定向、绝对定向等。

(4) 野外调绘,有调绘底图制作、先内后外法调绘补测。

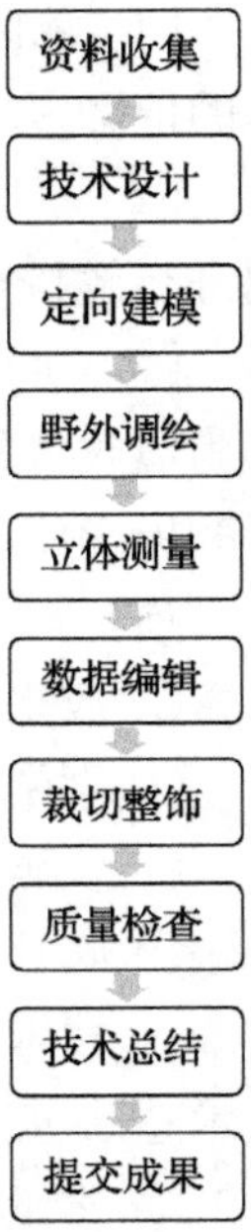

图 5.2　流程框图

(5) 立体测量指利用立体镜和立体测图仪进行立体数据采集。

(6) 数据编辑和接边指根据野外调绘片和立体测量结果编辑矢量数据,并进行属性录入、要素分层、图幅拼接等工作。

(7) 图幅裁切和整饰,指按照 1∶2 000 比例尺地形图规格裁切分幅,对图廓要素进行整饰。

(8) 质量检查指按照 GB/T 18316—2008《数字测绘成果质量检查与验收》规定,进行过程检查和最终检查。

(9) 技术总结指项目技术总结的编写。

(10) 成果提交与验收。

3. 简述解析空中三角测量内业加密的主要工作流程。

【答】

解析空中三角测量内业加密的主要工作流程如下:

（1）资料准备。

（2）内定向。

（3）加密点选取。

（4）相对定向。

（5）绝对定向和联合平差。

（6）区域网接边。

（7）质量检查。

（8）成果提交。

4. 该项目立体测图数据成果检查内容是否全面？若不全面，予以补全。

【答】

根据相应规范要求，该项目立体测图数据成果检查内容不全面，还应检查以下内容：

（1）空间参考系。

（2）完整性。

（3）表征质量。

（4）高程精度。

5. 思考题：本项目的 1∶2 000 比例尺 DLG 生产环节中，采取先立体测图后野外调绘，该方法有何优点。

【答】

航测成图一般采用先内后外法测量，内业的生产成本比外业要低，故应尽量减少外业工作量。内业立体测量需要人工结合计算机展开工作，自动化程度低，工作量较大，为了提高工作效率，宜与外业调绘工作分组、分批同时协调进行。

内业立体测量时，遇到遮挡或其他因素会无法采集要素。先立体测图可以为野外调绘指明调绘区域，减少野外调绘工作量，对测量不到的区域指导补测工作。

5.2.2　2012 年第四题

5.2.2.1　题目

某测绘单位承接了某省 1∶10 000 基础地理信息数据更新与建库项目。

1. 已收集和获取的资料

（1）全省 2012 年 6 月底 0.5 m 分辨率航摄数据。

（2）全省 2008 年测绘生产的 1∶10 000 全要素地形图数据（DLG）。其中，等高线的基本等高距为 5 m，居民地、道路、政区及地名等要素变化较大，而水系、地貌、土质植被和其他要素基本上无变化[1]。

（3）全省导航电子地图数据，其道路、政区和地名等信息内容详细，现势性好，但平面定位精度不确定。

2. 需要完成的更新与建库工作

（1）获取必要的像控资料，利用航摄资料[2]，生产制作 0.5 m 分辨率正射影像数据成果（DOM），要求达到 1∶10 000 地形图精度[3]，经质量检查合格后，建立全省 DOM 数据库。

（2）对 1∶10 000 DLG 数据进行更新，使其现势性达到 2012 年 6 月[4]。重点对居民地、道路、政区及地名等要素进行更新[5]，经数据整理、质量检查和数据入库，建立更新后的全省 1∶10 000 DLG 数据库。

（3）利用 1∶10 000 DLG 数据中的等高线、高程点以及一些地形特征要素等[6]，内插生成 5 m 格网间距的数字高程模型（DEM）数据成果，经质量检查合格后，建立全省 1∶10 000 DEM 数据库。

问题：

1. 指出本项目中可用于全省 1∶10 000 DLG 数据更新的数据资料或成果，并说明它们的用途。
2. 说明全省 5 m 格网间距 DEM 数据的生产技术方法和主要流程。

5.2.2.2 解析

知识点

1. 数字高程模型 DEM 制作

DEM 是在一定范围内通过规则格网点描述地面高程信息的数据集，即用行列号表示格网点坐标，用格网属性表示高程。

要制作 DEM 数据需要量测很多地形特征要素三维坐标，特征点质量、数量、分布合理情况会直接影响 DEM 精度，然后根据一系列数据点上的高程信息来模拟地表特征，内插出指定格网点上的高程信息。

2. 数字正射影像图 DOM 制作

DOM 是将地表航空航天影像经垂直投影而生成的影像数据集，参照地形图要求进行裁切整饰，具有像片的影像特征和地图的几何特征。

要制作 DOM 关键步骤是利用地面控制点和 DEM 进行正射微分纠正，消除地物投影差，对影像数据重采样，然后按照基本地形图规格裁切。

3. 数字线划图 DLG 制作

DLG 是以点、线、面或地图符号形式表达地形要素的地理信息矢量数据集。

矢量地理数据采集方法有航空摄影与遥感法、大比例尺地形图缩编法、地形图矢量化、全野外测图法等方法，如采取航空摄影与遥感方法生产 DLG，一般需要进行立体测量。

资料分析

（1）全省 2012 年 6 月底 0.5 m 分辨率航摄数据，可用来制作 DOM，也可以用来更新DLG，需要纠正影像投影差。

（2）全省 2008 年测绘生产的 1∶10 000 全要素地形图数据（DLG）。其中，等高线的基本等高距为 5 m，居民地、道路、政区及地名等要素变化较大，而水系、地貌、土质植被和其他要素基本上无变化。具有等高线数据，现势性较低，需要更新补充才能达到项目制作地形图要求，可用来作为 DLG 生产的底图数据。

（3）全省导航电子地图数据，其道路、政区和地名等信息内容详细，现势性好，但平面定位精度不确定，主要用于更新道路、政区、地名等数据，现势性好，但因为精度低，无法作为基础地理信息数据源。

关键点解析

[1] 全省 2008 年测绘生产的 1：10 000 全要素地形图数据(DLG)水系、地貌、土质植被和其他要素基本上无变化,提示本项目的关键数据 DEM 可根据该资料来生产,因地貌等要素从 2008 年到 2012 年 6 月基本无变化,故无须另外资料来更新地貌要素现势性。

[2] 本项目需要生产测区 DEM、DOM、DLG 三个数字地理信息产品,可利用的数据就在收集的资料中,没有收集到的其他资料不能用于本题的回答。除了以上提到的三种资料外,本处提到了另外一个关键资料需要去收集,即控制测量数据,用作本项目制作 DOM 的定向数据。

[3] 0.5 m 分辨率正射影像图可以制作 1：5 000 比例尺的地形图,可以满足本项目需求。要把收集到的全省 2012 年 6 月底 0.5 m 分辨率航摄数据处理加工成 DOM 需要关键步骤,即正射微分纠正,进行正射微分纠正的必要条件主要是两个,一是定向控制数据,二是地形高程数据(一般为 DEM),故要生产本项目 1：10 000 比例尺 DOM,需要先生产 1：10 000 DEM。

[4] 项目要求对 1：10 000 DLG 数据进行更新,使其现势性达到 2012 年 6 月,即对收集到的全省 2008 年测绘生产的 1：10 000 全要素地形图数据(DLG)进行更新,从已知资料中选择,主要是导航电子地图数据和航摄影像数据。

以航摄影像更新 DLG 数据,需要采用立体测图技术。

[5] 从(1)处可知水系、地貌、土质植被和其他要素基本上无变化不需要更新,重点对居民地、道路、政区及地名等要素进行更新。

分析资料三已知该资料道路、政区及地名等要素数据详细、现势性好,但精度不高,故除了几何位置外,对于路网拓扑、政区名称、地名等可以采用该资料更新。

居民地形状和位置、道路形状和位置等几何信息需要从资料一获取,即需要立体测图获取。

[6] 从以上分析可知获取 DOM 数据需要用到 DEM 数据,故在本项目中 DEM 的获取是关键步骤。

利用收集到的资料二(1：10 000 DLG 数据)中的高程信息生产 DEM,而资料二现势性不达标。根据(1)处所述,DEM 是模拟地貌地形的高程模型,与 DEM 有关的地貌地形数据在本项目不需要进行更新,居民地等要素的改变不影响 DEM 的获取。

题目评估

通过分析,可以看到本题资料的使用环环相扣,整个流程的关键提示隐藏在资料二的描述中。

本题需要考生熟悉 4D 产品的生产流程,非常清晰地理解 4D 产品生产的关键性资料和前提条件,还要层层剖析题意,如照本宣科,背书作答,很难拿到高分。

评价：★★★　　　　　　难度：★★☆

思考题

根据以上分析,要更新生产 DLG 数据,需要利用航摄影像进行立体测绘。

假设换一种生产方案,利用生产的 DOM 数据野外调绘方式成图替代立体测图,是否可以满足本项目要求。

5.2.2.3 参考答案

1. 指出本项目中可用于全省 1∶10 000 DLG 数据更新的数据资料或成果,并说明它们的用途。

【答】

(1) 全省 2012 年 6 月底 0.5 m 分辨率航摄数据,用于立体测图更新居民地、道路等变化较大的地理要素的几何信息。

(2) 全省 2008 年测绘生产的 1∶10 000 全要素地形图数据,用于生产基础地理要素底图矢量数据集。

(3) 全省导航电子地图数据,用于更新道路、政区和地名等信息。

2. 说明全省 5 m 格网间距 DEM 数据的生产技术方法和主要流程。

【答】

本项目 DEM 生产技术方法为利用 DLG 数据中的等高线、高程点以及地形特征要素制作 DEM,主要生产流程如下:

(1) 整理 DLG 数据;

(2) 高程点、等高线、地形特征点线三维坐标提取;

(3) 构建 TIN 内插 DEM;

(4) DEM 数据编辑;

(5) 镶嵌和接边;

(6) 分幅裁切;

(7) 质量检查;

(8) 成果提交。

3. 思考题:根据以上分析,要更新生产 DLG 数据,需要利用航摄影像进行立体测绘。假设换一种生产方案,利用生产的 DOM 数据野外调绘方式成图替代立体测图,是否可以满足本项目要求。

【答】

DOM 虽然消除了地貌的投影差,但没有纠正建(构)筑物的投影差,故利用生产的 DOM 数据无法获得居民地建筑高程信息来对建筑投影差进行改正。

本项目居民地更新内容较多,若采用 DOM 更新,更新的居民地都要外业实测,故外业补测工作多,对比立体测图方式工作效率较低,不宜采用 DOM 方法更新 DLG。

5.2.3 2012 年第六题

5.2.3.1 题目

某测绘单位采用数字摄影测量方法生产某测区 0.2 m 地面分辨率的数字正射影像图和 1∶2 000 数字线划图,测区为丘陵地区,经济发达,交通便捷,道路纵横交错,测区中心有一个大型城市,城区以高层建筑物为主,房屋密集[1]。

项目前期已完成全测区的彩色数码航空摄影、区域网外业控制点布设与测量、空中三角测量（空三加密）等工作，相关成果检查验收合格，可提供本项目作业使用。

航空摄影使用框幅式数码航影仪，平均摄影比例尺为 1∶14 000，平均航向重叠 65%，平均旁向重叠 35%，所用数码航影仪主要参数如下：[2]

主距 f：101.4 mm；

像素大小：0.009 mm；

影像大小：7 500×11 500。

像素（航向×旁向）项目成果采用 1∶2 000 地形图标准分幅，正射影像图生产采用数字微分纠正[3]，以人机交互方式采集镶嵌线，镶嵌处应保持地物特征完整、影像清晰、色调均匀[4]。

数字线划图精度按规范要求为地物点平面位置中误差不超过±1.2 m[5]，等高线高程中误差不超过±0.7 m，注记点高程中误差不超过±0.5 m[6]。

提示：立体采集平面和高程中误差可分别按下列公式估算[7]。

$$M_{xy} = m_a \cdot H/f$$
$$M_h = m_a \cdot \sqrt{2}H/b$$

式中　H—— 平均相对航高；

b—— 平均像片基线长[8]；

m_a—— 像点坐标量测中误差[9]。

问题：

1. 列出本项目生产数字正射影像图的主要作业步骤。

2. 简述正射影像镶嵌线采集中遇到建筑物、独立树、露天停车场等地物时的作业方法。

3. 项目技术设计要求高程注记点和地物应分步采集，通过精度估算，说明分步采集的理由。

4. 列出本项目提交成果的主要内容。

5.2.3.2　解析

知识点

主要考点：DOM 制作、影像镶嵌等。

1. 影像镶嵌

镶嵌主要是通过选出与周围地物反差明显、影像清晰的目标地物进行自动配准来完成，也就是影像镶嵌。

（1）按图幅范围选取需要镶嵌的 DOM 影像。

（2）在相邻 DOM 影像间选绘、编辑镶嵌线，选绘镶嵌线时保证镶嵌的影像完整。

（3）按镶嵌线对所选单片正射影像进行裁切，完成单片正射影像之间的镶嵌工作。

（4）镶嵌线尽量避开大型建筑物，注意色彩一致性。

2. 摄影比例尺计算

$$1/M = f/H = d/D$$

式中　M——摄影比例尺分母；

　　　f——主距；

　　　H——相对航高；

　　　d/D——像元大小。

3. 摄影基线长计算

相机曝光瞬间物镜点位置叫摄站，相邻摄站间距叫摄影基线。

像片上基线长计算：

$$基线长度＝影像宽度像元数×(1－航向重叠)×像元尺寸$$

影像基线长相对实地距离计算：

$$基线长度＝影像宽度×(1－航向重叠)×摄影比例尺分母$$

资料分析

（1）平均摄影比例尺为 1：14 000，平均航向重叠 65％，平均旁向重叠 35％。

（2）主距 f 为 101.4 mm，像素大小为 0.009 mm，影像大小为 7 500×11 500（航向×旁向）。

可得到相对航高为 1 419.6 m，影像基线长＝7 500×(1－0.65)×0.009＝23.625 mm，GSD＝14 000×0.009＝126 mm。

关键点解析

[1] 测区中心有一个大型城市，城区以高层建筑物为主。测区的概况简介在本题中主要和以下两方面内容有关：

① 本项目需要制作 DLG 和 DOM，考虑到投影差影响，应选择较小基高比进行航摄。在制作 DLG 时，应采取立体测图方式，立体采集建筑物角点，并经过投影差改正。制作 DOM 时无须考虑地上建筑影响，直接采取测区 DEM 进行正射纠正。

② 影像镶嵌接边时，应在城区避开大型建筑物等，尽量把镶嵌线划在道路中央。

[2] 根据提供的这些重要参数，必须清楚地知道能根据资料计算得到哪些重要数据，获得解题应得到的必要信息。

[3] 因为在进行立体影像观测时，像片沿航向左、右方向摆放，故航向对应影像的宽度，一般以宽×高表示，在题目中已给出像幅的表示方法，以免考生混淆。

DOM 的生产在本项目中与 DLG 生产（立体测图）相独立，DOM 生产必须经过正射纠正步骤，要取得 DEM 数据，需要了解项目生产环节中 DEM 的制作方案。

一般来说，采用航摄方法制作 DOM 时，在地势较为平坦地区 DEM 可以直接由空三加密成果作为特征点数据自动生成，在地势较为复杂地区应加密特征点，重要的地形特征和地性线应采集。本项目位于丘陵地区，应采用空三测量成果加密的形式制作 DEM 作为正射微分纠正使用，特征点的密度直接决定 DOM 分精度。

[4] 利用镶嵌技术把影像拼合成全景，镶嵌即影像接边。

① 镶嵌线尽量沿着线状地物选取。

② 镶嵌线应避让高大建筑物，绕开地物。

③ 镶嵌线应保证重要地物完整性。

④ 镶嵌应选择清晰、特征明显的地物,利于自动匹配。

⑤ 镶嵌线尽量走直线,避免选取小角度折线,提高平滑度。

⑥ 不同影像会有色差,应注意调整和协调。

⑦ 避免选取有投影差的地物,避免导致影像错位。

［5］大比例尺丘陵地区的数字线划图精度按规范要求为地物点平面位置中误差不超过图上±0.6 mm,本项目为 1∶2 000 比例尺测图,故采取实地不大于±1.2 m 的精度指标。在读题目时对项目要了然于胸,把自己当作项目技术负责人来观察项目,虽然某些线索可能和解题无关,但也应列出,有助于理清答题思路。

［6］本题中关于高程精度指标有两个,即等高线高程中误差和注记点高程中误差。等高线需要采集特征线内插而得,注记点高程中误差为碎部点采集的高程注记,立体测图精度应采用注记点高程中误差为精度指标。

［7］本项目对立体测量精度的评估运用了两个公式。

$$M_{xy} = m_a \cdot H/f$$
$$M_h = m_a \cdot \sqrt{2}H/b$$

这两个公式根据航摄比例尺相似三角形原理推导而得,利用在影像上量测得到的中误差 m_a 来评估对应的实地测量中误差。由于在影像上平面像点中误差可以在影像上量测得到,像空间坐标系高程中误差无法获得,公式利用高程和平面的相应函数关系通过像点中误差 m_a 评估高程精度。

通过对公式的简化:

$$M_{xy}/M_h = (m_a \cdot H/f)/(m_a \cdot \sqrt{2}H/b) = b/(\sqrt{2}f)$$
$$M_h = M_{xy} \cdot (\sqrt{2}f)/b$$

由于 b 和 f 都是项目已知条件,故可知立体测量的高程精度和平面精度与主距和基高比的选择有关,在本项目中是固定比例关系。

［8］平均像片基线长＝7 500×(1−0.65)×0.009＝23.625 mm。

［9］像点坐标量测中误差可在影像上量测得到,在本题计算(设计阶段)中虽已消去,无须计算,但在进行影像质量评估时需要获取以计算影像的位置中误差具体数值。

题目评估

本题需要根据给出的公式建立影像的平面和高程误差函数关系,其中一些必要参数需要考生根据题目所给资料分析和解算,且需要对航摄的原理有一定理解。

评价：★★☆　　　　　　　　难度：★★☆

思考题

思考影像镶嵌和矢量地形图接边的异同,同时思考镶嵌和空三加密点连接的异同。

5.2.3.3　参考答案

1. 列出本项目生产数字正射影像图的主要作业步骤。

【答】 本项目生产数字正射影像图的主要作业步骤如下:

(1) 资料准备,包括航摄影像验收和影像预处理工作。

(2) 技术设计。

(3) 定向建模,即导入空三测量成果。

(4) DEM 采集,根据空三加密测量成果特征点生成 DEM。

(5) 数字微分纠正,利用 DEM 数据进行数字微分纠正改正投影差。

(6) 影像镶嵌,把分景影像利用人机交互模式进行镶嵌接边。

(7) 色彩调整,镶嵌后进行匀色和匀光操作,调整不同影像拼接后的色差,并做一些增强处理。

(8) 裁切和整饰,根据 1∶2 000 地形图规格裁切图幅,并进行图幅整饰。

(9) 质量检查。

(10) 成果提交。

2. 简述正射影像镶嵌线采集中遇到建筑物、独立树、露天停车场等地物时的作业方法。

【答】

为了保证接边准确、地物清晰完整,镶嵌线的选取应注意以下几点:

(1) 尽量避开建筑物、独立树、露天停车场等地物,保证重要地物完整性。

(2) 尽量沿线状地物分划,如主要道路中线,便于色彩处理。

(3) 尽量走直线,保证平滑。

3. 项目技术设计要求高程注记点和地物应分步采集,通过精度估算,说明分步采集的理由。

【答】

(1) 由

$$M_{xy} = m_a \cdot H/f$$
$$M_h = m_a \cdot \sqrt{2}H/b$$

得

$$M_{xy}/M_h = (m_a \cdot H/f)/(m_a \cdot \sqrt{2}H/b) = b/(\sqrt{2}f)$$

(2) 式中:

$$平均影像基线长 = 像片宽 \times (1-航向重叠度)$$
$$b = 7\,500 \times 0.009 \times (1-65\%) = 23.625 \text{ mm}$$
$$f = 101.4 \text{ mm}$$

(3) 将以上参数代入上式,得

$$M_{xy}/M_h = (m_a \cdot H/f)/(m_a \cdot \sqrt{2}H/b) = b/(\sqrt{2}f) = 0.165$$

(4) 平面中误差(M_{xy})为 ±1.2 m 时,高程中误差为

$$M_h = 1.2/0.165 = \pm 7.27 \text{ m}$$

(5) 由于项目要求的注记点高程中误差不得大于 ±0.5 m,因 ±7.27 m≥±0.5 m,故该项目的高程数据和平面数据不能同时采集。

4. 列出本项目提交成果的主要内容。

【答】

本项目需要提交的成果资料包括 DLG 成果提交和 DOM 成果提交两个方面。

（1）DOM 数据文件、DOM 定位文件、接合表、元数据文件、质量检查记录、质量检查报告、技术设计书和技术总结等。

（2）DLG 数据文件、元数据文件和图历簿、接合表、回放地形图、质量检查验收报告、技术设计书和技术总结等。

5. 思考题：思考影像镶嵌和矢量地形图接边的异同，同时思考镶嵌和空三加密点连接的异同。

【答】

（1）镶嵌和地形图接边都属于图形拼接方法。

① 镶嵌为影像图的拼接。

② 地形图接边为矢量数据接边。

（2）镶嵌和数字空三都采用自动图形匹配方法，由于数字测量数据量非常大，一般需要分区拼接。

① 镶嵌是影像图拼接方法，要保证影像无缝镶嵌成全景影像。

② 空三加密是求解连接点坐标，建立像对模型，并构成区域网，是一种控制测量方法，只需同名点匹配，不属于影像拼接方法。

5.2.4 2013 年第二题

5.2.4.1 题目

某测绘单位用航空摄影测量方法生产某测区 1∶2 000 数字线划图（DLG）。

测区情况：测区总面积约 300 km²，为城乡结合地区，测区最低点高程为 29 m，最高点高程为 61 m[1]，测区内分布有河流、湖泊、水库、公路、铁路、乡村道路、乡镇及农村居民地、工矿设施、水田、旱地、林地、草地、高压线等要素，南面有一块约 2 km² 的林区[2]。

项目已于 6 个月前完成全测区范围彩色数码航空摄影，航摄仪焦距为 120 mm，摄影比例尺为 1∶8 000[3]。在航空摄影完成后，该测区新开工建设了一条高速公路和一些住宅小区[4]。已完成测区内像控点布设与测量、解析空中三角测量等工作，成果经检查合格，供 DLG 生产使用。

DLG 生产采用"先内后外"的成图方法，高程注记点采用全野外采集[5]，其他要素在全数字摄影测量工作站[6]上进行采集，并进行外业调绘、补测、数据整理和成图等工作。

问题：

1. 计算本测区的摄影基准面、相对航高、绝对航高。

2. 简述本项目解析空中三角测量加密时在林区的选点要求。

3. 列出 DLG 生产的作业流程。

4. 简述本项目外业补测的工作内容。

5.2.4.2 解析

知识点

1. 航高

（1）绝对航高

绝对航高是相对于高程基准面的航高。

（2）相对航高

相对航高是相对于摄区平均高程基准面的航高，相对航高影响航摄比例尺。

（3）摄区平均高程基准面

地形起伏不大的地区取最高点高程与最低点高程之和的平均高程为摄区平均高程基准面；地形起伏大的地区舍去摄区个别最高点和最低点，取高点平均高程与低点平均高程之和的平均高程为摄区平均高程基准面高程。

2. 内业加密点的选点

（1）航向连接点宜 3°重叠，旁向连接点宜 6°重叠。

（2）每个像对要确保六个标准点位附近都有加密点，像主点 1 cm 范围内的明显点上要选点。

（3）旁向重叠过大或过小应分别选点。

（4）选点目标在本片和邻片上都应位于影像清晰的地形点上，所选点位构成的图形应大致成矩形。

（5）林间应选在明显空地上，如选不出可选在左右像对和相邻航线清晰的树顶上。

3. 像片调绘

像片调绘是利用像片进行判读、调查、描绘和注记等工作的总称。影像调绘方法分为室内外综合调绘法（先内后外法）和全野外调绘法。

先内后外法是先在室内判读，后在野外实地调查；先外后内法是对全要素进行调绘。新增地物应补调至调绘日期。

关键点解析

[1] 航摄时要根据测区地形情况选定摄影基准面，地物无论是高于基准面还是低于基准面都会产生投影差，故应选在测区平均高程面上。

本项目为城乡结合地区，地势较为平坦，可以直接采用测区最高点和最低点来计算摄影基准面。

实际上，问题 1 关于航高的问题在本项目并不合适提出，因为航高设计是航摄公司的任务，与本项目无关，航高数据本项目承接单位可直接从成果报告相关表单中获取。

[2] 测区南面的林区为问题二的答题点。空三加密点主要是为了在相对定向阶段作为同名连接点建立立体模型，解析空三测量采用人机交互方式进行，加密点在选取时首先要考虑在影像上清晰可辨，便于同名点匹配；其次，虽然相邻影像的飞机曝光时间间隔非常短，地面点的变化非常小，但综合考虑，加密点依然要尽量选在固定点上。

在林区实在无法选点时，相关规范规定，在能保证点位清晰的情况下，可选于树顶上。

但要明白这是在没有更好选点方案时的差选,答题时如要写上此条,必须写清楚前提条件,避免改卷人的误判。

加密点的选取完全是内业工作,主要考虑以下内容:

① 加密点应尽量共用。加密点应尽量选在航向和旁向重叠片多的地方,旁向选点如不能满足规定要求,需要分别选点。

② 要满足相对定向时建模要求。六个标准点位附近必须布点,这是为了保证相邻像对立体建模的基本要求。

③ 便于同名点匹配。选点区域必须清晰,干扰少,点位在影像上面积应该小,能准确无误地匹配。

〔3〕焦距和主距并不相同,主距为影像像距,相对于航高来说两者差值很小,可以近似认为主距等于焦距。

$$相对航高＝航摄比例尺分母×主距＝8\,000×0.12＝960\,m$$

〔4〕DLG 制作时,调绘和补测应截至调绘时间节点,在调绘工作以前新增的地理要素要补测采集几何数据,如在调绘后新增,可不补测。故航摄完后新开工建设的高速公路和住宅小区影像上没有信息,必须补测。

〔5〕高程注记点采用全野外采集,需要在补测时一起测量。这是本题的隐藏要素,容易被忽略。

DLG 高程数据的采集分为两个方面:一是高程注记点,本项目已说明采用全野外采集的方式进行,原因可能是立体测图的精度没有达到高程测量要求等因素;二是等高线,等高线可以由立体测图生成。

〔6〕全数字摄影测量工作站可以进行立体测绘也可进行 4D 产品生产。本项目采用立体测量来采集等高线数据和其他要素(包括高程的三维数据),利用高程数据、像点相对于像底点的位置数据代入投影差公式来消除地理要素投影差。

题目评估

已知高程注记点采取全野外采集,等高线生成方式却未知,这关系到答题时是否需要立体测图采集地形特征点的问题,虽然不影响整体难度和分数,但细究起来颇有值得玩味的地方。

评价:★★☆　　　　　难度:★★☆

思考题

既然已经采用立体测量方式测量,为什么高程注记点要采用全野外方式进行,这样的方案将会非常费时,主要原因应是测区立体采集困难,或精度难以达标。

如换一种方案,采用制作 DEM,然后生成 DOM,再用 DOM 做底图进行外业调绘和补测,全野外采集高程注记,等高线采用 DEM 生成,这样的方案不需要进行立体测图,试着思考该方案是否可行?

5.2.4.3 参考答案

1. 列出本项目生产数字正射影像图的主要作业步骤。

【答】

由于测区高差不大,高程基准面的计算如下。

(1) 航摄基准面高程计算:

$$h_{基} = (h_{高} + h_{低})/2 = (61 + 29)/2 = 45 \text{ m}$$

(2) 相对航高计算:

$$H_{相对} = 主距 \times 航摄比例尺分母 = 0.12 \times 8\,000 = 960 \text{ m}$$

(3) 绝对航高计算:

$$H_{绝对} = h_{基} + H_{相对} = 45 + 960 = 1\,005 \text{ m}$$

2. 简述本项目解析空中三角测量加密时在林区的选点要求。

【答】

本项目解析空中三角测量加密时在林区的选点要求有以下几点:

(1) 加密点应选在林区成像清晰的明显点上,如道路等空旷处。

(2) 立体像对 6 个标准点位(包括两个像主点)规定要求范围内必须选点。

(3) 加密点在旁向和航向重叠处应尽量共用。

(4) 一般不得选于树上,如实在选不出,可选在左右像对和相邻航线影像都清晰的树顶上。

3. 列出 DLG 生产的作业流程。

【答】

(1) 资料收集。

(2) 技术设计。

(3) 定向建模。

(4) 内业立体测图。

(5) 外业调绘和补测。

(6) 数据编辑和接边。

(7) 分幅裁切和整饰。

(8) 质量检查。

(9) 成果提交。

4. 简述本项目外业补测的工作内容。

【答】

本项目外业补测的主要工作内容有:

(1) 新增的住宅区。

(2) 新增的高速公路。

(3) 高程注记点。

(4) 影像质量问题导致无法内业处理的。

5. 思考题：按照本项目收集的资料和测区情况，若采用制作 DEM 生成 DOM，再用 DOM 做底图进行外业调绘和补测，全野外采集高程注记，等高线采用 DEM 生成，这样的方案不需要进行立体测图，试着思考该方案是否可行？

【答】

不可行。由于本项目是根据航摄成果整体性测制覆盖全测区的 DLG 数据，不属于小范围地形图更新项目，采用 DOM 加调绘方法制作地形图，无法快捷方便地获得乡镇居民地建筑物高程，也就无法改正其投影差。

5.2.5　2013 年第四题

5.2.5.1　题目

某市地理信息产业园从 2010 年 1 月开始建设，2013 年 6 月底完成，现委托某测绘单位对工程建设状况进行监测，并同时对该产业园区内 1∶2 000 地形图数据（DLG）进行更新。

产业园位于该市城乡接合部，地势比较平坦，开工前地面上的主要地形地物有湖泊、河渠、道路、房屋建筑、工矿设施、耕地、林地等[1]。在建设过程中，除保留一些大型建筑物、重要工矿设施及主要道路外，对其他建筑物进行拆除，并按规划新建了道路、办公大楼、酒店、文化娱乐设施及公园绿地等。

测绘单位收集到工程区 2009 年底测绘的全要素 1∶2 000 地形图数据（DLG），要素内容包括水系、居民地、道路、工矿、管线、境界（含村界）、地名、地貌、土质植被等；并于 2013 年 2 月对工程区实施了高分辨率航摄，生产制作了 0.2 m 分辨率彩色正射影像数据（DOM）[2]，它与 1∶2 000 DLG 数据的坐标系统一致。

任务要求：首先，采用内外业综合判调方法，利用已有 0.2 m 分辨率 DOM 数据，配合适量的外业调绘和补测，对 1∶2 000 DLG 数据更新，使其现势性达到 2013 年 6 月底[3]；其次，从更新前后[4]的 1∶2 000 DLG 数据中，分别提取相关的地理信息要素，应用空间分析与统计方法，监测分析出工程建设所拆除和保留的原有建筑物范围及面积、新建的房屋建筑物范围及面积以及所占用耕地的范围及面积等，为工程管理提供依据。

问题：

1. 简述本项目 1∶2 000 DLG 数据更新的步骤。

2. 列出本项目在更新 1∶2 000 DLG 数据时外业调绘和补测的主要工作及内容。

3. 简述空间分析统计获得每个村因建设所占用耕地范围和面积的方法和过程。

5.2.5.2　解析

知识点

主要考点：DLG 更新、外业调绘和补测、空间分析等。

1. 调绘的要求

（1）应采用放大片调绘，比例尺不应小于成图比例尺的 1.5 倍。

（2）调绘应判读准确，描绘清楚，图式符号运用恰当，图面清晰易读。

（3）要素属性和要素实体应一同表示在调绘影像图上。

（4）表示内容一般以获取时间为准，后新增重要地物应补测，消失的地物用红色"╳"划去，被云影遮盖的应外业补测。

2. 补测的要求

新增地物应补调至调绘日期，文件以"图幅号. dwg"单独存放。通常用全站仪或 RTK 采用极坐标法、交会法、截距法、坐标法和比较法等方法测绘。

（1）高程注记点

高程注记点无法达到精度要求时，应实测足够高程点，等高线由立体测绘采集。

（2）需要补测的内容

需要补测的内容有影像模糊地物、不进行补摄的绝对漏洞、被阴影遮盖的地物、航摄时的水淹、云影地段、自由图边、新增地物等。立体测图无法精确采集的城市密集区，可将阴影、漏洞外扩进行野外补测。

3. 利用 DOM 更新 DLG

利用 DOM 更新 DLG 需要考虑建筑物投影差的纠正处理。

以数字正射影像图为主要数据源，参考调绘资料，对建筑物根据高度和距离像主点的远近进行投影差改正，适用于地势较为平坦、建筑物不是很密集的城郊和农村地区。

资料分析

（1）2009 年底测绘的全要素 1∶2 000 地形图数据（DLG），作为底图数据。

（2）2013 年 2 月生产的 0.2 m 分辨率彩色正射影像数据，与 1∶2 000 DLG 数据的坐标系统一致，用于更新 DLG 数据的现势性。

关键点解析

［1］拆除的建筑物在外业调绘时在调绘片上做标记，内业予以删除。规划新建的道路、办公大楼、酒店、文化娱乐设施及公园绿地等要素在外业调绘时做标记，然后安排班组进行外业补测，补测时应注意采集高程注记点。

［2］现势性为 2013 年 2 月的 DOM 数据应与 DLG 套合进行分析，在更新区利用 DOM 数据进行矢量描边等数据采集方式更新地理要素，并在图上划出需要补测的地区制作调绘底图。

因为 DOM 影像没有彻底消除建筑物等地表物体的投影差，在数据处理时应考虑建筑物投影差改正问题，要根据建筑的大致高度和相对于像底点的位置来改正投影差。由于高层建筑和高架桥的投影差难以精确消除，用 DOM 更新 DLG 的方法不适合建筑密集区大比例尺修测，只适用于地势较为平坦的城郊和农村地区，产业园位于该市城乡接合部，地势比较平坦，故可以采用 DOM 更新方式生产 DLG 数据。

［3］本项目数据现势性要求达到 2013 年 6 月底，而收集的已有资料都达不到要求，DOM 数据的现势性为 2013 年 2 月，在该时间段以后园区可能产生的变化图上无法反映出来，故本项目应在 DOM 和 DLG 套合制作底图的基础上展开全测区调绘，调查可能的变化地物，及时安排补测，使更新后的 DLG 现势性达到规定要求。

［4］问题 3 需要回答耕地与其他用地的叠合情况，耕地数据是更新前的数据，即提取多个图层进行叠合求数据交集，并加以统计。

题目评估

本题提供的资料和项目要求的现势性一共有三个时间点,如何使更新后的 DLG 数据达到规定的现势性要求,需要在生产环节中注意合理安排工作。

评价：★★☆　　　　　　难度：★★☆

思考题

DOM 数据生产利用 DEM 数据改正了地形投影差,但 DEM 制作时并没有考虑地表上地物高程因素,建(构)筑物的投影差没有得到消除,在大比例尺高精度测量时要考虑投影差造成的地物平面位置位移问题。

思考一下本项目应采用什么办法解决这个问题。

5.2.5.3　参考答案

1. 简述本项目 1∶2 000 DLG 数据更新的步骤。

【答】

(1) DOM 和 DLG 叠合。用 2013 年 2 月生产的高分辨率航摄制作的 DOM 套合 2009 年底测绘的全要素 1∶2 000 DLG 比对更新部位。

(2) 内业数据采集和判读。对更新部分进行内业矢量数据采集和编辑,并判读影像属性。

(3) 调绘底图制作。制作调绘底图,并标记需要重点调绘和补测区域,如新建道路、办公大楼、酒店、文化娱乐设施及公园绿地等要素区。

(4) 野外调绘和补测。对重点地区详细调查,对全域巡视检查,查看有无变化,并安排补测。

(5) 内业编辑处理。

(6) 质量检查。

(7) 成果提交。

2. 列出本项目在更新 1∶2 000 DLG 数据时外业调绘和补测的主要工作及内容。

【答】

(1) 利用 DOM 套合 DLG 制作工作底图。

(2) 对新建道路、办公大楼、酒店、文化娱乐设施及公园绿地等新增要素进行先内后外法采集和调绘,野外调查内业判读的要素属性正确性以及调查要素属性、地名等信息。

(3) 对内业没有发现更新的区域巡查,调查现势性。

(4) 内业清绘,标注补测区域。

(5) 对 2013 年 2 月后新增地物以及内业无法采集的部分数据安排补测,使现势性达到 2013 年 6 月。

(6) 数据内业编辑和处理。

(7) 质量检查等。

3. 简述空间分析统计获得每个村因建设所占用耕地范围和面积的方法和过程。

【答】

利用空间数据叠置分析方法获得每个村因建设所占用耕地范围和面积。

(1) 把相关空间数据录入空间数据库。

（2）从更新前的数据中提取耕地数据形成耕地数据层，并编辑形成多边形。

（3）从更新后的数据中提取建设用地数据层和村界数据层，并编辑形成多边形。

（4）套合图层进行多边形叠置分析。

（5）以村为单位计算和统计建设用地占用耕地面积。

4. 思考题：本项目采用什么办法解决用 DOM 更新地形图的投影差问题。

【答】

本项目可通过适量的补测，实地获得建筑物高程，再用公式纠正投影差引起的平面位移。

5.2.6 2014 年第二题

5.2.6.1 题目

某测绘单位承担了某县地理国情普查项目，需要生产该县 0.5 m 分辨率的数字正射影像图（DOM）。

1. 测区地理概况

该县位于平原与丘陵接壤区，城镇多位于平原区域，近年来经济发展迅速，该地变化较大。

2. 已收集的数据资料

（1）已获取该县 2013 年 7 月 0.5 m 高分辨率全色卫星影像数据和多光谱影像数据（红、绿、蓝、近红外）。

（2）收集到该县航空摄影数据，摄影时间为 2011 年 11 月，摄影比例尺为 1∶25 000，分辨率为 1 m[1]。

（3）收集到该县 2012 年 5 月完成的该航摄数据的空三加密成果，成果为 2000 国家大地坐标系、1985 国家高程基准。

3. 生产要求

（1）全县范围真彩色数字正射影像图[2]（DOM）。

（2）影像需采用数字高程模型（DEM）进行正射纠正，所需数字高程模型（DEM）[3]按 1∶10 000 分幅，成果为 2000 国家大地坐标系、1985 国家高程基准[4]。

（3）根据有关规范要求，对生产的数字正射影像图进行了质量检查，主要有空间参考系、位置精度、影像质量、附件质量等[5]。

问题：

1. 本案例中，制作数字正射影像图（DOM）需要利用所收集的哪两种资料？并说明资料用途。

2. 简述制作真彩色数字正射影像图（DOM）影像的基本过程。

3. 简述本案例中空间参考系和影像质量检查的内容。

5.2.6.2 解析

知识点

1. 遥感影像融合

卫星影像获取的信息一般由多光谱和全色分离获取，全色影像分辨率高，多光谱影像分辨率较低,需要通过融合处理才能获取彩色高分辨率的影像,融合影像数据源必须是经过几何正射纠正的数据。

用 RGB 色彩模式时,由红、绿、蓝三种波段一起合成真彩色影像。

2. 遥感影像的空间分辨率

空间分辨率是在扫描成像过程中一个光敏探测元件通过望远镜系统投射到地面上的直径或对应的视场角度,即遥感图像上能详细区分的最小单元的尺寸,一般用地面分辨率或影像分辨率表示。

(1)影像分辨率指的是影像上像元的个数,也可以用影像最小单元尺寸表示。

(2)地面分辨率一般用地面采样间隔(GSD)表示,指以地面距离表示的相邻像素中心的距离。

3. 遥感影像质量检查

影像质量检查内容包括影像分辨率、色调均匀、反差适中、不偏色、清晰、色彩饱和、层次分明、能辨别地面最暗处细节等方面的检查。影像不得有色斑、大面积云影等缺陷。

资料分析

(1)已获取该县 2013 年 7 月 0.5 m 高分辨率全色卫星影像数据和多光谱影像数据(红、绿、蓝、近红外),可以满足该项目制作 0.5 m 分辨率 DOM 的要求。

(2)收集到该县航空摄影数据,摄影时间为 2011 年 11 月,摄影比例尺为 1∶25 000,分辨率为 1 m,现势性和分辨率都比资料一要差,而且分辨率无法满足项目要求,无法直接作为 DOM 数据的生产。

(3)收集到该县 2012 年 5 月完成的该航摄数据的空三加密成果,成果为 2000 国家大地坐标系、1985 国家高程基准。实际上该资料是资料二半年后在内业阶段处理的定位建模数据。

关键点解析

[1] 收集到该县航空摄影数据,可以满足 1∶10 000 比例尺测图需求。

[2] 真彩色数字正射影像图根据本项目具体条件,应采用融合全色卫星影像数据和多光谱影像数据的方式来进行。

在这之前,还需要获取两个重要数据,即影像定向数据和 DEM 数据。影像定位数据显然可以采用收集的资料三制作,DEM 数据获得方式请看下面的分析。

[3] 本项目要进行正射纠正,所需的数字高程模型(DEM)的获得方式有以下两个:①另外收集现成的 DEM 资料;②根据已经收集的资料生产。

题目中没提到的资料,不能凭空臆造,应采用第二种方法,利用本项目收集到的资料制作 DEM 来进行正射纠正。

要制作 DEM 数据的条件是提取许多三维特征点数据,并内插生成格网点。

在本项目收集的资料中,特征点数据可以直接采用资料三的空三加密点数据,若采用数字法空三加密成果,加密点数据较多,可以满足一般平原地区的特征点内插要求。由于本项目位于平原和丘陵交界处,在高程变化较大地区需要采集更多的特征点来加密,通过增大特征点密度来提高 DEM 精度,加密点可以采用立体测图方式从航空摄影影像上量测获得三维坐标。

[4] DEM 按 1：10 000 分幅，成果为 2000 国家大地坐标系、1985 国家高程基准。

经过上述分析，其实本项目的制作工艺流程已经跃然纸上，出题人在此写的特别详细，目的是使题目变得更加严谨。

其实，更加重要的原因是给考生答题提供线索，以下给出一明一暗两个线索：

① 提示考生 DEM 数据生产与资料三联系，题目中只有这两个地方有空间基准的表述，这是明线提示。

② 提示考生 DEM 数据生产与资料二联系，资料二完全可以满足 DEM 生产的比例尺要求，见(1)处分析，这是暗线提示。

[5] 空间参考系的检查包括平面基准、高程基准、地图投影检查，位置精度检查包括地物平面和高程精度检查，注意两者区分。

题目评估

本题在资料收集的时候，故意把两种资料分开写作三种，明处是考 DOM 的生产制作，实则是考如何制作 DEM，虽然篇幅不多，考点异常综合，需要考生对 4D 产品生产有深刻的理解，机械背书难以避开出题人设置的陷阱。

评价：★★☆   难度：★★☆

思考题

试着写出本项目 DEM 生产的大致过程。

5.2.6.3　参考答案

1. 本案例中，制作数字正射影像图(DOM)需要利用所收集的哪两种资料？ 并说明资料用途。

【答】

(1) 遥感影像数据用来制作 DOM。

(2) 航摄数据的空三加密成果用来为 DEM 和 DOM 定向，并用来制作 DEM 数据。

2. 简述制作真彩色数字正射影像图(DOM)影像的基本过程。

【答】

(1) 资料准备：分析、整理收集的资料，并进行影像预处理。

(2) 定向建模：采取同名特征点匹配的形式导入空三定向成果。

(3) DEM 制作：利用航空摄影数据和空三加密成果制作 1：10 000 比例尺 DEM。

(4) 正射微分纠正：利用生成的 DEM 数据对各个波段的遥感卫片进行正射纠正。

(5) 影像融合：对全色影像和多光谱影像(红、绿、蓝三个波段)进行影像融合操作生成真彩色影像。

(6) 影像镶嵌：通过影像镶嵌把影像拼接成全景影像。

(7) 色彩调整：调整因融合和镶嵌产生的色差。

(8) 分幅裁切：按照相应比例尺地形图规格分幅裁切，生成 DOM。

(9) 质量检查。

（10）成果提交。

3. 简述本案例中空间参考系和影像质量检查的内容。

【答】

（1）空间参考系检查内容包括以下几点：

① 平面基准是否为 CGCS2000 大地坐标系。

② 高程基准是否为 1985 国家高程基准。

③ 投影系统是否符合规定要求。

（2）影像质量检查内容主要包括以下几点：

① 地面分辨率是否为 0.5 m。

② 影像是否清晰、反差大、色调协调。

③ 接边有无错位现象。

④ 影像是否有色斑、大面积云影等缺陷。

4. 思考题：试着写出本项目 DEM 生产的大致过程。

【答】

（1）资料准备。分析、整理收集的资料（资料二和资料三）。

（2）定向建模。导入空三定向数据。

（3）特征点提取。

① 提取空三加密点数据。

② 在航空摄影影像上立体采集丘陵地区和平原、丘陵结合部地形特征点、线。

（4）生成 TIN。利用提取的地形点生成 TIN 模型。

（5）内插生成 DEM。

（6）DEM 数据编辑。

（7）接边与镶嵌。

（8）裁切。按 1∶10 000 比例尺图幅规格裁切、整饰。

（9）质量检查。

（10）成果提交。

5.2.7　2015 年第五题

5.2.7.1　题目

某测绘单位承担某测区 1∶5 000 数字线划图（DLG）、数字高程模型（DEM）、数字正射影像（DOM）航摄成图中的像片控制点布测任务。

1. 测区概况

测区以丘陵为主，分布有河流、湖泊和水库，交通发达，公路、乡村路纵横交错、测区内耕地比较多，水田以梯地为主，山坡多旱地，山丘上植被茂盛[1]。

2. 航摄资料情况

2014 年航空摄影的 23 cm×23 cm 影像，沿东西方向航摄。航向重叠度一般为 67% 左右，最小 53%，旁向重叠度一般在 36% 左右，摄区共有 20 条航带。

3. 像片控制点布测方案[2]

（1）平面高程均采用区域网布点，见图 5.3，平高控制点航向基线跨度不大于 9 条基线，旁向相邻航线最大跨度不大于 3 条基线[3]。

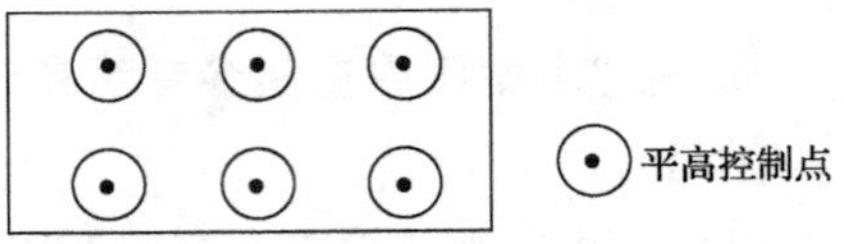

图 5.3　区域网布点示意图

（2）像片控制点尽可能选择像片上的明显目标点，便于正确地相互转点和立体观测时辨认点位。

（3）像片控制点利用测区已有的卫星导航定位服务系统（CORS）联测平面位置，并用似大地水准面精化模型进行高程改正[4]。

问题：

1. 举出本测区中作为像片控制点的优选地物，并说明林地中控制点的选取方法。
2. 结合本测区摄影资料的规格和重叠度，说明像片控制点在像片上的位置的要求。
3. 根据本测区像片控制点的施测方法，说明在野外选择控制点的点位应考虑的因素。

5.2.7.2　解析

知识点

1. 像控点像片上选点要求

（1）清晰明显原则

控制点目标影像应清晰易判别。

（2）尽量共用原则

像控点在符合要求的情况下应尽量共用，应设在航向和旁向 6° 重叠内，困难时可以选在 5° 重叠内。应选在旁向重叠中线附近，如果无法按要求布设在旁向重叠带内，应分别布点。

（3）一定边缘距离原则

控制点距离像片边缘太近不便刺点，故要求像控点距像片边缘不小于 1 cm（18 cm×18 cm）或 1.5 cm（23 cm×23 cm），数字或卫星影像控制点距边缘不小于 0.5 cm。

2. 像控点实地选点要求

（1）平面控制点（p）

平面控制点一般选在线状地物交点或地物拐点上，地物稀少地区，也可选在线状地物端点，点状地物中心要小于图上±0.3 mm，弧形地物和阴影不能作为目标。

（2）高程控制点（G）

高程控制点应选在高程变化不大处。一般选在地势平缓的线状地物的交会处、地角等，在山区常选在平山顶以及坡度变化较缓的圆山顶、鞍部等处，狭沟、太尖的山顶和高程变化急剧的斜坡不宜做刺点目标。

（3）平高程控制点（N）

平高点应同时符合平面控制点和高程控制点选点条件。

3. 像控点平面控制测量

像控点平面控制测量可采用 GNSS 法、双基准站、RTK、电磁波导线、交会及引点等方法测量。

资料分析

2014 年航空摄影的 23 cm×23 cm 影像,沿东西方向航摄。航向重叠度一般为 67% 左右,最小 53%,旁向重叠度一般在 36% 左右,摄区共有 20 条航带。

问题 2 要求根据重叠度答题,若被其误导去计算模型数等航摄因子数据,便进入了误区,从以下分析可以看出,航摄因子计算条件不足,无法计算。

根据提供的数据资料分析可以得到以下信息:

(1) 可由航线数计算出测区南北跨度距离以及基线长,但航线上模型数条件不足无法计算。

(2) 像片重叠度信息,重叠区域最大会有六片像片叠加,与问题 2 解题相关。

关键点解析

[1] 测区以丘陵为主,分布有河流、湖泊和水库,交通发达,公路、乡村路纵横交错,测区内耕地比较多,水田以梯地为主,山坡多旱地,山丘上植被茂盛。测区概述包括了很多信息,点位的外业布设因围绕这些信息展开,具体分析如下:

① 测区地形有起伏,在高程像控点布设时不能布设在山坡等高程变化处。

② 本项目的像控点采用 RTK 法测量,考虑 GPS 接收机受到多路径因素影响,点位布设要离水面一定距离。

③ 路网要素属于线状地物,线状地物的交叉点应作为平面控制点的优选点。

④ 梯田是山坡上的平地,可布设高程点,旱地为斜坡,不可设高程点。

⑤ 植被茂盛处应避开,点位应设置在明显清晰的平地处。像控点图上选点时不得选于树顶上,本题与 2014 年类似问题(加密点选点)有本质不同,像控点选点后还要在野外实测,如选在树顶无法测量。

⑥ 平高点的布设应考虑平面和高程两方面因素影响。

[2] 像片控制点布测方案指区域网野外控制点布设方案,如图 5.3 所示本项目采用了六点法布设,由前可知共有航线 20 条,按照规定不能采用六点法,故测区应分区。

题目中没有提到如何分区,与后面答题点也无关。

[3] 平高控制点布设的间距要求,答题时应抄上。

[4] 本项目像片控制点采用 GPS-RTK 法测量平面坐标和大地高,再用似大地水准面拟合得到正常高。像控点测量精度要求基本与图根点相当,在野外点位选择上要同时满足 GPS 点和像控点的布点要求。

题目评估

像控点点位布设应根据题中关于测区概况的描述展开解答,解题切忌偏离出题人给出的提示,而自说自话,离题万里。

问题 2 要根据要求写出和重叠度有关的内容。

另外,出题人故意问林间如何选点,误导考生按照 2014 年航摄试题答法,实际上两题内容并不一样,考生应仔细考查区别。

评价：★★☆　　　　　难度：★★☆

思考题

思考空三加密点与像控点，在影像上的布设要求有何差异，试简述空三加密点布设要求。

5.2.7.3　参考答案

1. 举出本测区中作为像片控制点的优选地物，并说明林地中控制点的选取方法。

【答】

本项目在山丘林地的像片控制点宜选在植被没有覆盖的空地明显点上，地形应平缓，不可选于树顶。

本测区像片控制点的优选地物为：

（1）公路、乡村路交叉点；

（2）梯地水田拐角或线状地物交叉口处。

2. 结合本测区摄影资料的规格和重叠度，说明像片控制点在像片上的位置的要求。

【答】

本项目像片控制点在像片上的位置的要求如下：

（1）像控点应在影像间尽量共用，一般布设在航向及旁向六片或五片重叠范围内；

（2）像控点应尽量布设在旁向重叠带中线处，如布点条件不符合规定要求，应分别在两张影像布点；

（3）像控点距离影像边缘距离应符合要求；

（4）像片控制点尽可能选择像片上的明显目标点，便于正确地相互转点和立体观测时辨认点位；

（5）本项目平高控制点航向基线跨度不大于9条基线，旁向相邻航线最大跨度不大于3条基线。

3. 根据本测区像片控制点的施测方法，说明在野外选择控制点的点位应考虑的因素。

【答】（为了条理更加清晰，本题答案较详细，考生在答题时应加以简化。）

本项目像片控制点测量采用测区内CORS联测平面位置，用似大地水准面精化模型和大地高计算正常高的方法，故控制点布设应同时符合GPS布点和像控点布点双重要求，具体如下。

从像控点布设要求考虑：

（1）像控点平面控制点选点应尽量选在公路、乡村路交叉等线状地物交叉处，实在选不出的话可以布设在明显点状地物上；

（2）像控点高程控制点选点宜选在高程起伏变化不大的地方。

从GPS控制点布设要求考虑：

（1）控制点应选在稳固易保存的地方；

（2）应远离河流、湖泊和水库，避免多路径效应影响；

（3）选点处交通要便利，便于仪器架设和测量，附近没有高压线等电磁干扰；

（4）应选在开阔地带，满足GPS测量卫星高度角要求。

4. 思考题：思考空三加密点与像控点，在影像上的布设要求有何差异，试简述空三加密点布设要求。

【答】

（1）像控点和空三内业加密点在像片上布点要求区别以下两点：

① 像控点需要在野外测量，在影像上布点时要考虑满足野外测量要求，控制对象为区域网，无须考虑模型连接要求。

② 内业加密点只需内业选取和配准，控制对象为立体像对，进行相对定向建模。

（2）本项目内业加密点在像片上的位置的要求有如下几点：

① 加密点应在影像间尽量共用，一般布设在航向及旁向六片或五片重叠范围内。

② 每个像对要确保六个标准点位附近都要有加密点。

③ 加密点应尽量布设在旁向重叠带中线处，如布点条件不符合规定要求，应分别在两张影像布点。

（4）加密点距离影像边缘和各种标志距离应符合要求。

（5）选点目标在本片和邻片上都应位于影像清晰的地形点上。

（6）林间应选在明显空地上，如选不出可选在左右像对和相邻航线清晰的树顶上。

5.2.8　2016 年第四题

5.2.8.1　题目

某测绘单位承担了某市航测生产 1∶5 000 数字地形图（DLG）的任务。

1. 测区概括

测区面积约 3 600 km²（60 km×60 km），海拔最低 300 m，最高 600 m，测区内多山，地形起伏较大；市区房屋密集，高层建筑物较多[1]；测区全年大部分时间天气晴好、能见度高。

2. 资料条件

（1）覆盖全测区的 1∶5 000 地形图。

（2）测区有可利用的 CORS 系统。

（3）测区似大地水准面精化成果，精度优于 10 m。

（4）测区内均匀分布有 9 个高精度的平高控制点。

3. 主要设备

框幅式数字航摄仪，焦距[2]分别为 50 mm 和 120 mm 的两个镜头备选，像元大小为 9 μm；定位定姿系统（POS）[3]；数字摄影测量工作站；集群式摄像处理系统[4]等。

4. 作业要求

（1）航空摄影要求航向重叠度 65％左右，旁向重叠度 30％左右，影像地面分辨率 0.3 m。

（2）充分利用已有条件，不再布设像控点[5]。

（3）DLG 生产采用"先内后外"的方式[6]。地物、地貌要素均由内业立体采集获取；外业对内业立体采集的地物要素属性进行调绘，并补测内业立体采集不到的变化的地物；最后内业编辑成图。作业期间地貌变化不予考虑。

（4）内业立体测图与外业调绘、补测尽可能并行作业,以缩短生产周期[7]。

问题:

1. 选择合适焦距的航摄仪镜头并说明理由,计算最小航向重叠度、最小旁向重叠度。

2. 本项目空中三角测量作业时需要哪些数据?简述其作业流程。

3. 简述合理的 DLG 作业方案。

5.2.8.2 解析

知识点

1. 数码式摄影机主距的选择

（1）从减小投影差考虑

大比例尺单像测图、DOM、综合法测图等以及山区测图使用常角或窄角摄影,可以减小投影差的影响,减少摄影死角的影响。

（2）从增加立体测量精度考虑

在平坦地区进行立体测图采用宽角或特宽角摄影,能提高立体量测精度。

2. POS 辅助空中三角测量

机载 POS（定位定姿）系统由惯性测量装置 IMU、DGPS、计算机系统、数据后处理软件组成,和航摄仪集成在一起,通过 GNSS 载波相位差分定位获取航摄仪的位置参数,用惯性测量装置 IMU 测定航摄仪的姿态参数,经 IMU、DGNSS 数据的联合后处理,直接获得每张像片的外方位元素,大大减少乃至无须地面控制直接进行定位。

3. 集群式影像处理系统

集群式影像处理系统充分应用当前先进技术,接收和处理包括传统框幅式影像、数码线阵影像、无人机影像在内的各种国内外中高分辨率航空、航天遥感影像,快速生成数字地表模型、数字高程模型、数字正射影像等产品。

既适合应急模式下的自动影像快速处理,也适合常规模式下的高精度影像产品制作。

资料分析

（1）覆盖全测区的 1∶5 000 地形图。该资料没有更多说明,若为数字测绘成果,可作为更新的地形图底图数据。若为数字化图,可用 DLG 生产中的参考数据。

（2）测区有可利用的 CORS 系统,测区似大地水准面精化成果,精度优于 10 m。可用来测制图根点、像控点、碎部点。

（3）测区内均匀分布有 9 个高精度的平高控制点,可作为本项目航空摄影测量的野外控制点。

关键点解析

[1] 本项目采取立体测图的形式制作 DLG,测区内多山,地形起伏较大,市区房屋密集,高层建筑物较多,航摄立体测图质量会受到两个影响:①投影差较大,地形起伏大会导致投影差影响较大,使高处的像点平面位置偏移。②航摄阴影影响大,导致高程小的地物被遮挡无法进行立体测图。

要减少中心投影影像投影差影响,可采取减小航摄基高比、选用像场角较小或主距较大的摄影仪等方法。

〔2〕在航空摄影中,焦距和主距近似相等。按照(1)分析,应选用较大主距进行航摄,本项目镜头可换,宜选用 120 mm 焦距镜头。

〔3〕本项目采用 POS 辅助空三测量获得影像外方位元素,由于 POS 精度限制,需要少量控制点获得定位数据。

〔4〕数字摄影测量工作站和集群式摄像处理系统都是全数字的摄影测量处理系统,都能处理航片,生成各种数字地理信息产品。

集群式摄像处理系统一般采取网络化集群计算方式,是目前航摄影像处理的发展方向。

〔5〕直接使用收集的 9 个控制点作为像控点,对 POS 采集数据进行平差。

〔6〕先进行立体测量,并改正投影差,再内业判读地物属性,采取野外调绘定性,并补测内业无法采集的测点。

〔7〕本项目立体测量和野外调绘、补测都无法做到自动化进行,为了缩短工期,减少开支,立体测量内业人员和调绘外业人员应协调分配、同步开展作业。

题目评估

本题考查数字航测和 POS 辅助空三内容,考点与目前实际航空摄影测量生产流程接近,这也是未来注册测绘师案例分析考试的出题趋势,应引起重视。

评价：★★☆　　　　　　　难度：★★☆

思考题

若假设影像重叠度满足要求,且不考虑精度问题,为了提高工作效率,采用 TDOM 方式来更新地形图,试写出基本步骤。

5.2.8.3　参考答案

1. 选择合适焦距的航摄仪镜头并说明理由,计算最小航向重叠度、最小旁向重叠度。

【答】

(1) 本项目应选用 120 mm 焦距镜头进行航空摄影,原因如下：

① 测区多山,选用长焦镜头减少投影差影响；

② 市区高层建筑物较多,选用长焦镜头减少航摄阴影影响。

(2) 最小航向重叠度、最小旁向重叠度计算。

① 相关参数计算：

$$航摄比例尺 = 像元大小/GSD = 9\ \mu m/0.3\ m = 1/33\ 000$$
$$相对航高 = 主距 \times 比例尺分母 = 120\ mm \times 33\ 000 = 4\ 000\ m$$
$$摄影基准面高程 = (300 + 600)/2 = 450\ m$$

② 最小航向重叠度计算(测区最高点航向重叠度)：

$$最高点航向重叠度 = 航向重叠度 + (1 - 航向重叠度) \times (基准面 - 最高点)/相对航高$$
$$= 65\% + (1 - 65\%) \times (450 - 600)/4\ 000 = 63.7\%$$

③ 最小旁向重叠度计算(测区最高点旁向重叠度):

最高点旁向重叠度＝旁向重叠度＋(1－旁向重叠度)×(基准面－最高点)/相对航高
＝30％＋(1－30％)×(450－600)/4 000＝27.4％

2. 本项目空中三角测量作业时需要哪些数据? 简述其作业流程。

【答】

(1) 本项目空中三角测量作业时需要的数据如下:

① 0.3 m 分辨率影像数据;

② POS 定位数据和姿态数据;

③ 9 个平高点平面和高程数据。

(2) 作业流程如下:

① 处理 POS 数据得到每张影像的外方位元素;

② 相邻影像同名点自动匹配,相对定向,生成立体模型;

③ 影像外方位元素、加密点数据、地面控制点数据联合平差;

④ 精度评定和质量检查;

⑤ 成果提交。

3. 简述合理的 DLG 作业方案。

【答】

(1) 资料收集和分析。

(2) POS 辅助空三加密测量。

(3) 自动生成 DEM 和 DOM。

(4) 利用立体模型进行立体采集。

(5) 套合立体采集矢量数据与 DOM 制作调绘底图。

(6) 先内后外法调绘。

(7) 补测内业采集不到的要素,与此同时,内业立体测图并行作业。

(8) 矢量数据编辑、符号化。

(9) 要素分层、图幅接边。

(10) 图幅裁切和整饰。

(11) 质量检查。

(12) 成果提交。

4. 思考题:假设影像重叠度满足要求,且不考虑精度问题,为了提高工作效率,采用 TDOM 方式来更新地形图,试写出基本步骤。

【答】

(1) POS 辅助空三测量后,自动匹配影像,生成 DSM。

(2) 采用 DSM 对航摄影像进行正射微分纠正,生成 TDOM。

(3) 内业自动矢量描边,判读影像。

(4) 外业调绘和补测。

(5) 内业编辑成图。

5.2.9　2017 年第一题

5.2.9.1　题目

某单位承接某市范围内地理国情普查任务,主要是地理国情信息采集。该市已建成卫星导航定位服务(CORS),实时提供 2000 国家大地坐标系下亚米级定位服务。

1. 已有资料

(1) 覆盖全市的原始卫星影像(时相为 2014 年 2 月,含轨道 RPC 参数),全色波段影像分辨率 0.5 m,多光谱分辨率 2.0 m[1];

(2) 1∶10 000 的 DEM,格网间距 5 m,现势性为 2013 年;

(3) 1∶10 000 的 DLG,现势性为 2013 年;

(4) 1∶50 000 的 DLG,现势性为 2014 年;

(5) 控制点库;

(6) 收集有全市交通图及水利普查资料、第二次土地调查数据、医疗机构信息一览表、学校分布数据表等专业部门资料。

2. 拥有的主要仪器及软件

①GNSS 接收机[2];②遥感影像处理软件;③地理国情普查内业处理系统;④地理国情普查外业调绘核查软件。

3. 工作的要求

(1) 利用已有资料制作满足 1∶10 000 万精度,0.5 m 分辨率,按 1∶25 000 标准分幅的彩色 DOM[3]。

(2) 采用内业—外业—内业[4]的作业模式,进行地面覆盖分类(耕地、林地、草地)和地理国情要素(道路、水域等)的采集。2014 年 8 月到 12 月[5]开展外业调绘核查,对新增和变化的图斑和要素进行补测补调[6]。

(3) 2014 年底前完成成果整理和质检工作,验收合格,提交用于标准时点校核。

问题:

1. 按上述标准制作彩色 DOM 的工作流程。

2. 简述已有资料在地理国情采集工作中的用途。

3. 简述外业调绘中,新增或变化的图斑和要素补调补测可采用的办法。

5.2.9.2　解析

知识点

1. 遥感影像融合

常将全色波段与多波段影像融合处理,得到既有全色影像的高分辨率,又有多波段影像的彩色信息的影像。

(1) 全色波段

全色遥感影像是对地物辐射中全色波段的影像摄取,一般指使用黑白单波段,在图上显示为灰度图片。全色遥感影像一般空间分辨率高,但无法显示地物色彩。

（2）多波段

多波段又叫多光谱，是指对地物辐射中多个单波段的摄取，对不同的波段分别赋予 RGB 颜色得到彩色影像。如将 R、G、B 分别赋予 R、G、B 三个波段的光谱信息，合成将得到模拟真彩色图像。多波段遥感影像可以得到地物的色彩信息，但是空间分辨率较低。

2. 有理函数模型

有理函数模型是广义的通用传感器模型，回避了成像参数（内外方位元素）。当有严格传感器模型时，可以不依赖地面控制点解算有理多项式系数（RPC 参数）；当没有严格传感器模型时，必须依赖足够的地面控制点解求 RPC 参数。

资料分析

（1）覆盖全市的原始卫星影像，用于制作彩色 DOM，更新地理国情普查要素。

（2）1∶10 000 的 DEM，与卫星影像一起制作 DOM。

（3）1∶10 000 的 DLG，现势性为 2013 年，较差，用作基础地理信息底图数据。

（4）1∶50 000 的 DLG，现势性为 2014 年，但精度难以达标，主要用于对新增地物辅助定性，更新地名等数据。

（5）控制点库，用于解算和检校卫星影像有理数多项式系数，一起参与影像纠正，提高定向和纠正精度，由于本项目只配备了 GNSS 接收机，采用 GNSS-RTK 测量方式进行，一般无须采用控制点。

（6）全市交通图及水利普查资料，可用于补充更新地理国情要素（道路、水域等）。

（7）第二次土地调查数据，用于提取地面覆盖分类数据。

（8）医疗机构信息一览表、学校分布数据表等专业部门资料，用于补充更新专业部门信息。

关键点解析

[1] 本项目采取卫星影像制作彩色 DOM，需要把高分辨率的全色波段影像与多光谱影像融合，卫星影像含轨道和 RPC 参数，RPC 参数为通用成像模型有理数函数的多项式系数，建立像点二维坐标和地面点三维空间坐标的关系。

建立 RFM 模型（RPC 参数是该模型参数）是遥感定向建模的一种方式，采用 RPC 参数结合 DEM 和少量地面控制点可以对卫星影像进行正射纠正。

[2] 本项目配备的设备中用于野外测量的只有 GNSS 接收机一种，可以结合全市 CORS 系统提供的亚米级定位服务展开实时数据采集。

地理国情普查采用 1∶10 000 地形图，相应地形图规定地物点点位中误差为图上 ±0.5 mm，即实地 ±5 m，按相关规定，地理国情普查的精度要求为 ±2.5 m，精度能满足要求。

[3] 影像融合后的彩色 DOM 分辨率可以达到 0.5 m，可以满足制作 1∶5 000 地形图要求，故可以满足 1∶10 000 地形图精度要求，裁切的时候按 1∶25 000 标准分幅。

[4] 采用内业—外业—内业的作业模式指先内业判读解译 DOM，再通过野外调绘定性，最后内业数据处理编辑的成图模式。

[5] 要求现势性达到 2014 年 8 月到 12 月，卫星影像现势性为 2014 年 2 月，故该段时间区间新增地物需要采用 GNSS-RTK 方法补测采集。

[6] 外业调绘核查是在以 DOM 为主制作的工作底图上对新增和变化的图斑和地理国

情要素进行补测和补调。

题目评估

地理国情普查是近年测绘地理信息行业大规模开展的新业务,其方法与土地利用现状调查的方法类似。本题取材新颖、注重时效,本质上还是利用航摄或遥感影像数据制作DOM,更新和采集地理信息数据的一般套路。

2017 年案例分析考题注重联系现实,这一特点十分显著。

评价：★★☆　　　　　　难度：★★☆

思考题

本项目采用了国土二调地表覆盖数据成果,该数据是否可以直接套用,为什么？

5.2.9.3　参考答案

1. 按上述标准制作彩色 DOM 的工作流程。

【答】

（1）资料准备。

（2）定向建模。利用 RPC 参数和地面控制点定向。

（3）数字微分纠正。利用 1∶10 000 比例尺 DEM 数据分别对全色影像和多光谱影像进行影像纠正。

（4）影像融合。把卫星遥感影像的多光谱数据和全色波段数据进行融合。

（5）影像镶嵌。通过多幅影像的同名点匹配进行镶嵌接边。

（6）色彩调整。镶嵌后进行匀色和匀光操作,调整不同影像拼接后的色差,并做一些增强处理。

（7）裁切和整饰。根据 1∶25 000 地形图规格裁切图幅,并进行图幅整饰。

（8）质量检查。

2. 简述已有资料在地理国情采集工作中的用途。

【答】

（1）卫星影像用于制作彩色 DOM,更新地理国情普查要素。

（2）1∶10 000 的 DEM,用于制作 DOM 时的影像纠正环节。

（3）1∶10 000 的 DLG,用于制作基础地理信息底图数据。

（4）1∶50 000 的 DLG,用于补充和定性新增地物,更新地名等数据。

（5）控制点库,用于卫星影像定向和纠正。

（6）全市交通图及水利普查资料,可用于补充更新地理国情要素（道路、水域等）;第二次土地调查数据,用于提取地面覆盖分类数据;医疗机构信息一览表、学校分布数据表等专业部门资料,用于补充更新专业部门信息。

3. 简述外业调绘中,新增或变化的图斑和要素补调补测可采用的办法。

【答】

（1）调绘底图数据制作。采用时相为 2014 年 2 月的卫星遥感影像制作 DOM 作为主要的更新资料对 1∶10 000 比例尺地形图进行更新,并制作调绘底图。

（2）室外判读和要素定位。在室内对影像进行判读定性，对要素和图斑描边定位。

（3）补调。采用地理国情普查外业调绘核查软件野外调绘，若发现新增图斑和地理国情要素，在调绘底图上做标志，安排作业组补测。

（4）补测。补测可采取 GNSS-RTK 测量方法，采集新增要素和图斑。

（5）数据处理。采用地理国情普查内业处理系统在内业处理补调和补测数据，更新制作地理国情普查数据。

4. 思考题：本项目采用了国土二调地表覆盖数据成果，该数据是否可以直接套用，为什么？

【答】

虽然两者都有地表覆盖数据，但数据有一定区别，不可直接使用，主要原因如下。

（1）使用方向不同。二调数据主要用于土地地类登记；地理国情数据主要用于国情调查和分析。

（2）数据类型不同。二调数据反映土地归属，表明土地使用类别；地理国情数据反映地表实际覆盖。

（3）精度规定不同。二调数据生产较早，影像精度较差；地理国情数据采用的遥感影像分辨率较高。

（4）地类规定不同。对土地分类规定不同，图斑不完全重合。

5.2.10　2017 年第三题

5.2.10.1　题目

某区进行 1∶2 000 航测，生成 DEM、DOM、DLG。

1. 测区概况

面积约 80 km², 东西约 10 km, 南北约 8 km, 地势平[1], 地面最低点海拔 20 m, 最高点海拔 60 m[2], 1 500 m 以上高空易有大面积云雾, 3 000 m 以上空域管理严格[3]。

2. 航摄要求

影像地面分辨率 0.2 m[4], 航向重叠度 65%, 航向盘重叠度 35%。

3. 主要设备[5]

（1）大型数码航摄仪 UltrcCamXP（焦距 100 mm, 像元 6 μm, 像素 17 310×11 310）, 带 POS 系统。

（2）低空数码航摄仪（焦距 36 mm, 像元 6 μm, 像素 8 000×7 000）, 带 POS 系统。

（3）数字摄影测量工作站、集群式影像处理系统等内业生产设备。

（4）全站仪、GNSS 接收机等外业装备。

4. 要求

（1）选择合适的摄影仪。

（2）进行外业控制测量。

（3）进行 POS 辅助空中三角测量[6]。

（4）DLG 按先内后外业的顺序，内业尽可能在 DOM 基础上采集地物要素[7]。

问题：

1. 计算分析用哪一个航摄仪？说明理由。

2. 简述空中三角测量的步骤。

3. 简述空中三角测量完成后，适用于本项目的 DLG 生产主要流程。

5.2.10.2　解析

知识点

1. 摄影比例尺计算

$$1/M = f/H = d/D$$

式中　M——摄影比例尺分母；

　　　f——主距；

　　　H——相对航高；

　　　d/D——像元大小/GSD。

2. 利用 DOM 更新制作 DLG

利用 DOM 更新 DLG 需要考虑建筑物投影差的纠正处理。以数字正射影像图为主要数据源，参考调绘资料，对建筑物根据高度和距离像主点的远近进行投影差改正，适用于地势较为平坦、建筑物不是很密集的城郊和农村地区。

关键点解析

〔1〕测区地势平，题目中没有提到建（构）筑物，表明可以利用空三加密资料直接得到 DEM 数据，并制作 DOM 来生产 DLG。

本项目生产基础测绘产品的基本流程为 DEM—DOM—DLG，前一个数据可作为后一个数据的基础资料。

〔2〕已知地面最低点和最高点海拔，可求出航摄基准面高程。

〔3〕如相对航高大于 1 500 m，航摄易受到云雾影响，导致影像上残留大面积云影。

云的形成和地面对热量的辐射有关，所以云的高度一般是相对地面来说，题目中 1 500 m 指相对航高。

〔4〕影像地面分辨率 0.2 m，即 GSD，可以通过摄影比例尺公式计算主距、相对航高等参数。

〔5〕两种航摄仪的焦距不等，但像元大小相等。通过像元大小和（4）中的 GSD 数据可以获得设计航摄比例尺，结合对应主距继而求得相对航高。

〔6〕采用 POS 辅助空中三角测量可以直接获取每张影像的外方位元素，结合少量地面控制点，与空三定向数据一起进行联合平差。

〔7〕本项目 DLG 采集时需要在 DOM 基础上采集地物要素，而非通过立体测量方式。要制作用于 DLG 数据更新的 DOM，需要先获取测区 DEM 数据。

DEM 数据获取可以直接通过空三加密点作为地形特征点。

题目评估

本项目为通过航空测量手段制作国家基础测绘 4D 产品的基本流程，该流程无法很好解决城区建筑投影差问题,故一般运用于地势平坦地区。由于不采用立体测量作为数据采集手段,可大大提高测图效率。

本题考查的知识点较为系统,两问虽是写 4D 产品生产流程,但与教材所列标准流程有区别。尤其是第三问,表面问 DLG 制作方法,实则是问整个 4D 产品生产顺序,考生需要了解出题人的用意。

评价:★★★   难度:★★☆

思考题

若不考虑航摄质量,采用哪种航摄仪影像数较少,计算并简述原因。

5.2.10.3 参考答案

1. 计算分析用哪一个航摄仪?说明理由。

【答】

(1) 若采用大型数码航摄仪 UltrcCamXP:

相对航高=GSD×主距/像元大小=$(0.2×100×10^{-3})/6×10^{-6}$=3 333 m

(2) 若采用低空数码航摄仪

相对航高=GSD×主距/像元大小=$(0.2×36×10^{-3})/6×10^{-6}$=1 200 m

(3) 由于航高在 1 500 cm 以上有大面积云影干扰,在 3 000 m 以上空域管理严格,选用焦距为 36 mm 的低空数码航摄仪时航高 1 200 m<1 500 m,故较为合适。

2. 简述空中三角测量的步骤。

【答】

(1) 处理 POS 数据得到每张影像的外方位元素。

(2) 相邻影像同名点自动匹配,相对定向,生成立体模型。

(3) 影像外方位元素、加密点数据、地面控制点数据联合平差。

(4) 精度评定和质量检查。

(5) 成果整理和提交。

3. 简述空中三角测量完成后,适用于本项目的 DLG 生产主要流程。

【答】

(1) 由空三加密成果自动生成 DEM。

(2) 由 DEM 数据对影像进行正射纠正,生成 DOM。

(3) 利用 DOM 制作调绘底图,采取先内后外法设计作业方案。

(4) 内业把栅格数据矢量化,并判读 DOM 影像确定要素属性。

(5) 野外调绘,在调绘底图注记和清绘。

(6) 采用全野外法进行外业补测。

(7) 矢量数据编辑、要素符号化、分层、图幅接边等。

(8) 图幅裁切和整饰。

(9) 质量检查。

（10）成果提交。

4. 思考题：若不考虑航摄质量，采用哪种航摄仪影像数较少，计算并简述原因。

【答】

（1）采用大型数码航摄仪时，影像数计算：

$$基线长度＝像宽像元数×（1－航向重叠）×GSD＝17\ 310×（1－0.65）×0.2$$
$$＝1\ 211.7\ m$$

$$航线间隔＝像高像元数×（1－旁向重叠）×GSD＝11\ 310×（1－0.35）×0.2$$
$$＝1\ 470.3\ m$$

$$每航线影像数＝INT(10×10^3/1\ 211.7)＋2＝9＋2＝11\ 张$$

$$分区航线条数＝INT(8×10^3/1\ 470.3)＋1＝6＋1＝7\ 条$$

$$总像片数＝每航线影像数×分区航线条数＝11×7＝77\ 张$$

（2）采用低空数码航摄仪时，影像数计算：

$$基线长度＝像宽像元数×（1－航向重叠）×GSD＝8\ 000×（1－0.65）×0.2＝560\ m$$

$$航线间隔＝像高像元数×（1－旁向重叠）×GSD＝7\ 000×（1－0.35）×0.2＝910\ m$$

$$每航线影像数＝INT(10×10^3/560)＋2＝18＋2＝20\ 张$$

$$分区航线条数＝INT(8×10^3/910)＋1＝9＋1＝10\ 条$$

$$总像片数＝每航线影像数×分区航线条数＝20×10＝200\ 张$$

（3）通过以上计算可知，采用大型数码航摄仪时影像数较少。

5.2.11　2017 年第四题

5.2.11.1　题目

某单位进行测量以提供实施精准扶贫的测量保障。

1. 区域情况

该乡属山区，森林覆盖率 70%，生态美，欠发达，个别自然村未通公路[1]，主要经济来源是耕地、果树以及养殖猪、牛、羊。乡政府所在地山间盆地多为低矮建筑，许多被森林覆盖[2]。

2. 已有资料

（1）2017 年卫星数据（全色波段分辨率 1 m，多光谱分辨率 4 m）。

（2）2014 年航测成图的 1∶10 000 的 DLG，包括政区、境界、水系、交通、居民地、土质概况、地貌、地名等。

（3）2014 年 1∶10 000 的 DEM，间距为 5 m。

（4）全乡可获得亚米级卫星导航定位服务，已建成厘米级似大地水准面。

3. 已有仪器[3]

无人机航摄系统、测量型 GNSS 接收机、手持 GNSS 接收机、全站仪、水准仪、手持激光测距仪、移动式测量车、数字摄影测量工作站、遥感图像处理系统、地理信息系统、CASS 测图软件、CAD 软件。

4. 任务

（1）测制乡政府周边 1 km² 1∶1 000 的 DLG[4]。

（2）全乡 1 m 分辨率彩色 DOM[5]。

（3）对已有 1 : 10 000 的 DLG 数据中扶贫所需要的数据进行更新，包括境界、水系、居民地、交通、植被、地名等要素，同时对当前已种植的果园、茶园和其他经济作物（面积＞2亩）进行调查采集[6]。

（4）逐户采集全乡范围内的贫困户空间分布信息[7]，包括户主、姓名、家庭人口、收入、致贫原因、所属村名、房屋位置（定位精度 10 m[8]）。

问题：

1. 简述 1 : 1 000 的 DLG 数据生产的主要作业环节以及选用的仪器和软件。
2. 简述 1 : 10 000 的 DLG 数据更新宜采用的作业流程。
3. 简述贫困户空间分布信息采集宜使用的两种技术流程。

5.2.11.2 解析

知识点

精准扶贫数据采集表格式如下：

贫困户信息采集表

资料分析

（1）2017 年卫星数据（全色波段分辨率 1 m，多光谱分辨率 4 m），可用于制作 DOM，对全乡 1∶10 000 比例尺 DLG 数据进行更新。

（2）2014 年航测成图的 1∶10 000 的 DLG，包括政区、境界、水系、交通、居民地、土质概况、地貌、地名等，待更新的全乡 1∶10 000 比例尺 DLG。

（3）2014 年 1∶10 000 的 DEM，间距为 5 m，用于 DOM 的正射纠正。

（4）全乡可获得亚米级卫星导航定位服务，已建成厘米级似大地水准面，可结合 GNSS 接收机获取平面位置和高程数据，精度需要达到标准，在本项目中亚米级卫星导航定位服务可结合扶贫空间分布数据的采集，也可用于全乡 1∶10 000 比例尺 DLG 数据更新补测。

关键点解析

[1] 测区属山区，森林覆盖率 70%，外业补测工作量较大。

GNSS 方法在森林区测量受限，应采用全站仪解析法测量和 RTK 测量结合的方式开展。另外，本地区的卫星导航定位系统只能提供亚米级服务，达不到 1∶1 000 比例尺地形图制作要求。测区首级控制点可采用 GNSS 静态测量方式制作，并以控制点为基站，采用基准站＋流动站的模式测制图根点。

由于个别自然村未通公路，本项目配备的设备中移动式测量车无法使用。

[2] 由于乡政府所在地许多建筑被森林覆盖，不宜采用遥感卫片处理方法测图。

[3] 本项目设备使用情况分析如下：

① 遥感图像处理系统、数字摄影测量工作站，用于卫星影像处理生成彩色 DOM。

② GNSS 接收机、全站仪、水准仪、手持激光测距仪，用于野外补测。

③ 手持 GNSS 接收机，用于扶贫空间数据采集。

④ CASS 测图软件、CAD 软件，用于 DLG 矢量数据编辑。

⑤ 地理信息系统，用于扶贫数据建库和处理。

[4] 乡政府周边 1 km² 1∶1 000 的 DLG 应采用全野外测量方法进行，分析如下：

① 测区面积小，可以采用全野外采集方法测制。

② 精度要达到 1∶1 000 地形图精度要求，即地物点点位中误差不大于图上±0.5 mm，实地±0.5 m，用于更新的全色波段分辨率为 1 m 的卫星数据无法满足要求。

[5] 全乡 1 m 分辨率彩色 DOM 可采用融合全色影像与多光谱影像的卫星数据制作，用来正射纠正的 DEM 数据本项目已经提供，虽然 DEM 数据现势性不是很高，但 DEM 数据取值至地形，变化率很低，可以满足要求。

[6] 对 1∶10 000 的 DLG 数据进行更新，数据分为两类：

① 扶贫相关的地理要素，采用先内后外法更新补测。

② 果园、茶园、其他经济作物等地表覆盖物，由于和精准扶贫有关，需要调查权属到户，该部分数据需要实地调查测绘。

[7] 本项目目的是调查每个贫困户的信息，信息包括空间位置信息和其他信息，为精准扶贫提供数据支持，建立可持续维护的扶贫数据库。

项目需要逐户调查和位置采集，填写扶贫调查表，调查表上数据包括两类：

① 户主、姓名、家庭人口、收入、致贫原因等非空间相关数据需要入户调查。

② 房屋位置信息分为房屋坐落信息和空间位置。房屋坐落信息通过入户调查结合图上相应信息得到;空间位置需要把采集的坐标数据匹配到 DLG 相应位置上,并作为属性存储。空间位置图层以每户为单位,以空间定位点的数据形式存储,其他非空间数据作为要素属性赋值于点要素上。

[8] 定位精度 10 m 表明房屋空间数据可采用 CORS 提供的亚米级定位服务用手持 GNSS 接收机-RTK 技术采集。

题目评估

三个问题考了三种测绘制图方法,题目灵活而开放,题目里暗示较少,内容较多,技术方案和生产工艺需要考生自己去思考和规划,有些流程隐含在题目之外。

第三问的问法和题干设置小有瑕疵,其他方面接近完美,难度相对高,出题方向也符合注册测绘师考试执业特点,重实战和技术设计。

评价:★★★   难度:★★★

思考题

贫困户信息数据中的所属村名可以通过哪种方式简易快速地获取,简述过程。

5.2.11.3 参考答案

1. 简述 1∶1 000 的 DLG 数据生产的主要作业环节以及选用的仪器和软件。

【答】

应采用野外解析法采集数据制作乡政府周边 1 km² 范围的 1∶1 000 比例尺 DLG,选用的仪器和软件有测量型 GNSS 接收机、全站仪、水准仪、手持激光测距仪、CASS 测图软件、CAD 软件。

1∶1 000 的 DLG 数据生产的主要作业环节如下:

(1)资料准备。

(2)首级控制网测制。采用 GNSS 接收机采用静态测量方法测制,不宜采用 GNSS 方法的区域应采用导线法测制,高程数据采用 GNSS 水准测量法获得。

(3)图根点测制。利用首级控制网,采用 GNSS-RTK(基准站+流动站模式)法测制图根点,不宜采用 GNSS 方法的区域应采用图根导线法测制,高程数据采用 GNSS 水准测量法获得。

(4)碎部点采集。采用全野外 GNSS-RTK 直接坐标法和全站仪解析极坐标法测制,高程数据采用 GNSS 水准测量法或全站仪三角高程法获得。

(5)内业编辑成图。内业数据编辑和接边、符号化处理、要素分层、属性赋值、图幅裁切和整饰。

2. 简述 1∶10 000 的 DLG 数据更新宜采用的作业流程。

【答】

(1)资料准备。

(2)由 DEM 数据对卫星影像进行正射纠正,生成彩色 DOM。

（3）以 1∶10 000 比例尺地形图作为基础图件套合 DOM，对扶贫所需要的数据进行更新，包括境界、水系、居民地、交通、植被、地名等要素。

（4）制作调绘底图，采取先内后外法测图。

（5）野外调绘和补测，采用手持 GNSS 接收机 RTK 法进行外业补测，同时对当前已种植的果园、茶园和其他经济作物（面积＞2 亩）进行调查采集。

（6）矢量数据编辑、要素符号化、分层、图幅接边等。

（7）图幅裁切和整饰。

（8）质量检查。

（9）成果提交。

3. 简述贫困户空间分布信息采集宜使用的两种技术流程。

【答】

本项目贫困户空间分布信息采集使用的技术为贫困户信息外业调查和测量、地理信息系统空间内业数据处理。

（1）逐户贫困户信息调查和房屋定位测量。

① 资料准备和整理。

② 逐户调查，采集贫困户信息（户主、姓名、家庭人口、收入、致贫原因等），收集相关资料。

③ 采用手持 GNSS 接收机采集房屋定位数据。

④ 数据建档和入库，填写贫困户信息表。

（2）空间地理信息数据处理。

① 内业录入采集的房屋定位数据，生成贫困户位置图层。

② 在地理信息系统软件内把贫困户位置图层叠加 1∶10 000 比例尺 DLG。

③ 把贫困户信息通过采集的位置数据采用空间邻近分析匹配到图上相应位置的房屋要素中作为属性存储。

④ 建立贫困户空间分布信息数据库。

4. 思考题：贫困户信息数据中的所属村名可以通过哪种方式简易快速地获取，简述过程。

【答】

贫困户信息数据中的所属村名可以通过多边形叠合分析获取，过程如下：

① 野外实测贫困户位置数据。

② 内业录入采集的房屋定位数据，生成贫困户位置图层。

③ 处理 1∶10 000 比例尺 DLG，提取行政区划图层。

④ 在地理信息软件内叠加行政区划图层与贫困户位置图层。

⑤ 把行政区划图层中的村名属性分别赋值给村界以内的贫困户属性表中。

5.2.12　2018 年第三题

5.2.12.1　题目

某市位于丘陵地区，地表覆盖和地理国情要素变化较大，属于一类监测区域。某单位承担了该市 2018 年基础性地理国情监测任务,拟对已有的地理国情数据进行更新与变化分析。

1. 已有资料

(1) 全市 2017 版基础性地理国情监测数据(包括地表覆盖分类和地理国情要素两类数据,精度同 1:10 000 地形图);

(2) 全市 1 m 分辨率彩色数字正射影像图(DOM)(精度同 1:10 000 地形图,现势性为 2017 年 4 月份);

(3) 1:10 000 数字高程模型(DEM)(格网间距为 5 m,现势性为 2018 年 1 月份);

(4) 2018 年 2 月份获取的高分卫星影像(含精确 RPC 参数,全色波段影像地面分辨率为 0.8 m,多光谱影像地面分辨率为 3.2 m,覆盖范围为全市 90%,其余为漏洞区);

(5) 全市资源三号卫星(ZY-3)影像(含精确 RPC 参数,全色波段影像地面分辨率为 2.1 m,多光谱影像地面分辨率为 6 m,现势性为 2018 年 3 月份);

(6) 实测的像控点数据库;

(7) 其他部门提供的行业专题资料(现势性为 2017 年底)。

2. 技术要求

(1) 制作 2018 年彩色 DOM,地面分辨率为 1 m,漏洞区地面分辨率为 2 m[1];

(2) 对 2017 版基础性地理国情监测数据进行更新,现势性达到 2018 年 6 月 30 日[2];

(3) 利用更新后的 2018 年度地理国情监测成果,开展全市土地复垦情况监测[3];

(4) 充分利用现有资料生产,尽量减少外业工作[4]。

问题:

1. 简述制作全市 2018 年彩色 DOM 的作业步骤。

2. 简述地表覆盖分类数据更新的主要技术流程。

3. 简述获得坡度小于等于 15°区域内的土地复垦新增耕地面积的作业步聚。

5.2.12.2 解析

知识点

(1) 地理国情普查

地理国情普查分类对象主要包括地表形态、地表覆盖和重要地理国情监测要素 3 个方面。地表形态数据用 DEM 表示,反映了地表的地形及地势特征,也间接反映了地貌形态。

地表覆盖分类信息反映土地表面自然营造物和工营造物的自然属性或状况。

重要地理国情监测要素信息反映与社会生活密切相关、具有较为稳定的空间范围或边界、具有或可以明确标识有独立监测和统计分析意义的重要地物及其属性。

(2) 坡度分析

数字地形分析是指在数字高程模型上进行地形属性计算和特征提取的数字信息处理技术,地形曲面参数具有明确的数学表达式和物理定义,并可在 DEM 上直接量算。

坡度属于地形曲面参数,通常在 DEM 数据上生成坡度图,采用统计分析提取相关统计数据。

(3) 土地复垦

土地复垦是指对被破坏或退化的土地的再生利用及其生态系统恢复的综合性技术过程。狭义的土地复垦是指对工矿业用地的再生利用和系统恢复。

资料分析

（1）全市 2017 版基础性地理国情监测数据包括地表覆盖分类和地理国情要素两类数据，作为更新的原始图件数据。

（2）全市 1 m 分辨率彩色数字正射影像图（DOM），可检查现势性，作为漏洞区 DOM 制作的补充资料。

（3）1∶10 000 数字高程模型（DEM），用来数字微分纠正，以及进行地形分析。

（4）2018 年 2 月份获取的高分卫星影像精度较高，用作全市 90% 覆盖地区更新 DOM 的基本数据，全色波段影像和多光谱影像要在几何纠正后融合，全色波段能满足本项目要求。

（5）全市资源三号卫星（ZY-3）影像全色分辨率为 2.1 m，基本可以满足本项目漏洞区的制作要求。

（6）实测的像控点数据库可以为野外补测提供定位基准。

（7）行业专题资料作为国情普查专题数据的来源，在本项目中主要为土地复垦项目信息。

关键点解析

［1］采用高分卫星影像为主，覆盖不到的地区采用原 DOM 资料和资源三号卫星影像制作 DOM，使之现势性达到 2018 年。

［2］利用更新生产的 DOM 数据在全市 2017 版基础性地理国情监测数据的基础上更新基础性地理国情监测数据（矢量格式），为了使现势性达到 2018 年 6 月 30 日，还需要进行外业调绘和补测。

［3］利用更新后的 2018 年度地理国情监测成果中的 DEM 数据，采用地形分析方法开展全市土地复垦情况监测。

［4］尽量减少野外补测工作。

思考题

本项目提交的地理国情监测成果是否可以更新该市 1∶10 000 DLG 数据，简述主要技术环节。

5.2.12.3　参考答案

1. 简述制作全市 2018 年彩色 DOM 的作业步骤。

【答】

（1）资料准备

全市 2017 年 DOM、DEM、高分卫星影像、资源三号卫星影像。

（2）定向

利用 RPC 参数分别对卫星影像定向。

（3）数字微分纠正

利用 DEM 数据分别对高分卫星影像、资源三号卫星影像的全色影像和多光谱影像分别进行影像纠正。

（4）影像融合

对高分卫星影像、资源三号卫星影像的多光谱数据和全色波段数据分别进行融合。

（5）影像镶嵌

通过多幅影像的同名点匹配进行镶嵌接边。

高分卫星影像能覆盖的地区（90%）采用高分卫星影像，不能覆盖的地区检查测区有无变化，没有变化的漏洞地区采用 2017 年 DOM，变化的漏洞地区采用资源三号卫星影像，最后进行拼接。

（6）色彩调整

镶嵌后进行匀色和匀光操作，调整不同影像拼接后的色差，并做一些增强处理。

（7）裁切和整饰

根据相应规格裁切图幅，并进行图幅整饰。

（8）质量检查

2. 简述地表覆盖分类数据更新的主要技术流程。

【答】

（1）图形套合

把现势性为 2018 年的 DOM 和全市 2017 版基础性地理国情监测地表覆盖分类数据套合形成制作底图。

（2）图斑提取

在底图上通过计算机自动和人机交互结合的形式提取地表覆盖分类图斑。

（3）分类解译

对地表覆盖分类图斑进行自动分类和解译，并加以人工修正。

（4）属性赋值

按照相关规范对地表覆盖要素进行编码赋值。

（5）外业核查和调绘

制作工作调查底图外业核查内业无法确定类型或边界的地表覆盖分类图斑。

在全区域展开野外调绘，若发现新增地表覆盖分类图斑，在调绘底图上做标志。

（6）外业补测

采用全野外解析法采集新增图斑，使现势性更新到 2018 年 6 月 30 日。

（7）数据处理

内业处理数据，更新制作地理国情监测地表覆盖分类数据。

3. 简述获得坡度小于等于 15°区域内的土地复垦新增耕地面积的作业步骤。

【答】

（1）将地理国情监测成果录入地理信息系统处理软件。

（2）利用 DEM 进行地形分析，提取坡度小于等于 15°的区域制作坡度图层。

（3）利用土地复垦信息制作土地复垦范围图层。

（4）利用 2018 年地理国情地表覆盖数据叠合 2018 年地理国情地表覆盖数据，提取

2018 年新增耕地数据，制作新增耕地图层。

（5）对坡度图层、土地复垦范围图层、新增耕地图层进行叠合分析，统计土地复垦新增耕地面积。

4. 思考题：本项目提交的地理国情监测成果是否可以更新该市 1∶10 000 DLG 数据，简述主要技术环节。

【答】

地理国情监测成果可以用来更新该市 1∶10 000 DLG 数据。

（1）套合地理国情矢量数据和 DLG，比较查找更新区域。

（2）若要素采集要求相同，地理国情数据经过相应调整后直接更新 DLG。

（3）对两者要素采集要求不相同的，或地理国情数据没有反映 DLG 要素数据的，进行野外调绘。

（4）全野外数据采集补测，内业编辑更新 DLG。

5.2.13　2018 年第二题

5.2.13.1　题目

某测绘单位承担所在城市新建开发区的大比例尺测绘任务，具体内容为利用航空摄影测量方法生产 1∶2 000 比例尺数字高程模型（DEM）、数字正射影像图（DOM）和数字线划图（DLG）等产品。

1. 测区概况

测区地处丘陵地区[1]，东西方向长 9 km，南北方向宽 7 km，区域内分布有河流、湖泊、公路、铁路、居民地、工矿设施、水田、旱田和草地等。该区域没有高层建筑，低空空域比较容易申请，2 000 m 以上空中常有云雾[2]。

2. 已有条件

（1）适于低空航空摄影的无人机。

（2）带有定位定姿系统（POS）[3]的低空数码摄影仪（焦距 35 mm，像元大小 6 μm，像素数 7 300×5 500[4]）。

（3）摄影测量工作站等用于内业数据处理的软硬件设备。

（4）测区内均匀分布的少量高精度平高控制点[5]。

3. 技术要求

（1）采用无人机低空航摄，东西方向飞行。摄影仪长边垂直于飞行方向安置[6]。

（2）影像地面分辨率（GSD）为 0.2 m[7]，航向重叠度为 65%，旁向重叠度为 35%。

（3）航向超出测区边界 1 条基线[8]。

（4）利用已有控制点，不再另外进行外业控制测量。

问题：

1. 简述本测区利用无人机低空航摄的优势。

2. 简述航摄东西方向飞行摄影仪长边垂直于飞行方向安置的理由。

3. 计算航摄的基线长度、航线间隔、航线条数、每条航线影像数。

225

4. 简述充分利用已有条件进行空中三角测量作业的关键步骤。

5.2.13.2 解析

知识点

(1) 低空遥感

低空遥感受天气因素和起飞场地条件影响小,效率高,获取的影像分辨率高,具有对地快速、实时调查和监测能力。

无人飞行器航摄系统是指采用 2 000 万像素以上框幅式小像幅数码相机和无人驾驶的固定翼飞机、直升机、飞艇等飞行平台进行航空摄影的系统。

(2) 基高比

基高比为摄影基线和相对航高比值。

基高比越大,航向重叠度越小,立体观测精度越高,航摄效率也会提高。反之,基高比越小,航向重叠度越大,立体观测精度越低。

影像分辨率给定的前提下,减小基高比可以提高影像相关程度,在建筑物密集、高度起伏变化剧烈的城市地区减小遮挡,提高影像匹配度。

关键点解析

[1] 测区地处丘陵地区,地形起伏较大,由于本项目采用了低空遥感,相对航高较小,在保证立体测量精度的同时应考虑适当减小基高比来提高影像的匹配度。

[2] 该区域没有高层建筑,低空空域比较容易申请,2 000 m 以上空中常有云雾,故适合采用低空遥感手段进行航测,把相对航高控制在 2 000 m 以下。

[3] 本项目采用定位定姿系统的低空数码摄影仪,在空三加密时可以减少野外控制点的布设。

[4] 由像元大小和 GSD 可以获得航摄比例尺数据,由像素数可知像幅大小。

[5] 测区少量的高精度平高控制点可以作为 POS 测量的辅助点提高外方位元素的测量精度。

[6] 摄影仪长边垂直于飞行方向安置,短边平行于航线方向,可以减小像幅宽度使基线长度变短。

[7] 影像地面分辨率(GSD)为 0.2 m 可以满足本项目 1:2 000 成图比例尺的需求,并且该数据可以用来计算航摄比例尺。

[8] 此处指明航向影像数取整后另加基线数的要求,即向上取整后加一条基线。

思考题

5.2.13.3 参考答案

1. 简述本测区利用无人机低空航摄的优势。

【答】

本测区利用无人机低空航摄的优势主要有以下几点。

(1) 本测区采用低空遥感空域比较容易申请。

（2）采用低空遥感可以避开 2 000 m 以上空中的云雾影响。

（3）低空遥感机动灵活,效率高。

2. 简述航摄东西方向飞行摄影仪长边垂直于飞行方向安置的理由。

【答】

摄影仪长边垂直于飞行方向安置,可以在保证立体测量精度的前提下减小基高比,达到立体建模时减小在丘陵地区因地面起伏引起的航摄遮挡,提高影像匹配效率的目的。

3. 计算航摄的基线长度、航线间隔、航线条数、每条航线影像数。

【答】

（1）基线长度计算

实地基线长度＝影像宽度×(1－航向重叠)×摄影比例尺分母

＝$5\ 500 \times 6 \times 10^{-6} \times (1-0.65) \times 0.2/(6 \times 10^{-6}) = 5\ 500 \times (1-0.65) \times 0.2 = 385$ m

（2）航线间隔计算

实地航线间隔＝影像高度×(1－旁向重叠)×摄影比例尺分母

＝$7\ 300 \times 6 \times 10^{-6} \times (1-0.35) \times 0.2/(6 \times 10^{-6}) = 7\ 300 \times (1-0.35) \times 0.2 = 949$ m

（3）航线条数计算

航线条数＝CEIL(摄区宽度/航线间隔)＋1＝CEIL(7 000/949)＋1＝8＋1＝9

（4）每条航线影像数计算

每条航线影像数＝CEIL(航线长度/基线长度)＋1＝CEIL(9 000/385)＋1＝24＋1＝25

4. 简述充分利用已有条件进行空中三角测量作业的关键步骤。

【答】

（1）处理 POS 数据得到每张影像的外方位元素;

（2）相邻影像同名点自动匹配,相对定向,生成立体模型;

（3）影像外方位元素、加密点数据、地面控制点数据联合平差;

（4）精度评定和质量检查;

（5）成果提交。

5. 思考题:本项目的航向重叠度最小要求为 56%,测区最高点相对于航摄基准面的高程为 300 m,通过计算说明该方案能不能达到要求。

【答】

（1）相对航高计算:

相对航高＝焦距·GSD/像元尺寸＝$0.035 \times 0.2/(6 \times 10^{-6}) \approx 1\ 167$ m。

（2）最高点航向重叠度计算:

最高点航向重叠度＝航向重叠度＋(1－航向重叠度)×(基准面－最高点)/相对航高＝$0.65-(1-0.65) \times (300)/1\ 167 = 0.56$。

（3）在摄区最高点上航向重叠度满足该航摄方案要求。

第6章 地图制图

6.1 知识点解析

地图制图案例分析考试中的主要知识点有地图资料收集和分析、地图设计、地图分类、地图编绘、地图制作、地图印制等。地图制图知识体系如图6.1所示。

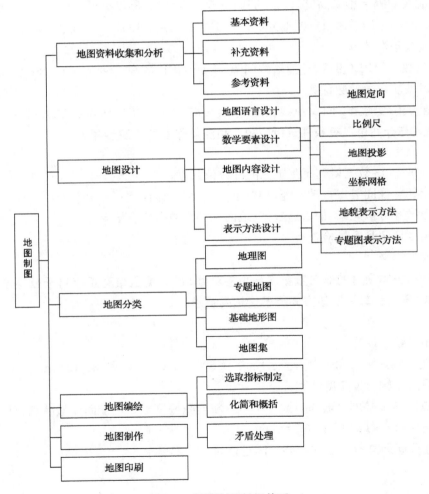

图 6.1 地图制图知识体系

6.1.1 地图设计

地图设计的流程主要是确定地图用途和要求,分析已成图资料,对制图资料研究分析,分析制图区域,设计数学基础(确定地图的投影、比例尺和定向等),分幅和图面设计,内容选取和表示方法设计,各要素制图综合指标设计,制作工艺设计,样图试验,编写技术设计。

1. 制图资料收集和区域分析

(1) 资料收集

收集用于编绘地图的最新资料,要注意检查资料数据的完备性、可靠性、现势性。

(2) 资料分析

对收集的资料进行全面分析和评价,评价的内容有测制单位、数学基础、成图年代、地图内容精度、可靠性、完备性、现势性、与标准图示的符合度及转换原则等,来确定资料编绘类别,主要分为基本资料、补充资料和参考资料。

① 基本资料用于制作主要地理要素和属性要素,基本资料的选用应截至编绘作业前,现势资料截至地图数据输出前。一般来说,基本资料是地图编绘时不可缺少的资料部分或主要的数据来源。

② 补充资料用于对基本资料进行补充,是编绘中的次要部分资料。

③ 参考资料用于评价地图编绘的数据质量以及专题图表达时进行分级和分类的参考资料,参考资料一般不直接作为地理要素的编绘数据。

(3) 全面研究制图区域

根据地图用途和比例尺允许的负载量设计编绘指标。

2. 地图符号设计

地图符号是指在图上表示制图对象空间分布、数量、质量等特征的标志和信息载体,包括线划符号、色彩图形和注记等。设计地图符号大小、色彩与地图用途、地图比例尺和读图条件有关,符号应和被表示地理现象有一定联系。

(1) 地图符号分类

地图符号按地理要素的抽象特征分为点状符号、线状符号、面状符号、体状符号;按符号比例尺表示关系分为不依比例尺符号、半依比例尺符号、依比例尺符号。

地图符号按符号的形状又可分为几何符号和象形符号;按地理尺度分为定性符号、定量符号、等级符号。

(2) 地形图图式

地形图图式是指在地形图中用于表示地球表面地物、地貌的规定符号集合,比例尺不同,各种符号的图形和尺寸也不尽相同。

(3) 地图注记

地图注记分为名称注记、说明注记、数字注记和图外整饰注记等。地图注记由字体、字号或字级、字色、字隔及排列方向、位置5个因素构成。

注记布置方式有水平字列、垂直字列、雁行字列、屈曲字列。

3. 地图内容设计

（1）普通地图

普通地图是以相对平衡的地图详细程度表示地表最基本的自然现象和人文现象的地图。普通地图根据习惯一般分为地理图和地形图两类。地理图一般指的是小比例尺地图（小于 1:1 000 000 比例尺），反映一个较大的区域中地理现象的基本轮廓及其分布规律；地形图一般指的是我国的国家基本比例尺地图。

普通地图是均衡表达全地理要素内容的地图，可分为地形图和普通地理图。

普通地图表示的内容有水系、地貌、土质和植被、居民地、交通网、境界、控制点、独立地物等要素。

地图内容设计的根本原则是客观反映制图区域地理特点。设计时要满足地图用途要求，清晰易读，并保证制图精度，反映制图区域地理特征。制图用途影响比例尺的选择，比例尺的选择也同时制约地图用途和内容。按照地图比例尺和制图区域形状以及纸张开幅规格设计为横版地图或纵版地图，中国全图采用横版设计时南海地区可以采取附图形式表达。

（2）专题地图

专题地图着重反映自然现象或社会现象中的某一类或几类要素的地图，其中作为主题的要素表示得相对详细，其他的要素围绕表达主题的需要作为地理基础概略表示。专题图的内容分为数学要素，主题要素（专题要素、地理基础要素），辅助要素。

① 设计原则

专题地图要满足地图用途的需要，使用专门的符号和特殊的表示方法。图面层次感强，要反映地理现象的静态状况和动态发展，表示地理现象的定性、定量特征。

② 地理基础要素设计

基础地理要素在专题地图上也需要表示出来，作为专题图的骨架和绘制专题要素的控制基础。专题地图基础地理要素的制图综合程度比普通地图大，其他设计原则同普通地图，尤其要注意与专题地图内容应有视觉层次对比。

4. 数学基础

地图的数学基础包括地图投影、地图比例尺和分幅、地图定向等内容。

（1）地图投影

投影变形分为长度变形、面积变形、角度变形。长度比指一段投影面上无限小的微分线段与原面上相应的微分线段之比，大小与微分线段的位置和方向有关。

① 按投影变形性质分类

地图投影按投影变形性质可划分为等角投影、等积投影、任意投影。

② 按投影构成方式分类

地图投影按投影构成方式分为几何投影、条件投影。

高斯-克吕格投影又称为等角横切椭圆柱投影，高斯-克吕格投影采取了分带方式来减小高纬度地区的投影变形，其标准变形线为每分带的中央子午线，即在中央子午线上长度比等于1。

高斯-克吕格投影的特点是除了中央子午线上以外，其他位置长度变形均为正向，其余经线为向极点收敛的弧线；赤道线投影后是直线，但有长度变形；除赤道外的其余纬线，投影后为凸向赤道的曲线,并以赤道为对称轴。

在同一纬线上,离中央经线越远则变形越大,最大值位于投影带边缘。在同一经线上,纬度越低变形越大,变形最大处位于赤道上,即每个分带变形最大地区位于赤道上距离中央子午线最远的边缘。高斯-克吕格投影无角度变形,变形面积比为长度比的平方。

③ 投影设计

极地附近宜选正轴方位投影,中纬度地区宜选圆锥投影。

我国 1∶1 000 000 基本比例尺地形图采用分带的边纬与中纬变形绝对值相等的双标准纬线正轴等角圆锥投影,即兰勃特投影。

接近圆形轮廓的区域宜选择方位投影,政区图等需要面积比例与实地相似的应选择等积投影,如中华人民共和国全图一般采用斜轴等积方位投影。

在赤道附近用正轴圆柱投影,在中纬度地区用圆锥投影,南北延伸地区多选用横圆柱投影。交通图一般采用等距离投影来控制道路里程变形。

中小学教学用图常选用任意投影。

海洋地图一般用墨卡托投影,各国的地形图一般用等角横切(割)圆柱投影,我国地形图用的是等角横切椭圆柱投影(高斯-克吕格投影)。

我国分省地图采用正轴等角割圆锥投影,南海地区单独成图时,可采用正轴圆柱投影。

(2) 地图比例尺和分幅

① 地图比例尺

比例尺是表示图上一条线段的长度与地面相应线段的实际长度之比。地图上标明的比例尺指投影标准线与实地地物的比值,即地图主比例尺。

$$比例尺 = 图上距离 \div 实际距离$$

比例尺的选择取决于制图区域大小、图纸规格、需要的精度等因素,选择地图比例尺一般采用套框法。地图比例尺应在尽量有效使用图纸的情况下尽量选大,并应取整。长宽计算得到的比例尺不一致时应以较小的为准。

② 地图分幅

地图分幅有按矩形分幅和经纬线(梯形)分幅两种方法,地图坐标网分为经纬网和平面直角坐标网(方里网)。

我国的 1∶1 000 000 基本比例尺地图编号采用行列法编号,其他比例尺地图在 1∶1 000 000 地图编号基础上加行列号表示。

我国共规定了 11 种国家基本比例尺地形图,比例尺分别为 1∶1 000 000、1∶500 000、1∶250 000、1∶100 000、1∶50 000、1∶25 000、1∶10 000、1∶5 000、1∶2 000、1∶1 000、1∶500。

除了 1∶250 000 基本比例尺地形图分为 1∶100 000 基本比例尺地形图和 1∶5 000 基本比例尺地形图分为 1∶2 000 基本比例尺地形图时按 9(3×3)幅划分外,其余相邻基本比例尺地形图之间都按照 4(2×2)幅划分,如 1∶1 000 000 基本比例尺地形图分为 4 幅 1∶500 000 基本比例尺地形图,1∶500 000 基本比例尺地形图分为 4 幅 1∶250 000 基本比例尺地形图。

1 幅 1∶2 000 比例尺地形图实地范围(50 cm×50 cm)与 1 km² 图幅相等,可以分为 16 幅 1∶500 比例尺地形图,每幅图的实地面积为 6.25 万 km²。

(3) 地图定向

非基本比例尺地形图的定向方法分为北方位定向和斜方位定向,我国一般采用北方定向,即以图纸正中间经线的北方向指向北方。如制图区域适宜采用斜方位定向时,应明确加以标注显示与北方向的关系。

图幅的中央经线应是靠近图幅中间位置的整度经线,当地图用北方定向时,将中央经线朝向正上方;用斜方位定向时,根据需要将中央经线旋转一个角度。

地图中央经线的选择是为了尽量让制图用纸覆盖整个制图区,使制图比例尺足够大,使图面均衡。

(4) 坐标网设计

坐标网一般按地图主比例尺的大小来设计。

① 大比例尺地形图多以直角坐标网为主,地理坐标网为辅。

② 中、小比例尺地形图只选用地理坐标网。

(5) 地图的拼接设计

多幅挂图拼接时,为避免裁切不准导致的露白或切掉内容,通常在两幅相邻的分幅图之间设置一个 1 cm 左右的重叠带。图幅拼接时按上压下、左压右顺序进行。

5. 地图表达方式设计

(1) 地貌要素表示方式

① 分层设色法

分层设色法是以颜色变化次序或色调深浅在等高线之间普染来表示地貌的方法,一般高程由低到高采用绿、黄、棕、紫等颜色表示。

② 写景法

写景法指运用透视原理,以绘画写景方式概略表示地貌起伏和分布的方法。

③ 晕渲法

晕渲法是假定光源照射地表产生阴影,利用墨色的浓淡或彩色的深浅显示坡面明暗变化,以表达地貌的起伏、分布、类型特征的方法。现在一般利用等高线或 DEM 自动制作。

④ 晕滃法

晕滃法是在地形坡面图绘制一系列不连续的短线,以线粗细、疏密和长短表示地形坡度的陡缓,建立一定的立体感,目前基本被晕渲法代替,已很少用。

(2) 专题地图表示方法

① 定位符号法

定位符号法是采用不同形状、大小、颜色的符号表示点状分布的物体位置,反映特定时刻独立的点要素。符号分为几何、文字、艺术符号三类。符号应按同一时间和同一性质的制图统计资料进行分级。

② 线状符号法

线状符号法表示呈线状分布的对象。专题地图上的线状符号常有一定宽度,符号粗细一般不表示数量指标,只代表质量等级的差异,如主要和次要的区分。

③ 质底法

质底法表示连续分布、满布整个区域的面状现象,如地质现象、土地利用状况、土壤类型、政区图等,这种方法用来表达全制图区域的质的差别,一般不表示数量特征。

④ 范围法

范围法又叫面积法,表示间断分布的面状对象,如森林、沼泽、某种农作物分布等。按范围界限分为精确范围和概略范围两种。

范围法和质底法都是表示面状现象,区别在于范围法是局部的表示方法,质底法覆盖了整个制图区域。

⑤ 定位图表法

定位图表法用图表反映定位于制图区域某些点的周期性现象的数量特征和变化。

⑥ 分级统计图法

分级统计图法根据分出的各单元统计数据进行分级,用不同色阶或晕线级反映整个制图区域各分区现象集中程度或发展水平的方法,也称分级比值法。

质底法主要表达整个制图区域各分区的质量特征,而分级统计图法反映的是整个制图区域各分区的数量特征。

⑦ 分区统计图表法

分区统计图表法用统计数据图表描述各个分区单元现象的总量、构成、变化。分区统计图表法是用统计图表法表示绝对统计数据来表达数量特征。

⑧ 运动线法

运动线法是用矢量符号和不同宽度、颜色的条带表示现象移动的方向、路径和数量、质量特征。

⑨ 等值线法

等值线法用等值线的形式表示布满全区域的面状现象,适用于像地形起伏、气温等布满整个制图区域的均匀渐变的自然现象,典型的等值线如等高线图。

⑩ 点值法

点值法是对制图区域中呈分散的、复杂分布的现象,像人口、动物分布,可以用一定大小和形状的点群来反映。点的多少反映数量指标,点的集中度反映密度。

6. 地图集设计

(1)开本设计

地图集开本设计主要取决于地图集的用途和在某特定条件下的方便使用以及个性化表现形式。

(2)内容设计

地图集内容设计取决于地图集性质和用途。

(3)比例尺设计

地图集比例尺根据开本和制图区域大小来确定。图集中比例尺应该有统一的系统,各图之间需要存在简单倍率关系,比例尺种类要适量,不宜过多。

(4)投影设计

保持制图区域内变形最小或者投影变形误差分布符合设计要求,以最大可能保证地图精度,保证一个图组内图幅间内容的延续性和可比性。

6.1.2　地图编绘

1. 制图综合

制图综合就是根据地图的用途、比例尺和制图区域的地理特征,选择主要的、本质的要素,把基本的、典型的图形轮廓以及特点概括地表示在地图上的方法。

(1)制图综合方法

① 选取的方法

选取又称为取舍,指选择保留对制图目的有用的信息,删除不需要的信息。选取的方法包括资格法、定额法。

② 化简的方法

化简又称为图形概括,包括外部轮廓化简和内部结构化简两类。化简方法主要是通过删除、合并、夸大微小弯曲等手段使图形清晰,显示出主要图形的特征。

③ 概括的方法

概括的方法包括数量特征概括和质量特征概括。

④ 移位

图形要素的移位是为了解决符号表示的制图物体之间相互压盖问题,保证地图内容各要素总体结构的适应性与协调性。

(2)制图要素矛盾处理

① 移位要考虑要素重要性

同要素矛盾时,位移低级别要素;不同要素矛盾时,位移次要要素;独立地物与其他要素矛盾时,位移其他要素。

② 衡量要素稳定性

自然物体和人工物体矛盾,移动人工物体,保持主从关系。

③ 考虑要素间的相互关系

例如居民地、水系、道路之间的相切、相割、相离的关系。

④ 对于有控制意义的物体要保持位置精度

河流、经纬线应尽量保持其位置的准确性,境界线、重要居民点、道路应尽量保持其位置的相对准确性。

国界线无论在什么情况下,均不允许位移,周围地物相对关系要与国界相对应;省县级界线一般也不应位移,有时在不产生归属问题时,可适当移位。

2. 普通地图编绘

普通地图编绘要客观表示制图区域内的内容,保持地理物体和现象的分布特点,并反映地理物体和现象的密度对比,既尊重选取指标又要灵活掌握。

(1)独立地物编绘要求

① 独立地物与线状地物应保持相交、相切、相离的关系。

② 独立地物与次要地物一起时,要保持独立地物的中心位置而移动其他次要地物的位置。点状地物相距很近,同时绘出有困难时,要表示高大突出的,另一个移位 0.2 mm 表示。

③ 独立地物同色要素地物在一起时,设色比例相同则间断其他要素,设色比例不同则压盖其他要素。

④ 独立地物与不同颜色要素一起时,压盖其他颜色符号,绘出独立地物符号。

⑤ 独立地物按重要性和密度选取,只有数量取舍,没有图形概括问题。

（2）水系编绘要求

① 保持水系要素位置准确,正确反映水系的类型和形状特征,正确反映水系要素的分布特点及其密度对比,正确反映水系各要素之间的内在联系及与其他要素的关系。

② 湖泊和池塘不得合并,可以进行选取和岸线概括。要保持湖泊与陆地的面积对比,保持湖泊固有形态和周围环境的联系。淡水湖用蓝色,咸水湖用紫色表示。

③ 河流的图形概括主要是删除小弯曲、夸大弯曲类型特征、保持河段曲折对比。

④ 图上大于 0.4 mm 的河流以双线河表示,小于 0.4 mm 的以单线河表示,其间用 0.1～0.4 mm 线粗作为过渡。

⑤ 河流遇桥梁、水坝、水闸等应中断。水涯线和陡坎重合时,可用陡坎边线代替水涯线,水涯线与斜坡脚重合时,应在坡脚将水涯线绘出。

（3）居民地编绘要求

① 居民地的编绘主要是选取和概括。按行政等级、重要性、密度对比和分布特征及与其他要素相互关系进行选取。

② 街道网是显示居民地内部结构的主要内容。城镇居民地概括和简化要正确反映居民地内部通行状况、街区图面特征、街道密度和街区大小对比、建筑物与非建筑物之间的面积对比以及外轮廓特征。

③ 农村居民地类型主要有街区式、散列式、分散式、特殊式。街区式居民地、密集街区要以合并街区为主,以次要街区为辅;稀疏街区要对独立建筑进行取舍;散列式居民地独立房屋只能选取不能合并。

④ 圈形符号要考虑符号的设计、符号定位以及与线状要素的关系、相接、相切、相离关系。

⑤ 居民地选取指标的确定主要有解析法、图解法、图解和解析结合法等方法。

⑥ 大的居民地可用很概括的轮廓表示,小的居民地可用圈形符号表示。圈形符号一般可以用来表示行政区人口或行政区等级。

⑦ 陡坎和斜坡上的建筑物,按实际位置绘出,陡坎无法准确绘出时可以移位,悬空建筑与水涯线重合时间断水涯线。

（4）道路

① 按道路的等级自高级到低级进行选取,道路的选取表示要与居民地的选取表示相适应,保持道路网平面图形的特征和不同地区道路网的密度对比关系。

② 特殊意义的道路优先选取,如通往国境的道路、通往机场等重要目标的道路。

③ 桥梁跟随道路选取,大比例尺双线河上桥梁都要选取,隧道都必须表示,但可以按长度选取,隧道不能合并。

④ 道路弯曲概括包括删除小弯曲、夸大特殊弯曲、共线或局部缩小山区之字路。

（5）土质和植被要素

地类界与地面线状地物重合时不表示,与地面无实体线状地物重合时,应将地类界移位

235

0.2 mm 加以表示,和等高线重合时压盖等高线。同一地类界范围内有两种以上植被时,符号可按实际情况配置。

（6）等高线和高程注记

等高线概括方法有删除、移位、夸大和合并。高程注记分为高程点注记、等高线注记、地貌符号比高注记。

等高线注记字头朝向高地,故一般不选取北坡。

高程注记需要取整时采用只舍不进方式。按照注记的密度、重要性来选取。

① 等高线形状应随删去的碎部而改变。

② 同一斜坡的等高线图形应协调一致。

③ 等高线的综合需要强调显示地貌基本形态的特征,反映地貌类型方面的特征。

④ 选取以正向形态为主的地貌应扩大正向形态,以负向形态为主的地貌应扩大负向形态。

（7）境界

① 不与线状地物重合的,应连续绘出,中心线位置保持不变。

② 与线状地物重合的,与这些地物图形一致,并在其两侧跳绘。

③ 不同等级境界重合时,表示高级境界。

④ 沿山脊谷地通过时,注意与地貌保持协调。

⑤ 境界的描绘力求准确,转折时应用点或线描绘。

⑥ 境界线的转角处不得有间断,应在转角上绘出点或线。境界线与线状地物一侧为界时,应离线状地物绘出,如以线状地物中心为界,不能在线状符号中心绘出时,可交错绘出。

（8）测量控制点

测量控制点的综合没有图形概括问题,只有取舍。

（9）管线

城市建筑区内电力线,通信线可不连接,但应绘出连线方向。

3. 基本比例尺地形图编绘

（1）数学基础

坐标格网分为经纬网和方里网。由经纬线构成的图廓线,其东西两边的图廓线为直线表示,南北两边的图廓线以折线表示(表 6.1)。

表 6.1   国家基本比例尺地形图投影分带

地图比例尺	投影方式	分带
1∶1 000 000	兰勃特投影	—
1∶25 000～1∶500 000	高斯-克吕格投影	6°
大于或等于1∶1 000	高斯-克吕格投影	3°

（2）表示内容

国家基本比例尺地形图有测量控制点、水系、居民地及设施、交通、管线、行政境界、地貌、植被与土质、注记等。

（3）地形数据接边

相邻图幅间接边的要素图上的位置误差相差 0.6 mm 以内的,应将图幅两边要素平均移位进行接边;相差超过 0.6 mm 的要素应检查和分析原因,处理结果需记录在元数据及图历簿中。相差小于 0.3 mm 的可以单边移动。

（4）小比例尺地形图编绘流程

① 对于 1 ∶ 25 000～1 ∶ 100 000 比例尺地形图编绘，一种方法是先采集地形数据，再进行符号化；其二是采集地形数据与符号化编辑同时进行。

② 对于 1 ∶ 25 000 比例尺地形图编绘，使用大比例尺地形图数据进行缩编。

③ 对于 1 ∶ 500 000、1 ∶ 1 000 000 比例尺地形图编绘，使用 1 ∶ 25 000 比例尺地形图数据进行缩编。

4. 专题地图编绘

（1）制图资料处理

制图资料处理的内容包括坐标和比例尺变换、量度单位统一、专题要素分类分级处理、制图对象的符号化等。

（2）制图数据的分类和分级处理

编制采用质底法、范围法或定点符号法、线状符号法的专题地图时，必须根据分类指标体系划分类型或分区。

分级数一般定在 4 到 7 级，分级数的确定不仅要考虑地图用途、地图比例尺，还应注意保持数据的客观分布特征和专业习惯。用定点符号法、动线符号法、统计图表法、等值线法等表示的专题内容，都要对庞大数据集进行分级。

6.1.3 地图制作和制印

地图制作流程为地图设计、数据输入、地图编绘、印前处理。地图数据制作流程包括数据获取、数据处理、数据输出、地图数据库建库等。

（1）数据处理流程

数据预处理、地图符号化、生僻汉字处理、地图综合、地貌表示、数据编辑处理、数据印前处理。

（2）普通地图制作工艺（以 CorelDRAW 软件为例）

① 资料导入

格式转换，导入扫描底图（BMP）、格网层底图（CDR）、GNSS 或 GIS 数据（DXF）等。

② 套合

生成带有投影格网的图形图像（CDR）。

③ 数据分层和编辑

生成格网层、水系层、独立地物层、地貌层、境界层、图例层、居民地层、道路层、注记层、图框层等，并进行编辑。

④ 组版整饰

生成全要素地图（CDR）。

⑤ 输出

转换成 EPS、PS 文件，光栅处理，打样印刷。

（3）专题地图制作工艺

① 资料导入

地理底图层、专题层(专业作者原图)、统计图表层、文字层、图片层。

② 套合

由地理底图层、专题层(专业作者原图)、统计图表层生成专题地图单元层;再套合图片层和文字层。

③ 组版整饰

生成全要素地图。

④ 输出

转换成 EPS、PS 文件,光栅处理,打样印刷。

6.2 真题解析

6.2.1 2011 年第四题

6.2.1.1 题目

某测绘单位为某省编制一幅综合经济挂图。该省东西方向宽约 400 km,南北方向长约 550 km。

挂图采用数字制图技术进行编绘,地理底图要素需从收集的资料中选择一种基本资料或数据进行编绘,按照中小比例尺专题地图编绘要求表示要素和进行制图综合,包括要素取舍、分类合并及图形概况等[1],制作形成符合四色印刷的印前数据,印前应进行严格的质量检查,确保挂图内容正确,要素的详细程度适中,各要素制图综合及图层关系处理合理,叠置顺序无误,地图设色、符号及注记配置和地图整饰美观。

1. 具体要求

(1) 挂图比例尺为 1∶600 000,选用等角圆锥地图投影[2],请根据实际情况选择全开(1 092 mm×787 mm)或对开(787 mm×546 mm)幅面[3]。

(2) 挂图的地理底图应表示主要基础地理要素,包括县级(含)以上境界、铁路、乡级(含)以上公路,乡镇(含)以上居民地,主要河流、湖泊、大型水库等[4]。

(3) 专题要素表示全省各县(市)的人均生产总值,各县(市)第一、二、三产业的比例构成[5]等。

(4) 境界、公路及居民地名称的现势性应达到 2009 年底[6]。

(5) 须公开出版发行[7],同时提交印前数量。

2. 收集的资料

(1) 2007 年更新生产的公开版 1∶250 000 地图数据,内容与 1∶250 000 地形图基本一致[8]。

(2) 全省行政区划简册,资料截至 2009 年底。

(3) 2010 年发布的经济统计数据,含各县(市)人口数、生产总值以及各县(市)第一、二、三产业的总值资料截至 2009 年底。

(4) 全省旅游交通图,比例尺 1∶900 000,2010 年初出版[10]。

问题：

1. 说明该挂图应选择的幅面尺寸及理由。
2. 说明编图中如何使用所收集的各种资料。
3. 简述如何编绘居民地和水系等地理底图要素。
4. 简述如何用饼图和柱状图方法表示专题要素以及如何配置符号。

6.2.1.2 解析

知识点

1. 制图资料分析

对收集的资料进行全面分析和评价，评价的内容有测制单位、数学基础、成图年代、地图内容精度、可靠性、完备性、现势性、与标准图示的符合度及转换原则等，来确定资料编绘类别，主要分为基本资料、补充资料和参考资料。

（1）基本资料用于制作主要地理要素和属性要素，基本资料的选用应截至编绘作业前，现势资料截至地图数据输出前。一般来说，基本资料是地图编绘时不可缺少的资料部分或主要的数据来源。

（2）补充资料用于对基本资料进行补充，是编绘中的次要部分资料。

（3）参考资料用于评价地图编绘的数据质量以及专题图表达时进行分级和分类的参考资料，参考资料一般不直接作为地理要素的编绘数据。

2. 水系编绘要求

（1）保持水系要素位置准确，正确反映水系的类型和形状特征，正确反映水系要素的分布特点及其密度对比，正确反映水系各要素之间的内在联系及与其他要素的关系。

（2）河流的图形概括主要是删除小弯曲、夸大弯曲类型特征、保持河段曲折对比。

（3）图上大于 0.4 mm 的河流以双线河表示，小于 0.4 mm 的以单线河表示，流向用箭头符号表示。

（4）河流遇桥梁、水坝、水闸等应中断。

3. 居民地编绘要求

（1）居民地的编绘主要是选取和概括。按行政等级、重要性、密度对比和分布特征及与其他要素相互关系进行选取。

（2）街道网是显示居民地内部结构的主要内容。城镇居民地概括和化简要正确反映居民地内部通行状况、街区图面特征、街道密度和街区大小对比、建筑物与非建筑物之间的面积对比以及外轮廓特征。

（3）农村居民地类型主要有街区式、散列式、分散式、特殊式。街区式居民地、密集街区要以合并街区为主，舍去次要街区为辅；稀疏街区要对独立建筑进行取舍；散列式居民地独立房屋只能选取不能合并。

（4）圈形符号要考虑符号的设计、符号定位以及与线状要素的关系、相接、相切、相离关系。

4. 分区统计图表法

分区统计图表法用统计数据图表描述各个分区单元现象的总量、构成、变化。分区统计图表法表示的既不是分级信息也不是分类信息,而是用统计图表法表示绝对统计数据来表达数量特征。

符号法和分区图表法的区别主要是符号法中的每一个符号在地图上的位置都代表具体地物的实地位置,分区统计图表可配置在区域内的任意适当位置。

资料分析

(1) 2007 年更新生产的公开版 1∶250 000 地图数据,内容与 1∶250 000 地形图基本一致。用于编绘生产 1∶600 000 比例尺专题挂图的基础地理要素。

(2) 全省行政区划简册,资料截至 2009 年底,用于更新行政区划和地名要素。

(3) 2010 年发布的经济统计数据,含各县(市)人口数、生产总值以及各县(市)第一、二、三产业的总值,资料截至 2009 年底,采用合适的专题图表法制作专题数据。

(4) 全省旅游交通图,比例尺 1∶900 000,2010 年初出版,用于更新旅游交通相关的专题数据,该资料的现势性比基础资料高,但由于比例尺较小,精度较低。

关键点解析

[1] 此处直接说明了 1∶600 000 比例尺挂图的成图方法是用 1∶250 000 比例尺地形图进行缩编。另外,制图综合的主要工作也在这里加以提示,即选取、合并、图形概括,第三小问应照此答题。

[2] 挂图为地理图,与国家基本比例尺地形图应区别开,在比例尺和投影上都不遵照国家基本比例尺地形图规定。

[3] 地图制图时,开本和纸张大小的确定是重要的工作。本项目固定了制图比例尺,在能达到项目要求的前提下,应尽量节省纸张。

[4] 地形图缩编时制图大小会发生改变,地图要素应采取选取和概括的方法进行制图综合,选取的资格指标尺度包括县级(含)以上境界、铁路,乡级(含)以上公路,乡镇(含)以上居民地,主要河流、湖泊、大型水库等,作为第三小问的主要解题线索。

[5] 全省各县(市)的人均生产总值是绝对数值,宜用项目要求的柱状图表示,各县(市)第一、二、三产业的比例构成宜用饼图表示。

适宜选用的专题图表示法为分区统计图表法,用统计数据图表描述各个分区单元现象的总量、构成、变化。

虽然定位符号法也可表示统计数据,但该项目不适宜采用定位符号法表示。因为该市的经济数据是整个区域的统计数据,而非某一个具体点位的数据,定位符号法每一个符号在地图上的位置都代表具体地物的实地位置,分区统计图表法只需要定位在区域内的概略位置即可。

[6] 境界、公路及居民地名称的现势性应达到规定的现势性要求,从现势性和相关资料完备度两个方面去选择已知数据。

[7] 挂图公开出版要符合公开地图的表示规定,涉密数据不得公开。由于 1∶250 000 基础比例尺地形图属于秘密资料,不得公开使用,故本项目采用的资料为内容与国家基本比例尺地图相似的公开版 1∶250 000 地图数据,从题目设置来说,本条不是多余的。

[8] 全省行政区划简册是民政部出版的行政区划名和相应代码标准文书,不含境界数据,故不能用来作为境界数据的更新资料。可更新地名资料,也可用于专题数据统计单元的

补充和参考数据。

[9] 全省旅游交通图，比例尺 1∶900 000，2010 年初出版。该图件现势性可以达到项目要求，但精度较低，且表示的要素不如 1∶250 000 比例尺地形图全面，只能作为补充图件资料对地形图进行补充更新。

旅游交通图是关于旅游交通的专题地图，和旅游交通相关的要素在图中有比较完备的表述，如交通等要素、居民地要素、境界要素、风景点要素等，在本项目中可用来更新补充相应要素的现势性。

题目评估

题目考点丰富，四小问四个答题方向，第三问难度颇高，属于开放题型，此类题不容易切中答题点，需要一定技巧。第四问对专业知识的掌握要求也较高，作为注册测绘师案例分析考试第一年考题，质量尚可，难度也颇高。

评价：★★☆　　　　　　难度：★★☆

思考题

思考专题图表示方法中，分级统计图法、定位图表法与本例采用的分区统计图表法有何区别？

6.2.1.3　参考答案

1. 说明该挂图应选择的幅面尺寸及理由。

【答】

（1）东西方向纸上长度＝400 km/600 000＝667 mm。

（2）南北方向纸上长度＝550 km/600 000＝917 mm。

（3）因为对开无法容下制图范围，且因南北方向尺寸大于东西方向，故选全开 1 024 mm×787 mm 竖版制图。

2. 说明编图中如何使用所收集的各种资料。

【答】

（1）2007 年更新生产的公开版 1∶250 000 地图数据，作为基本资料用作编绘基础地理底图数据。

（2）截至 2009 年底的全省行政区划简册，作为补充资料用作补充全省行政区划名称。

（3）2010 年发布的该市经济统计数据，作为基本资料用作专题要素编制。

（4）比例尺 1∶900 000，2010 年初出版的全省旅游交通图，作为补充资料用作道路、居民地、境界等要素的补充更新。

3. 简述如何编绘居民地和水系等地理底图要素。

【答】

居民地要素编绘要点：

（1）选取乡镇（含）以上居民地。

（2）对居民地要素轮廓进行图形概括。

（3）居民地内部应进行分类合并，主要是街区合并。

（4）比例尺太小，居民地无法完整显示时，可用圈形符号表示，圈形符号应进行分级处理。

水系要素编绘要点：

（1）选取主要河流、湖泊、大型水库等。

（2）对水系要素进行图形概括。

（3）删除、合并水系要素上的微小弯曲，有时候需要夸大局部表示。

（4）河流宽小于图上 0.4 mm 的用单线符号表示，大于的用双线符号表示。

4. 简述如何用饼图和柱状图方法表示专题要素以及如何配置符号。

【答】

（1）采用分区统计图表法，用饼图表示各县（市）第一、二、三产业的比例关系，用柱状图表示全省各县（市）的人均生产总值。

（2）符号应配置在相应区域的大致中央处。

5. 思考题：专题图表示方法中，分级统计图法、定位图表法与本例采用的分区统计图表法有何区别？

【答】

（1）分级统计图法适于表达数量特征和面要素。

（2）定位图表法适于表达区域内某些周期性现象的数量特征。

（3）分区统计图表法适于表达区域内的统计图表来表达数量特征。

6.2.2　2012 年第七题

6.2.2.1　题目

某地图出版社拟编制出版一部全国地理图集，图集设计开本为标准 16 开（单页制图尺寸 195 mm×265 mm，展开页制图尺寸 390 mm×265 mm），其中包含一幅"中国人口密度及城市人口规划"专题图[1]。

1. 资料收集

（1）中国 1∶1 000 000 数字地图数据，现势性为 2005 年，包含县级（含）以上地界线、水系、居民地、公路、铁路、地貌（等高距 200 m）、地名等要素。

（2）中国地图出版社 2011 年出版的《中国地图集》（16 开本）电子版数据。

（3）《中华人民共和国行政区划地图集》（8 开本）电子版数据，已更新县级（含）以上行政区划、地名、水系、交通等要素至 2011 年[2]。

（4）2011 年全国分县人口统计资料。

（5）2011 年中国城市统计年鉴，包含全国县级市以上城市的人口统计数据[3]。

2. 专题图设计要求

（1）按展开页设计[4]，版式可以选择横式（南海诸岛作附图）或竖式（南海诸岛不作附图），但要求制图比例尺尽可能大一些。（我国疆域东西方向最大距离约 5 200 km，南北方向最大距离约 5 500 km，从黑龙江到海南岛陆地南北方向最大距离约 4 000 km[5]。）

（2）从收集的资料中选择合适的地图编绘专题图地理底图，要素内容包括境界线、水系、地级以上城市[6]、主要铁路和公路等,地貌采用晕渲[7]表示,需利用收集到的数字地图资料进行加工处理和制作生成。

(3) 图上人口密度以县级行政区为单位全国分级表示,同时表示地级市以上(含)城市人口规模,其他专题信息以附图或附表形式表示[8]。

问题:

1. 该专题图宜选用哪种版式? 简述理由。

2. 说明制作地貌晕渲需采用的资料数据以及地貌晕渲数据制作的简要步骤。

3. 说明用何种专题图方法表示中国人口密度和城市人口规模两个要素。

4. 说明在本图集出版前,测绘行政相关机构对该专题图进行审查时,主要应审查哪些内容。

6.2.2.2　解析

知识点

1. 地图审查内容

(1) 符合国家有关地图编制标准,完整表示中华人民共和国疆域。

(2) 国界、边界、历史疆界、行政区域界线或者范围、重要地理信息数据、地名等符合国家有关地图内容表示的规定。

(3) 不含有地图上不得表示的内容。

(4) 地图内容表示是否符合地图使用目的和国家地图编制有关标准。

2. 晕渲法

晕渲法是假定光源照射地表产生阴影,利用墨色的浓淡或彩色的深浅显示坡面明暗变化,以表达地貌的起伏、分布、类型特征的方法。一般利用等高线或 DEM 自动制作。

3. 分级统计图法

分级统计图法是根据分出的各单元统计数据进行分级,用不同色阶或晕线级反映整个制图区域各分区现象集中程度或发展水平的方法,也称分级比值法。

质底法主要表达整个制图区域各分区的质量特征,而分级统计图法反映的是整个制图区域各分区的数量特征。

资料分析

(1) 中国 1∶1 000 000 数字地图数据,现势性为 2005 年,包含县级(含)以上地界线、水系、居民地、公路、铁路、地貌(等高距 200 m)、地名等要素。虽然该图现势性较差,但在收集的资料中比例尺最大,而且具有等高线数据,适于制作晕渲图,在本项目收集的资料中最适合用于制作地理底图数据。

(2) 中国地图出版社 2011 年出版的《中国地图集》(16 开本)电子版数据,该资料作为补充资料更新制图数据现势性。

(3)《中华人民共和国行政区划地图集》(8 开本)电子版数据,已更新县级(含)以上行政区划、地名、水系、交通等要素至 2011 年,用该资料更新相应要素以及行政区划要素。

(4) 2011 年全国分县人口统计资料,该资料包括所有县的人口数据,但不包括地级市以上的人口统计数据,用做专题资料的数据源。

(5) 2011 年中国城市统计年鉴,包含全国县级市以上城市的人口统计数据,该资料包括所有县级市的人口数据,但不包括县和县级市以下的人口统计数据,用做专题资料的数据源。

关键点解析

[1] 该项目是设计制作全国地理图集,但实际上本题考查的内容是专题地图的制作,和地图集关系不大。

[2] 资料(1)和资料(2)都是基础地理要素数据集,应从精度(比例尺)和现势性两方面考虑来选择,题干给出了现势性却隐藏了比例尺。

2011 年出版的《中国地图集》(16 开本)电子版数据,由于开本较大,成图比例尺较小,一幅 16 开的展开页中国全图比例尺大概为 1：16 000 000 左右,比例尺远远小于资料一,故该资料只能作为补充资料。

资料(3)的开本比资料(2)小一半,现势性相同,应该用于补充更新地名、水系、交通等相应要素以及行政区划要素。

[3] 资料(4)为所有县级区域人口统计资料,资料(5)为县级市以上城市的人口统计数据,两者统计的单位不同,前者以县为单位,后者以城市为单位,在使用该数据答题的时候要看清题意。

[4] 展开页即地图集的两页合幅。

[5] 如南海诸岛以附图形式绘制,中国南北取黑龙江到海南岛陆地南北方向最大距离约 4 000 km。

[6] 注意此处要表示地级以上城市和主要铁路和公路,对于城市数据应按照城市等级经过取舍,对于交通数据也要进行取舍。

[7] 晕渲法制作需要得到高程资料,在软件中设置光源位置,进行贴图渲染,产生立体感,这个过程由软件自动处理。

[8] 从资料(4)、资料(5)分析可知,两种资料用途不一,在(8)处就可以理解其意。

人口密度以县级行政区为单位,应使用分县人口统计数据,采用分级统计图法表示。

地级市以上(含)城市人口规模应采取中国城市统计图鉴对县级市以上城市人口的数据统计,并加以取舍至地级市,采用定点符号法表示。

题目评估

本题的隐含要素都在资料分析阶段。

(1) 基础地理信息数据制作时,隐藏了比例尺信息。

(2) 两种人口统计数据有微妙区别,对应两种专题图表示方法。

评价：★★☆   难度：★★☆

思考题

地貌晕渲图的制作主要是基于 DEM 在相应软件中生成,思考本题有没有必要另外收集 DEM 资料来制作地形图晕渲?

6.2.2.3　参考答案

1. 该专题图宜选用哪种版式？简述理由。

【答】

（1）按展开页设计，制图尺寸为 390 mm×265 mm。

（2）如设计为横版，比例尺分母计算：

$$5\ 200\ km/390\ mm = 13\ 333\ 333$$
$$4\ 000\ km/265\ mm = 15\ 094\ 339$$

则横版比例尺最大为 1∶15 100 000。

（3）如设计为竖版，比例尺分母计算：

$$5\ 500\ km/390\ mm = 14\ 102\ 564$$
$$5\ 200\ km/265\ mm = 19\ 622\ 641$$

则竖版比例尺最大为 1∶19 700 000。

（4）横版和竖版对比后，选择横版的制图比例尺大一些，故该项目应选择横版。

2. 说明制作地貌晕渲需采用的资料数据以及地貌晕渲数据制作的简要步骤。

【答】

本项目制作地貌晕渲需采用的资料数据主要为中国 1∶1 000 000 比例尺数字地图数据，等高距 200 m，《中国地图集》电子版数据以及《中华人民共和国行政区划地图集》电子版数据中的相应要素可作为补充资料对基本资料进行纠正和更新。

另外，还需要对城市和铁路、公路数据按要求进行取舍。

晕渲图的主要制作步骤如下。

（1）资料准备。数据整理，用补充资料更新基本资料的现势性，并纠正。

（2）投影转换。把地形图投影转换成该晕渲图的投影方式。

（3）格式转换。把文件格式转换成晕渲制作软件能处理的格式。

（4）高程分级。提取地形图等高线数据，并按要求生成分级表进行数据分级。

（5）色层设计。设计晕渲纹理的色彩层次。

（6）晕渲图制作。把有关资料导入晕渲制作软件自动生成晕渲图。

3. 说明用何种专题图方法表示中国人口密度和城市人口规模两个要素。

【答】

（1）采用全国分县人口统计资料，分级处理数据，用分级统计图法表示全国人口密度。

（2）采用中国城市统计年鉴，分级处理数据，并舍去地级市以下数据后，用定位符号法表示地级市及以上城市人口规模。

4. 说明在本图集出版前，测绘行政相关机构对该专题图进行审查时，主要应审查哪些内容。

【答】

测绘行政相关机构主要审查内容如下：

（1）符合国家有关地图编制标准，完整表示中华人民共和国疆域。

（2）国界、边界、历史疆界、行政区域界线或者范围、重要地理信息数据、地名等符合国家有关地图内容表示的规定。

（3）不含有地图上不得表示的内容。

（4）地图内容表示是否符合地图使用目的和国家地图编制有关标准。

5. 思考题：地貌晕渲图的制作主要是基于 DEM 在相应软件中生成，本题有没有必要另外收集 DEM 资料来制作地形图晕渲？

【答】

没必要，可以采用等高线直接制作地貌渲染。

6.2.3　2013 年第六题

6.2.3.1　题目

某省会城市为了提升测绘地理信息服务保障水平，委托某测绘单位编制一幅全市影像挂图，以最新的表现形式、形象直观的地图语言反映该市的基础地理信息现状，该市南北长约 17 km，东西宽约 30 km[1]。

1. 为编制影像挂图收集资料

（1）2012 年全市正射卫星影像数据，分辨率为 1 m，影像由于获取时间不一致，有色差，河流等水域颜色普遍比较灰暗[2]。

（2）2010 年更新的 1∶10 000 地形图数据（DLG）。

（3）2012 年出版的 1∶35 000 市交通旅游地图。

2. 影像挂图编制要求

（1）本着"突出影像，辅以矢量数据[3]"的指导思想设计编制影像挂图。

（2）影像挂图幅面为标准全开，内图廓尺寸 707 mm×1 012 mm[4]，地图投影采用等角圆锥投影[5]。

（3）影像挂图采用数字地图制图技术方法制作，利用图像处理软件加工[6]处理影像数据；在数字地图制图软件中处理地图矢量要素[7]，并对矢量数据和影像数据进行融合得到影像地图数据[8]，四色印刷成图。

问题：

1. 影像挂图的比例尺宜是多少？挂图版式宜用横式还是竖式？简述理由。

2. 简述收集的各种资料在编制影像挂图中的用途。

3. 简述影像数据处理的主要内容和方法。

4. 简述矢量数据编图处理的主要内容。

6.2.3.2　解析

知识点

1. 地图比例尺设计

地图上标明的比例尺为地图主比例尺。

比例尺的选择取决于制图区域大小、图纸规格、需要的精度等因素。

选择地图比例尺一般采用套框法,即用固定的图纸大小计算得到内图廓尺寸,然后在透明纸上画出图廓,在工作底图上套制制图范围算出比例尺。

地图比例尺应在尽量有效使用图纸的情况下尽量选大,并应取整。长宽计算得到的比例尺不一致时应以较小的为准。

2. 地图投影变换

地图投影变换指从一种地图投影点的坐标变换为另一种地图投影点的坐标。目前常用的地图投影变换方法主要有解析变换法和数值变换法。其中,解析变换法分为正解变换和反解变换,数值变换法指利用若干同名点用插值法进行转换。

资料分析

(1) 2012 年全市正射卫星影像数据,分辨率为 1 m,影像由于获取时间不一致,有色差,河流等水域颜色普遍比较灰暗。该数据的精度满足制作 1∶10 000 比例尺 DOM 的要求,投影方式为高斯投影,用于制作本项目的影像数据。

(2) 2010 年更新的 1∶10 000 比例尺地形图数据(DLG),用于制作本项目的矢量数据。

(3) 2012 年出版的 1∶35 000 比例尺市交通旅游地图,比例尺较小,可用来作为路网、地名等数据的补充资料。

关键点解析

[1] 该数据为制图区域数据,采用套框法计算合适的比例尺。

[2] 该资料有色差,河流等水域颜色普遍比较灰暗,要提高影像挂图质量必须进行调整,主要是通过匀色操作使颜色协调,并调亮河流颜色,使其尽量呈现蓝色。

[3] "突出影像,辅以矢量数据"是本项目的要求,也是本题的暗示和中心,数据的处理都要遵循这个原则展开。本项目是影像挂图,那么矢量数据到底有哪些需要处理?一些重要的线状要素,起着全图骨架作用,如道路、水系等,采用矢量要素更加完整和精确。另外,还需要从矢量图集中提取注记要素。

[4] 内图廓尺寸 707 mm×1 012 mm 比全张纸尺寸小,留出了图边,用于套框。

[5] 本项目地图投影采用等角圆锥投影,而收集的资料是基于国家基础地理信息库的 4D 产品,其投影方法采用高斯投影,两者不统一,显然需要进行投影转换。

[6] 要对影像进行色差改正等操作,需要录入图像处理软件进行加工,在这之前需要先转换相应格式,然后输出相应格式到数字制图软件。

[7] 在数字地图制图软件中处理地图矢量要素之前也应该进行转换文件格式工作。

[8] 在数字地图制图软件中进行矢量数据和影像数据融合操作,要注意突出影像要素原则,使影像要素和矢量要素以及注记要素,反差明显,色彩协调。

题目评估

本题的关键信息在"突出影像,辅以矢量数据[3]"这个原则上。

本项目是一个影像挂图,矢量数据属于次要的地位,矢量数据的取舍是本项目要注意的地方。本题提示条件较少,答题点难以找准,需要考生按照题意自行发挥。

评价:★★☆   难度:★★★

思考题

本项目制作的影像挂图地图投影采用等角圆锥投影,目的是什么?

6.2.3.3 参考答案

1. 影像挂图的比例尺宜是多少? 挂图版式宜用横式还是竖式? 简述理由。

【答】

(1) 比例尺计算如下:

$$横向比例尺分母=30\ km/1\ 012\ mm=29\ 644$$
$$纵向比例尺分母=17\ km/707\ mm=24\ 045$$

故比例尺为 1:30 000。

(2) 该市南北长约 17 km,东西宽约 30 km,内图廓尺寸 707 mm×1 012 mm。

因东西宽大于南北长,为充分利用幅面空间,挂图版式应选横式。

2. 简述收集的各种资料在编制影像挂图中的用途。

【答】

(1) 2012 年全市正射卫星影像数据,作为基本资料用于挂图的影像要素制作。

(2) 2010 年更新的 1:10 000 地形图数据(DLG),作为基本资料用于挂图的矢量要素制作。

(3) 2012 年出版的 1:35 000 市交通旅游地图,作为补充资料更新道路网、境界、风景名胜、水系、地名注记等要素。

3. 简述影像数据处理的主要内容和方法。

【答】

(1) 色彩调整:

① 把正射影像数据导入影像处理工具。

② 进行色差调整。

③ 锐化和平滑等影像图增强处理。

④ 调亮水域颜色,可调成蓝色。

(2) 格式转换:把文件格式转换成数字地图制图软件可处理的格式。

(3) 投影变换:把影像图由高斯投影转换为等角圆锥投影。

(4) 质量检查。

4. 简述矢量数据编图处理的主要内容。

【答】

(1) 矢量数据提取:提取本项目需要用到的矢量要素,如交通道路要素、水系要素、境界、地理名称、要素注记等。

(2) 要素更新:经过空间参考系统一后,用交通旅游地图套合 DLG,更新矢量要素现势性。

(3) 导入数字地图制作软件:经过文件格式转换导入数字地图制作软件。

(4) 投影变换:把 DLG 数据由高斯投影转换为等角圆锥投影。

(5) 编辑矢量要素:比例尺转换,对矢量数据进行制图综合,经过选取、概括、符号协调等处理。

（6）融合：对矢量数据和影像数据进行融合得到影像地图数据。

（7）质量检查：对质量进行检查。

5. 思考题：本项目制作的影像挂图地图投影采用等角圆锥投影，目的是什么？

【答】

本项目制图区域东西宽 30 km，南北长 17 km，采用等角圆锥投影制图能有效控制影像挂图投影变形，比采用高斯投影更加合适。

6.2.4 2014 年第六题

6.2.4.1 题目

某地级市决定编制一幅全市地理挂图。要求充分利用现有最新的测绘地理信息数据成果，以普通地图表现形式，反映自然和社会经济要素的基本特征及分布，某测绘单位承接了该任务。

该市地处东经 $120°50'\sim124°00'$，北纬 $28°45'\sim30°30'$[1]。中心城区东西宽 12 km，南北长 8 km[2]。近年新建了一些高铁、公路、市政道路以及工业区，同时进行了旧城改造。

1. 收集到的资料

收集到的资料如下：

（1）2013 年全市范围的航空正射影像数据，分辨率为 0.5 m。

（2）2010 年更新的 1∶5 万比例尺数字线划图，包括水系、居民地及设施、交通、地貌、境界与政区等要素及相关属性。

（3）2011 年更新的中心城区 96 km² 1∶1 万比例尺数字线划图，包括水系、居民地及设施、交通、境界与政区、植被与土质等要素及相关属性。

（4）2013 年采集的全市范围地名及兴趣点数据，包括政府机关、企事业单位、住宅小区、旅游点等。

（5）2009 年至 2013 年 12 月期间行政区划及地名等变更文件。

2. 编辑挂图的部分要求

编辑挂图的部分要求如下：

（1）挂图采用 2000 国家大地坐标系，高斯-克吕格投影，投影变形相对合理。

（2）挂图采用全开纸张，主图比例尺 1∶95 000[4]。图上县级（含）以上居民地采用街区式图形符号表示（内置政府驻地），其余居民地采用圈形符号表示[5]。

（3）图幅左下角插一幅该市中心城区放大图，内图廓尺寸为 310 mm×200 mm，其中表示的居民地及设施要素包括街区、政府机关、企事业单位、住宅小区、旅游点等[6]。

（4）主图和插图应互相协调。

（5）挂图要素的现势性达到 2013 年[7]。

问题：

1. 说明主图的地图投影宜采用 3°分带还是 6°分带的理由，计算确定宜选用的中央经线。

2. 计算确定中心城区放大图的比例尺。

3. 说明收集到的各种资料在编绘主图或插图中的用途。

4. 简述对挂图中居民地及设施要素编绘质量进行检查的工作内容。

6.2.4.2 解析

知识点

1. 1°经差对应的大约距离

在赤道上经差 $1''$ 大约等于 30.8 m，$1°$ 大约等于 $30.8×60×60=110$ km。

2. 居民地编绘要求

（1）居民地的编绘主要是选取和概括。按行政等级、重要性、密度对比和分布特征及与其他要素相互关系进行选取。

（2）街道网是显示居民地内部结构的主要内容。城镇居民地概括和化简要正确反映居民地内部通行状况、街区图面特征、街道密度和街区大小对比、建筑物与非建筑物之间的面积对比以及外轮廓特征。

（3）农村居民地类型主要有街区式、散列式、分散式、特殊式。街区式居民地、密集街区要以合并街区为主，舍去次要街区为辅；稀疏街区要对独立建筑进行取舍；散列式居民地独立房屋只能选取不能合并。

（4）圈形符号要考虑符号的设计、符号定位以及与线状要素的关系、相接、相切、相离关系。

3. 地图定向

图幅的中央经线应是靠近图幅中间位置的整度经线，当地图用北方定向时，将中央经线朝向正上方，用斜方位定向时，根据需要将中央经线旋转一个角度。

资料分析

（1）2013 年全市范围的航空正射影像数据，分辨率为 0.5 m。可满足制作比例尺为 1：5 000 的数字地形图要求，用于更新本项目数据的现势性。

（2）2010 年更新的 1：50 000 数字线划图，包括水系、居民地及设施、交通、地貌、境界与政区等要素及相关属性，可用于制作主图的基础地理要素。

（3）2011 年更新的中心城区 96 km²1：10 000 数字线划图，包括水系、居民地及设施、交通、境界与政区、植被与土质等要素及相关属性。比例尺较大，内容较详细，可用于制作中心城区附图的基础地理要素。

（4）2013 年采集的全市范围地名及兴趣点数据，包括政府机关、企事业单位、住宅小区、旅游点等，用于更新地名和兴趣点。

（5）2009 年至 2013 年 12 月期间行政区划及地名等变更文件，用于更新行政区划和名称。

关键点解析

［1］该市地处东经 $120°50'～124°00'$，本项目采用的是高斯投影，高斯投影需要选择合适的中央子午线控制投影变形和适当的带宽度，对于挂图来说，应选于同一投影带，本项目

测区经差为 3°10′,对投影带宽会有要求,本项目采用高斯投影 6°带,中央子午线应以任意带来选择,而非国家标准规定的带号。

〔2〕中心城区制图区域的形状和范围决定了附图的比例尺。

〔3〕由于本项目测区面积较小,地理挂图适合采用高斯-克吕格投影,并要求投影变形相对合理。此处是本项目图幅设计的关键提示和要求,表明以下几点:

① 本项目是地理挂图,而非国家基本比例尺地形图,虽然都采用高斯-克吕格投影,但本项目空间参考系的选择相较而言要自由得多,主要是带宽和中央子午线的选择都没有强制规定。

② 既然选择高斯-克吕格投影,就要选择合适的中央子午线。该项目要求投影变形相对合理,高斯投影的特点是距离中央子午线越远,投影变形越大,如选择测区边缘处为中央子午线,会使另一侧的投影长度比过大。故中央子午线应该尽量选于测区中央,使投影变形尽量平衡,不至于过于偏大。

③ 在前面知识点罗列处已经分析过,地图定向一般以整度经线取位,而赤道上经差 1°大约相当于 110 km 距离,1′相当于 1.8 km 距离。因本项目中心城区东西相距不过 12 km,如按整度为中央经线取位单位,必然无法满足该项目要求,故在类似该项目这样的小测区项目中央经线的取位应选择整分。

④ 应以测区位于测区中央的经线为图纸中央,这样能最大程度减省纸张,优化图片布局,结合以上分析,也能满足投影需求。

〔4〕挂图采用全开纸张,主图比例尺 1∶95 000。有考生会据此回答该项目投影带选择的理由,认为相关规范规定小于 1∶10 000 比例尺,大于 1∶500 000 比例尺的国家基本比例尺地形图应选用高斯投影 6°带,根据以上分析,显然该理由不成立。

因该项目属于地理挂图项目,非国家基本比例尺地形图项目,无须遵照基本比例尺地形图相应规范规定。本项目的坐标系选择、投影选择和基本比例尺地形图非常相似,却有根本性不同,这也是本题出题人故布疑阵,使考生混淆。

〔5〕街区式图形符号是面状符号,对居民地进行化简和概括,圈形符号是点状符号,不表示街区细节。

〔6〕中心城区的政府机关、企事业单位、住宅小区、旅游点等主要是兴趣点和地名要素,配合从地形图数据获得的街区来表示。

〔7〕挂图要素的现势性达到 2013 年,所有地理要素达不到这个标准的都应该进行数据更新。

题目评估

关于本题第一问,题目给了测区经差范围和测区主图比例尺,并故意使考生混淆地理挂图和国家基本比例尺地形图的内容。显然这一切都是出题人精巧构思设置的疑兵,需要考生理解两者异同。

评价:★★☆   难度:★★☆

思考题

本项目中地理挂图主图如采用斜轴方位投影,则第一问应如何回答?

6.2.4.3　参考答案

1. 说明主图的地图投影宜采用 3°分带还是 6°分带的理由,计算确定宜选用的中央经线。

【答】

(1) 因:

$$124°00'-120°50'=3°10'$$

由于经差大于 3°,采用 3°不便于制图和使用,故采用 6°分带更合适。

(2) 宜选择地图中央位置的子午经线为中央子午线,并取至整分。

$$(124°00'+120°50')×0.5=122°25'$$

2. 计算确定中心城区放大图的比例尺。

【答】

(1) 东西向比例尺分母计算:

$$12 \text{ km}/310 \text{ mm}=12\ 000\ 000/310=38\ 709$$

(2) 南北向比例尺分母计算:

$$8 \text{ km}/200 \text{ mm}=8\ 000\ 000/200=40\ 000$$

(3) 以两者比例尺较小者为插图比例尺,即 1∶40 000。

3. 说明收集到的各种资料在编绘主图或插图中的用途。

【答】

(1) 2013 年全市范围的航空正射影像数据,作为补充资料用于更新 1∶50 000、1∶10 000 数字线划图基础地理数据的现势性。

(2) 2010 年更新的 1∶50 000 数字线划图,作为基础资料用于制作主图的基础地理要素。

(3) 2011 年更新的中心城区 1∶10 000 数字线划图,作为基础资料用于制作附图的基础地理要素。

(4) 2013 年采集的全市范围地名及兴趣点数据,作为补充资料用于更新主附图的地名要素等。

(5) 2009 年至 2013 年 12 月期间行政区划及地名等变更文件,作为补充资料用于更新行政区划和名称等。

4. 简述对挂图中居民地及设施要素编绘质量进行检查的工作内容。

【答】

(1) 数学基础检查:地图投影、坐标系、比例尺是否正确。

(2) 居民地符号检查:

① 县级(含)以上居民地采用街区式图形符号表示,选择是否完整。

② 检查街区符号是否已经更新,其余居民地和地名注记是否已更新。

③ 街区式图形符号外部轮廓化简和内部街区的概括是否合理。

④ 其余居民地采用圈形符号表示,选择是否完整。

⑤ 圈形符号定位是否正确,并能反映与道路、河流的相离、相切、相接关系。

(3) 其他检查:

① 街区、政府机关、企事业单位、住宅小区、旅游点等要素的地名和兴趣点是否正确并合理表示,注记没有压盖其他要素。

② 主图与插图政府驻地位置是否一致。

③ 主图与插图相应要素是否协调一致表示,插图是否比主图精细。

5. 思考题:本项目中地理挂图主图如采用斜轴方位投影,则第一问应如何回答?

【答】

(1) 斜轴方位投影不采取分带投影的形式,故地图投影既不采用 3° 分带也不采用 6° 分带。

(2) 宜选择地图中央位置的子午经线为中央经线,并取至整分。

$$(124°00' + 120°50') \times 0.5 = 122°25'$$

6.2.5 2015 年第六题

6.2.5.1 题目

某测绘单位承接了南方某地级市 1∶50 000 比例尺普通图挂图的编制任务。该市位于平原向丘陵过渡地带、区域内河网水系密集,道路纵横交错[1],居住人口密集。市区和城镇主要分布在河流两岸和交通要道两旁[2],村庄农舍散列于田野和山坡[3]。2011 年以来,该市城镇化建设较快,市区和一些城镇周边挖山填垦扩大了城区范围,新修了一些水库和水利设施,整治了湖泊、河渠,同时调整了部分乡镇和行政村的行政区划等。

1. 收集到的资料[4]

(1) 2005 年编制出版的 1∶50 000 比例尺全市挂图。县级(含)以上居民地以真型符号表示,其余居民地以圈形符号表示,地形地貌以彩色晕渲表示,1980 西安坐标系,等角圆锥投影。

(2) 2010 年更新生产的 1∶50 000 DLG,等高距为 10 m,1980 西安坐标系,高斯投影。

(3) 2013 年所摄的 0.5 m 分辨率航摄资料。

(4) 2014 年更新生产的 1∶10 000 DLG,等高距为 2.5 m,2000 国家大地坐标系,高斯投影。

(5) 2014 年省行政区划简册,包含市、县(区)、镇(乡、街道)、行政村名称。

(6) 2014 年测绘生产的市区 1∶500 地形图数据。

2. 主要编绘要求

(1) 现势性达到 2014 年,平面精度与 1∶50 000 地形图基本相当,表示的要素内容与1∶50 000 地形图比较,应作适当的删减、类别合并及图形综合等[5]。

(2) 表示市界、县界、县镇界及行政区划信息。

(3) 县乡道(含)以上公路全部表示,其他乡村道路适当取舍[6]。

(4) 行政村(含)以上居民地全部表示,自然村适当选取。图上面积 9 mm² 以上的城镇和集团式农村居民地以多边形表示,其他居民地以圈形符号表示,分散独立房不表示[7]。

（5）图上长度 3 cm 以上的河流和干渠全部表示,其他可取舍;图上宽度 0.5 mm 以上的河流用多边形表示,其他用单线表示;水库全部表示,坑塘选取图上面积 10 mm² 以上的表示。

（6）以等高线和分层设色表示地貌,等高距为 50 m[8]。

问题:

1. 指出本项目编图主要使用哪几种资料,并说明其用途。

2. 结合本项目指出等高线编绘可优选的两种作业方式,并说明其优缺点。

3. 简述本项目如何编绘居民地要素。

4. 简述本项目如何进行道路选取。

6.2.5.2　解析

知识点

1. 道路要素的选取

道路要素的选取方法如下:

（1）按道路的等级自高级到低级进行选取,道路的选取表示要与居民地的选取表示相适应,保持道路网平面图形的特征和不同地区道路网的密度对比关系。

（2）特殊意义的道路优先选取,如通往国境的道路、通往机场等重要目标的道路。

（3）桥梁跟随道路选取,大比例尺双线河上桥梁都要选取,隧道都必须表示,但可以按长度选取,隧道不能合并。

2. 等高线的编绘

等高线概括方法有删除、移位、夸大和合并,有如下特点:

（1）等高线形状应随删去的碎部而改变。

（2）同一斜坡的等高线图形应协调一致。

（3）等高线的综合需要强调显示地貌基本形态的特征,反映地貌类型方面的特征。

（4）选取以正向形态为主的地貌应扩大正向形态,以负向形态为主的地貌应扩大负向形态。

资料分析

（1）2005 年编制出版的 1∶50 000 比例尺全市挂图。县级(含)以上居民地以真型符号表示,其余居民地以圈形符号表示,地形地貌以彩色晕渲表示,1980 西安坐标系,等角圆锥投影。投影方法与本项目不同,且现势性较低,在本项目中只能作为参考资料用做数据校对。

（2）2010 年更新生产的 1∶50 000 DLG,等高距为 10 m,1980 西安坐标系,高斯投影,可用来作为编绘的基础资料。

（3）2013 年所摄的 0.5 m 分辨率航摄资料。题中没有说明是否为正射影像,只能认为是原始影像,无法在本项目中使用,且影像现势性也没有达到标准,本项目可用资料较多,故不采用该资料。

（4）2014 年更新生产的 1∶10 000 DLG,等高距为 2.5 m,2000 国家大地坐标系,高斯投影,可用来作为编绘的基础资料。

（5）2014年省行政区划简册，包含市、县（区）、镇（乡、街道）、行政村名称，用来更新行政区划名称和地名。

（6）2014年测绘生产的市区1∶500地形图数据。该数据可以作为市区编绘时的补充资料，但不能作为主要编绘资料，一是数据不能覆盖全市，二是比例尺较大，相对来说制图综合的工作量较大。

关键点解析

［1］该市区域内河网水系密集，道路纵横交错，居住人口密集。结合问题，需要关注的是居民地编绘和道路选区相关信息，主要可以得到以下信息：

① 该地区居住人口密集，应以街区式居民地表示为主，缩编时需要取舍和概括。

② 道路综合交错，缩编时需要取舍和概括。

③ 水网密集，在道路的表示方面要联系到桥梁要素的表示和取舍。

［2］市区和城镇主要分布在河流两岸和交通要道两旁，主要可以得到以下信息：

① 居民地的表示要正确处理与水系要素、道路要素的关系。

② 道路的选取和概括与居民地直接相关，应分析道路的主次加以选取。

③ 道路和居民地的交接和连通应正确表示。

［3］村庄农舍散列于田野和山坡，此部分在后面已经提示，详见（7）所述。

［4］从收集到的资料来看，要进行等高线的制作，可以采用2010年更新生产的1∶5万DLG，等高距为10 m，也可以采用2014年更新生产的1∶10 000 DLG，等高距为2.5 m。成图的平面精度虽然是按照1∶50 000地形图标准制作，但高程精度要差得多，采取50 m的等高距来制作。采用两种DLG等高线制作该挂图都需要对等高线进行综合取舍和概括。

① 采用2010年更新生产的1∶50 000 DLG制作等高线时，虽然综合工作量较小，但城镇周边经过挖山填壑，地貌发生了变化，等高线需要进行更新，用来更新的资料即2014年更新生产的1∶10 000 DLG等高线数据。先比对等高线变化部分加以修改编辑，再在每5条等高线删除4条，制作挂图的基本等高线，然后进行概括和化简。

② 采用2014年更新生产的1∶10 000 DLG等高线数据制作时，无须采用其他资料更新。但需要先进行比例尺换算，在每20条等高线删除19条，制作挂图的基本等高线，然后进行概括和化简数据处理量较大。

［5］本项目现势性要达到2014年，在数据处理时，不符合要求的都应进行更新。由于采用缩编方法进行生产，就需要对大比例尺地形图要素作适当的删减、类别合并及图形综合等，答题时也应该按照这个思想进行。

［6］县乡道（含）以上公路全部表示，其他乡村道路适当取舍。这是对道路选取的资格指标，是答题的主干，实际上本题是问乡村道路的选取方法，由于乡村道路是连接居民地的通道，故答题时应与居民地的选取和概括紧密相关。

［7］行政村（含）以上居民地全部表示，自然村适当选取。图上面积9 mm²以上的城镇和集团式农村居民地以多边形表示，其他居民地以圈形符号表示，分散独立房不表示。在（3）处有提示，村庄农舍散列于田野和山坡，注意散列与独立房的区别，散列式居民地指的是相较集中式街区分散的农村居民聚集地，在本项目中应以圈形符号表示，而独立房指的是独

立的单幢房屋,与居民地明显分离的零星民居应删除。

[8] 项目制作的挂图等高距为 50 m,相对于 1:50 000 的平面位置要求低,注意不要漏看题干。

题目评估

本题线索比比皆是,主要说明了制图区域的概况,然后需要考生根据这些线索写出制图综合要点。虽然题目很开放,难度大,但若考生知识学得扎实,按题目提示为中心,还是有章可循的。

本题非常接近实践,看似散乱,实则精巧,质量实属上乘。

评价:★★★   难度:★★★

思考题

本题所给资料中,除了对路网和居民地情况详细描述外,还对水系要素也加以了说明,但最后问题没有涉及水系要素编绘。

考生可根据路网和居民地答题思路试写出本项目水系要素的编制要点。

6.2.5.3 参考答案

1. 指出本项目编图主要使用哪几种资料,并说明其用途。

【答】

本项目编图主要需使用的资料和用途表述如下:

(1) 2014 年更新生产的 1:10 000 DLG,作为基本资料用于编绘地理底图数据和等高线,或作为补充资料编绘等高线。

(2) 2010 年更新生产的 1:50 000 DLG,作为参考资料用于编绘地理底图数据和等高线,或作为基本资料编绘等高线。

(3) 2005 年编制出版的 1:50 000 比例尺全市挂图,作为编图的参考资料纠正和检核基本资料。

(4) 2014 年省行政区划简册,作为编图的补充资料,用于更新行政区划等级和名称。

2. 结合本项目指出等高线编绘可优选的两种作业方式,并说明其优缺点。

【答】

(1) 利用 2010 年更新生产的 1:50 000 DLG 进行缩编。

优点是比例尺与成图相同,制图综合工作量较小;缺点是现势性达不到要求,需要利用 1:10 000 DLG 来更新等高线。

(2) 利用 2014 年更新生产的 1:10 000 DLG 进行缩编。

优点是现势性高,不需要对等高线另外进行更新;缺点是需要进行比例尺变换,等高线缩编和综合工作量较大。

3. 简述本项目如何编绘居民地要素。

【答】

本项目挂图表示的居民地要素内容与 1:50 000 地形图比较,应作适当的删减、类别合并及图形综合等。

（1）行政村（含）以上居民地全部表示，自然村适当选取。

（2）图上面积 9 mm² 以上的城镇和集团式农村居民地以多边形表示，其他居民地以圈形符号表示，分散独立房不表示。

（3）田野和山坡上图上面积 9 mm² 以下的居民地以圈形符号表示，独立房删除。

（4）以真型表示的居民地外轮廓应化简，街区内部应进行概括和选取，要正确反映街区外轮廓和街区内街道的主次对比。

（5）市区和城镇主要分布在河流两岸和交通要道两旁的，居民地符号应正确表示与道路和水系的相切、相离关系。

（6）圈形符号定位应准确。

4. 简述本项目如何进行道路选取。

【答】

（1）县乡道（含）以上公路全部选取，其他乡村道路适当取舍。

（2）道路选取按道路的用途有关，连接居民地的或比较重要的乡村道路要选取。

（3）道路可按照道路密度选取，道路密集区可以增大取舍的幅度，但要保持路网总体特征。

（4）连接真型居民地符号的乡村道路应选取，并处理好进入居民地的道路与居民地内部街道之间的协调关系。

（5）连接独立房的乡村道路可删除。

（6）桥梁跟随道路选取。

5. 思考题：本题所给资料中，除了对路网和居民地情况详细描述外，还对水系要素也加以了说明，试写出本项目水系要素的编制要点。

【答】

测区河网水系密集，编绘时要注意的要点有：

（1）选取图上长度 3 cm 以上的河流和干渠。

（2）选取水库和图上面积 10 mm² 以上的坑塘。

（3）其他水系的选取应优先选取重要的，舍弃次要的。

（4）图上宽度 0.5 mm 以上的河流用多边形表示，其他用单线表示。

（5）图形化简可采用删除、合并、夸大等方法。

（6）制图综合时应注意保持密度对比，注意保持水网形态。

（7）其他按规定要注意的内容。

6.2.6　2016 年第七题

6.2.6.1　题目

某测绘单位承接区域交通挂图的编制任务，该区域位于中纬度地区，区域范围东西向经度差约 22°，南北向纬度差约 16°，区域地表复杂，类型多样，山脉、河流、沼泽、沙漠、绿洲等都有分布[1]。

该区域矿产资源丰富，旅游景点众多。2015 年以来，新修二级及以上公路通车里程约 600 km，新建铁路通车里程达 300 km，矿产资源开发力度较大，边境口岸贸易活跃，经济发展迅速[2]。

1. 收集到的资料

(1) 2014 年底更新完成的 1 : 1 000 000 本区域全要素地形图(DLG)数据,该数据中居民地、交通和旅游等要素内容详细,分级合理。

(2) 2015 年底更新完成的 1 : 250 000 本区域全要素地形图(DLG)数据。

(3) 2016 年交通部门编制出版的 1 : 3 200 000《区域交通图》(对开幅面)。

(4) 2016 年旅游部门编制出版的 1 : 3 200 000《区域旅游图》(对开幅面)。

(5) 2015 年 10 月成像的 15 m 分辨率卫星影像。

(6) 2016 年区域行政区划简册,包含市、县(区)和乡镇等。

(7) 2016 年初出版的区域市县挂图系列(全开幅面)。

2. 编制要求

(1) 挂图幅面为双全开,比例尺 1 : 1 600 000[3]。

(2) 挂图内容以交通为主,兼顾行政区划、地名和旅游等其他地理要素[4]。道路分高速铁路、铁路、高速公路、国道、省道、县乡道及以下等 6 类表示[5];居民地按行政等级分省级行政中心、地级市行政中心、县级行政中心、乡镇及以下 4 级表示;旅游要素分类分级表示[6];水系、沙漠、山脉和山峰等地理要素择要表示。

(3) 挂图采用双标准纬线等角圆锥地图投影[7]。

(4) 挂图的现势性截至 2015 年 12 月[8]。

问题:

1. 指出哪种素材最适合选为基本资料,简述其理由。

2. 简述此挂图居民地、道路和旅游等三种要素的编绘作业步骤。

3. 简述此挂图生产中道路的制图综合处理要点。

6.2.6.2　解析

知识点

1. 普通地图

普通地图是以相对平衡的地图详细程度表示地表最基本的自然现象和人文现象的地图。普通地图根据习惯一般分为地理图和地形图两类。地理图一般指的是小比例尺地图,反映一个较大的区域中地理现象的基本轮廓及其分布规律;地形图一般指的是我国的国家基本比例尺地图。

2. 专题地图

专题地图着重反映自然现象或社会现象中的某一类或几类要素的地图,其中作为主题的要素表示得相对详细,其他的要素围绕表达主题的需要作为地理基础概略表示。

专题地图按内容分为自然地图、人文地图、其他专题地图。

资料分析

(1) 2014 年底更新完成的 1 : 1 000 000 本区域全要素地形图(DLG)数据,居民地、交通和旅游等要素内容详细,分级合理。该资料在本项目收集的所有资料中比例尺最接近待成图,和待成图相关的专题要素表示详尽,图件质量较高,但现势性达不到标准,宜用来做要素采集的基本资料。

(2) 2015 年底更新完成的 1∶250 000 本区域全要素地形图(DLG)数据,跟资料一相比较而言,精度较高,但编绘工作量较大,而且交通、旅游点等相关要素在完备性等方面不具备优势,适宜用作补充资料。

(3) 2016 年交通部门编制出版的 1∶3 200 000《区域交通图》(对开幅面),比例尺较小,用来作为交通要素编绘的参考资料。

(4) 2016 年旅游部门编制出版的 1∶3 200 000《区域旅游图》(对开幅面),比例尺较小,用来作为旅游点要素编绘的参考资料。

(5) 2015 年 10 月成像的 15 m 分辨率卫星影像,在本项目收集的资料中几何精度最高,但现势性达不到标准,而且用来制作矢量挂图需要经过很多数据处理和转换,在本项目中可作为补充资料和参考资料。

(6) 2016 年区域行政区划简册,包含市、县(区)和乡镇等,用作行政区划和地名的补充资料。

(7) 2016 年初出版的区域市县挂图系列(全开幅面),比资料(3)、资料(4)比例尺大,但比待成图、资料(1)、资料(2)比例尺小,在本项目中只能作为参考资料。

关键点解析

[1] 该项目制作的是区域交通专题图,表达的重点是制图区域内通往各个重要表示地点的交通路线,对于此处提示的山脉、河流、沼泽、沙漠、绿洲都属于区域内需要表示的重要要素,如可通行到达,应详尽表示能通达的道路。

[2] 该区域矿产资源丰富,旅游景点众多,各个矿点、旅游景点和提到的边境口岸都应详尽表示,并表示相应道路要素。新修公路、铁路应加以更新表示。

[3] 挂图幅面为双全开,比例尺 1∶1 600 000,意为该挂图由两全张纸拼接而成,按照制图区域范围形状,应拼接成 1 574 mm×1 092 mm 尺幅,相对于资料(3)和资料(4),双全开和对开纸张面积之比为 4∶1,尺寸之比为 2∶1,故比例尺正好是两倍关系。

[4] 挂图内容以交通为主,兼顾行政区划、地名和旅游等其他地理要素,这句话是本项目编绘的要旨和原则,答题要牢牢围绕这个中心展开。

[5] 道路分高速铁路、铁路、高速公路、国道、省道、县乡道及以下等 6 类表示,县乡道及以下应依主次情况进行选取。

[6] 旅游要素需要按照类别和等级预先设计分类分级表。

[7] 挂图采用双标准纬线等角圆锥地图投影,在收集的资料中应进行投影变换。

[8] 挂图现势性截至 2015 年 12 月,所有表示的要素都要满足该要求,不能满足的应进行更新和补充。

题目评估

本题主要考查制图资料在制图综合过程中的具体运用以及制图综合的主要内容。解题时应以题目线索为纲领,结合实际写出制图综合要点,难度非常高。

评价：★★☆   难度：★★★

思考题

本项目挂图幅面采用双全开,相对于全开图,在制作过程中有什么需要注意的地方?

6.2.6.3 参考答案

1. 指出哪种素材最适合选为基本资料,简述其理由。

【答】

(1)本项目基本资料应选用 2014 年底更新完成的 1∶1 000 000 本区域全要素地形图(DLG)数据。

(2)理由如下:

① 1∶100 万全要素地形图(DLG)数据与待成图 1∶1 600 000 挂图比例尺大小相近,制图编绘工作量小。

② 与专题图相关的居民地、交通和旅游等要素内容详细。

③ 要素分级合理,减少了编绘工作量。

2. 简述此挂图居民地、道路和旅游等三种要素的编绘作业步骤。

【答】

(1)以 2014 年 1∶1 000 000 DLG 为基本资料缩编,按编制要求选取交通、行政区划、地名、旅游、居民地和其他地理要素。

(2)以 2015 年底 1∶250 000 DLG 作为补充资料更新相关要素。

(3)以 2016 年的行政区划简册更新行政区划名称等。

(4)利用 2016 年交通部门 1∶3 200 000《区域交通图》作为参考资料,核改交通要素。

(5)利用 2016 年旅游部门 1∶3 200 000《区域旅游图》作为参考资料,核改旅游要素。

(6)进行制图综合,并对要素分级和分类。道路分为 6 类、居民地分为 4 级、旅游要素按情况分类分级,处理好居民地、道路和旅游要素的相互关系。

(7)将更新后数据转为双标准纬线等角圆锥投影和 1∶1 600 000 比例尺。

3. 简述此挂图生产中道路的制图综合处理要点。

【答】

(1)按道路的等级自高级到低级选取,即按照高速铁路、铁路、高速公路、国道、省道、县乡道及以下的顺序选取,重要的优先选取。

(2)选取时要保持道路网图形特征关系。

(3)选取时要保持道路网密度对比关系。

(4)道路的选取应与居民地的选取相适应。

(5)通往沙漠、山口、沼泽、绿洲、旅游景点、矿产资源、边境口岸、河流渡口和桥梁等要素的道路应选取。

(6)道路的化简和概括要符合相关规定要求。

4. 思考题:本项目挂图幅面采用双全开,相对于全开图,在制作过程中有什么需要注意的地方?

【答】

双全开挂图拼接时,为避免裁切不准导致的露白或切掉内容,应在两幅图之间设置重叠带,图幅拼接时按上压下、左压右顺序进行。

6.2.7　2017年第八题

6.2.7.1　题目

2015年6月,某省完成了全省第一次地理国情普查数据验收,现委托某单位进行编制单张省域地理国情普查成果挂图。该省处于中纬度地区,东西经差10°,南北纬度差6°[1],境内平原广袤、河网密布,素有鱼米之乡之称。

1. 已有资料

(1) 2015年完成全省地理国情普查数据,其中地表覆盖数据共有10个一级类,54个二级类,128个三级类,以图斑形式呈现。

(2) 基于普查成果统计分析形成的多种数据,其中地表覆盖统计数据以地市为单位,按一、二、三级分类统计面积。

(3) 2014年底更新完成的1∶1 000 000该省全要素地形图数据DLG。

(4) 2016年5月出版的《中华人民共和国行政区划简册》,包括分地市的人口数据和县级行政区划数据。

(5) 2016年初出版的该省区交通旅游图(对开幅面)。

(6) 2016年1月获取的15 m分辨率卫星图像。

2. 编制要求

(1) 挂图为全开幅面,比例尺1∶1 300 000,以主附图形式。

(2) 根据挂图用途和该省区位置大小和形状,从墨卡托投影、方位投影、高斯投影和圆锥投影等常用地图投影中,为该图选择最合适的地图投影方式[2]。

(3) 主图反映全省地理国情现状,除必要的基础地理信息外,地表覆盖专题要素等细分到二级分布[3]。

(4) 附图采用分级统计图叠加饼状专题图表,反映各地市地表总面积、人均种植土地面积和10个一级分类专题构成的空间分布[4]。

(5) 挂图现势性要求到2015年12月[5]。

问题:

1. 说明挂图选择最合适的投影方式,简述理由。

2. 说明编制主图所采用的资料和用途。

3. 附图中分级统计图和饼状专题图的设计制作过程。

6.2.7.2　解析

知识点

1. 分级统计图法

分级统计图法根据分出的各单元统计数据进行分级,用不同色阶或晕线级反映整个制图区域各分区现象集中程度或发展水平的方法,也称分级比值法。

分级的指标有绝对指标法和相对指标法。

2. 饼状专题图

饼状图显示一个数据系列中各项的大小与各项总和的比例。饼状图中的数据点显示为整个饼状图的百分比。

3. 中纬度地区投影选择

根据圆锥投影变形分布情况,适于制作中纬度沿东西方向延伸地区的地图。由于地球上广大陆地位于中纬度地区,又因为圆锥投影经纬线网形状比较简单,所以被广泛应用于编制各种比例尺地图。

资料分析

(1) 2015 年完成全省地理国情普查数据,其中地表覆盖数据共有 10 个一级类,54 个二级类,128 个三级类,图斑用来制作本项目主图的地表覆盖数据,地理国情普查要素可用来制作主图的专题要素,并更新部分相应地理要素的现势性。

(2) 基于普查成果统计分析形成的多种数据,其中地表覆盖统计数据以地市为单位,按一、二、三级分类统计面积,用来制作附图的地理国情普查专题要素数据。

(3) 2014 年底更新完成的 1:100 万该省全要素地形图数据 DLG,用来制作基础地理信息数据,由于现势性不能达到标准,需要其他资料予以补充更新。

(4) 2016 年 5 月出版的《中华人民共和国行政区划简册》,包括分地市的人口数据和县级行政区划数据,制作分级统计图时提供人口数据,并用于更新主图的县级政区数据。

(5) 2016 年初出版的该省区交通旅游图(对开幅面),用于更新交通要素、景区数据、境界要素、地名等。

(6) 2016 年 1 月获取的 15 m 分辨率卫星图像,分辨率达到更新主图基础地理信息数据的要求,但由于是影像数据,需要另外进行矢量化处理,可作为参考资料核改部分要素。

关键点解析

[1] 该省处于中纬度地区,东西经度差 10°,南北纬度差 6°,地图区域呈东西延伸状态,从投影变形的角度来看适合采用圆锥投影。

[2] 根据挂图用途和该省区位置大小和形状,选择投影。

① 墨卡托投影适合在低纬度地区投影,在高纬度地区面积变形较大,因本项目专题图需要表示各地市地表总面积,应尽量保持面积变形较小,故墨卡托投影不适合作为投影方式。

② 方位投影适用于圆形区域,显然不能达到本项目投影要求。

③ 高斯投影在中央子午线上没有投影变形,但远离中央子午线部分变形大,适合制作南北延伸地图,不适合本项目区域特点。而且高斯投影属于分带投影,要选择中央子午线,东西跨度太大可能涉及投影带跨带问题,会造成额外麻烦。

④ 圆锥投影的特征是在同纬线上变形相等,适合在中纬度东西延展地区作为投影方法。

[3] 主图需要反映全省地理国情要素和地表覆盖要素,要求表示到 54 个二级土地分类。

[4] 附图采用分级统计图叠加饼状专题图表,这是两种专题图表示法的叠加表示,具体

设置参照思考题和问题三参考答案。

[5] 挂图现势性要求达到 2015 年 12 月,根据这个时间点以现势性作为主要参考信息分析选择收集的资料,更新挂图地理要素。

题目评估

本题难点主要在于考查两种专题图表示方法的结合,通过题目所给的数据分析,需要考生有扎实的基本功。

2017 年案例分析考题的突出特点是注重考查考生根据项目概况和所给资料进行技术设计的能力,这也是未来注册测绘师考试的一个大方向。

评价:★★★   难度:★★☆

思考题

附图中各地市地表总面积、人均种植土地面积和 10 个一级分类专题构成的空间分布各采用分级统计图和饼状专题图表中的什么数据来表示?

6.2.7.3 参考答案

1. 说明挂图选择最合适的投影方式,简述理由。

【答】

挂图制图区域在中纬度地区,东西经度差 10°,南北纬度差 6°,根据挂图用途和制图区域位置大小和形状,应采用圆锥投影,分析如下:

(1) 圆锥投影适合在中纬度和东西延展地区作为投影方法,能较好控制投影变形。

(2) 方位投影适合圆形地区,高斯投影适合南北延伸地区,墨卡托投影适合低纬度地区,都不适合作为本项目投影方法。

2. 说明编制主图所采用的资料和用途。

【答】

(1) 2014 年底更新完成的 1∶100 万该省全要素地形图数据 DLG,作为基本资料用来制作挂图基础地理信息数据。

(2) 2015 年完成全省地理国情普查数据,作为基本资料更新主图的地表覆盖数据和地理国情要素。

(3) 2016 年 5 月出版的《中华人民共和国行政区划简册》,作为补充资料用于更新主图的县级政区名称。

(4) 2016 年初出版的该省区交通旅游图,作为补充资料用于更新交通要素、景区数据、境界要素、地名等。

(5) 2016 年 1 月获取的 15 m 分辨率卫星图像,作为参考资料核改地理要素。

3. 附图中分级统计图和饼状专题图的设计制作过程。

【答】

(1) 根据《中华人民共和国行政区划简册》中各地市的人口数据和更新后的 DLG 数据中提取的各地市种植土地总面积计算各地市人均种植土地面积,并设计数据分级规则。

(2) 在更新后的 DLG 数据中提取地市境界和行政区划数据,生成行政区划和境界图层。

（3）对数据分级，在行政区划和境界图层中绘制分级统计图。

（4）提取普查成果统计分析数据中分地市的一级分类统计面积。

（5）按 10 个一级分类比例制作各地市一级分类统计面积饼图。

（6）叠加分级统计图和饼图，饼图尽量定位于各地市中央。

4. 思考题：附图中各地市地表总面积、人均种植土地面积和 10 个一级分类专题构成的空间分布各采用分级统计图和饼状专题图表中的什么数据来表示？

【答】

（1）各地市地表总面积以分级统计图中的各区块面积表示。

（2）人均种植土地面积以分级统计图中的分级数据表示。

（3）10 个一级分类专题构成的空间分布以饼状专题图表中各分类数据的百分比表示。

6.2.8　2018 年第七题

6.2.8.1　题目

某测绘单位承接了我国中部某省行政区划挂图[1]的编制任务，该省东部地势平缓，沟渠纵横，人口比较密集，村落众多[2]，还有一些历史古村[3]。西部以山地丘陵为主，交通相对落后，居民地比较稀疏。2016 年以来，该省西部发展加快，先后开工建设了多条高等级公路[4]，开展了新农村建设，并对县、乡两级行政区划进行了调整[5]。

1. 已有资料

（1）2016 年完成的全省标准地名数据库（包括全省各类地理实体的标准名称，地名位置精度同 1∶5 万比例尺地形图）。

（2）2015 年更新完成的 1∶100 万比例尺全要素地形图数据（DLG）。

（3）2017 年出版的各地市行政区划图系列（对开幅面，纸质资料）。

（4）2018 年出版的省行政区划简册（包括乡镇及乡镇以上级别居民地名称）。

（5）2017 年 12 月获取的 2 m 分辨率卫星影像。

（6）发布的 2016—2017 年行政区划变更公告。

2. 技术要求

（1）采用双全开幅面，比例尺约为 1∶120 万，现势性截至 2017 年 12 月 31 日；

（2）表示全部县级及县级以上行政区域界线[6]。

（3）表示全部乡镇级及乡镇以上级别居民地，其他居民地酌情选取[7]。

（4）表示全部县道及县道以上等级公路，其他道路选取表示。

（5）分地市设色[8]。

（6）选用合适的地图投影类型和变形方式，使各地市行政区形状变形最小[9]。

备选的投影类型有墨卡托投影、高斯投影和圆锥投影等三种，备选的投影变形方式有等角、等积和等距等三种[10]。

问题：

1. 确定本挂图最合适的地图投影类型和变形方式，并说明理由。

2. 简要说明已有资料的用途。

3. 简述本挂图中居民地要素的编绘作业步骤。

6.2.8.2 解析

知识点

（1）投影设计

根据制图区域特点和制图用途等因素尽量控制投影变形来选择合适的投影方法。

极地地区附近宜选用正轴方位投影，中纬度地区宜选用正轴圆锥投影，近赤道地区宜选用墨卡托投影，南北延伸地区多选用横轴圆柱投影。

接近圆形轮廓的区域宜选择方位投影，政区图等需要面积比例与实地相似的应选择等积投影，工程形状需要与实地相似的应选择等角投影，交通图一般采用等距离投影来控制道路里程变形。

海洋地图一般用墨卡托投影，各国的地形图一般用等角横切（割）圆柱投影，我国地形图用的是等角横切椭圆柱投影（高斯-克吕格投影）。

我国分省地图采用正轴等角割圆锥投影（必要时也可采用等面积或等距离圆锥投影），或宽带高斯-克吕格投影（经差可达 $9°$），南海地区单独成图时，可采用正轴圆柱投影。

（2）投影变形分类

等角投影也叫正形投影，即角度不发生投影变形，图形在原面上和投影面上保持了相似性，等角投影的经纬线必定正交。

等积投影在投影后面积不产生变化。

任意投影指不属于等角投影和等面积投影的投影，等距离投影也属于任意投影。

（3）居民地编绘要求

居民地的选取应按行政等级、重要性、密度对比和分布特征及与其他要素相互关系进行。

随着比例尺的缩小，大的居民地可用很概括的轮廓表示，小的居民地可用圈形符号表示。圈形符号要考虑符号的设计、符号定位，以及与线状要素的关系、相接、相切、相离关系。

资料分析

（1）2016 年完成的全省标准地名数据库作为基本资料用于地名数据获取。

（2）2015 年更新完成的 1:100 万比例尺全要素地形图数据（DLG）作为基本资料用于基础地理要素和行政区划界线数据的获取。

（3）2017 年出版的各地市行政区划图系列作为补充资料用于县级以上行政区划界线更新和地市行政区划分色。

（4）2018 年出版的省行政区划简册作为补充资料用于县、乡两级行政区划调整后行政区划名称更新。

（5）2017 年 12 月获取的 2 m 分辨率卫星影像作为补充资料用于基础地理要素更新。

（6）省民政厅发布的 2016—2017 年行政区划变更公告作为参考资料用于核改县、乡两级行政区划调整。

关键点解析

[1] 该省位于我国中部表示制图区域位于中纬地区,宜选择圆锥投影。由于行政区划挂图一般要求面积不产生变形,变形方式一般应考虑等积,但本项目没有采取该方式,后述。

[2] 本项目对于居民地的选取原则是乡镇以下酌情选取,由于制图区域村落众多,应考虑村落如何选取,此处是一个明显的提示。

[3] 重要的村落应选取,比如历史古村。居民地的选取应反映疏密对比。

[4] 连接高等级公路的居民地应选取,居民地应与道路保持正确的关系。

[5] 该省县、乡两级行政区划在 2016 年后进行了调整,资料选择时应考虑到县、乡两级行政区划名称和界线的更新,县级行政区划线变更数据从资料 3 获取,乡级行政区划界线变更数据不用表示。行政区划名称变更数据从资料 4 获取。

[6] 除了行政区划界线调整数据外,其他县级,及县级以上行政区划界线数据从资料 2 获取。

[7] 表示全部乡镇级及乡镇以上级别居民地,省级挂图上居民地一般采用圈形符号表示,圈形符号需要设置分级。乡镇级以下居民地数据要取舍。

[8] 各地市行政区划要以地市行政区划界线划分涂色,界线数据从资料 3 获取。

[9] 要求各地市行政区形状变形最小,变形方式应选择等角。

[10] 由于该省地处中纬区域,宜选择圆锥投影。

思考题

简述本挂图行政区划要素编绘的过程。

6.2.8.3　参考答案

1. 确定本挂图最合适的地图投影类型和变形方式,并说明理由。

【答】

(1) 地图投影类型宜选圆锥投影,因圆锥投影比较适合该省所处的中纬区域。

(2) 变形方式宜选等角,因本挂图要求各地市行政区形状变形最小。

2. 简要说明已有资料的用途。

【答】

(1) 全省标准地名数据库作为基本资料用于地名数据获取。

(2) 1∶100 万比例尺全要素地形图作为基本资料用于基础地理要素和行政区划界线数据的获取。

(3) 各地市行政区划图系列作为补充资料用于县级以上行政区划界线更新和各地市行政区分色。

(4) 省行政区划简册作为补充资料用于县、乡两级行政区划名称更新。

(5) 卫星影像作为补充资料用于基础地理要素更新。

(6) 行政区划变更公告作为参考资料用于核改县、乡两级行政区划调整。

3. 简述本挂图中居民地要素的编绘作业步骤。

【答】

(1) 从 DLG 数据中提取居民地要素。

(2) 选取全部乡镇级及乡镇以上级别居民地。

（3）选取历史古村等重要的村落居民地。

（4）居民地的选取应反映疏密对比，东部多选取，西部少选取。

（5）连接高等级公路的居民地应选取。

（6）居民地应与道路、沟渠等保持正确的相对位置关系。

（7）用圈形符号法根据居民地行政级别分级。

（8）注记居民地名称，如有变更的应根据相关资料改正。

（9）有制图位置冲突的应移位注记。

4. 思考题：简述本挂图行政区划要素编绘的过程。

（1）从 1∶100 万 DLG 数据中提取县级及以上行政区划界线和名称。

（2）从各地市行政区划图系列（经过扫描和校正，比例尺调整到 1∶100 万）数据中提取县级及以上行政区划界线。

（3）套合 DLG 获取的行政区划界线和各地市行政区划图获取的行政区划界线，查找变更处。

（4）以各地市行政区划图为参考，更新 1∶100 万 DLG 上的县级及以上行政区划界线。

（5）以省行政区划简册数据更新县、乡两级行政区划名称。

（6）用行政区划变更公告核对行政区划要素变更。

第7章　地理信息应用和服务

知识点解析

本章案例分析考试内容主要包括四个方面：空间数据基础知识、空间分析、地理信息工程应用开发、地理信息数据建库。其中，空间数据基础知识主要包括基础地理信息数据、专题地理信息数据、导航电子地图数据、在线地理信息服务数据（图7.1）。

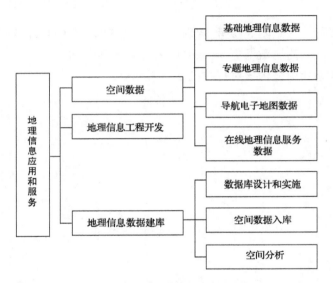

图7.1　地理信息应用和服务知识体系

7.1.1　空间数据

地理信息系统首先必须将现实世界描述成计算机能理解和操作的数据形式。数据模型是对现实世界进行认知、简化和抽象表达，并将抽象结果组织成数据集，是地理信息系统的基础。

7.1.1.1　GIS 数据

1. 空间数据结构

空间数据结构主要有矢量数据结构和栅格数据结构两类，还有非位置数据。

（1）矢量数据

矢量数据是在直角坐标系中，以坐标形式表示空间位置的数据，适宜表达离散空间数据。矢量数据分为零维点元素、一维线元素、二维面元素、三维体元素。

矢量数据分为几何特征和属性特征。几何特征用坐标和空间关系表达,属性特征分为编码和表单数据,其中标志码和几何特征是软件系统决定的,其他属性可以由用户添加或修改。空间数据可抽象表示为点、线、面 3 种基本的图形要素。

（2）栅格数据

栅格数据以行列进行分格,以坐标系左上角为原点,并对格网中心进行属性赋值。栅格数据结构简单,适宜表达连续空间数据。栅格数据的获取主要有矢量数据转换法、扫描数字化、分类影像输入等方法。

（3）DEM 数据

DEM 数据在地理信息系统中有着广泛应用,可以方便地表示高程,并用来实现空间分析。

（4）空间数据的说明

① 属性数据

属性数据指编码、位置、行为、属性、说明、关系等。

② 元数据

元数据是对数据变化的描述,是数据的说明表单资料,用关系数据表描述空间数据集的内容、质量、表达方式、精度、空间参考系、管理方式、其他特征等内容。

2. 空间拓扑关系

拓扑关系指存在于结点、弧段、多边形元素之间具有拓扑属性的空间相对位置关系。拓扑关系的意义主要是能清楚地反映实体之间的逻辑结构关系,有利于空间要素的查询和图形错误检查。

3. 地理数据

地理数据分为基础地理数据和专题地理数据两类。

基础地理数据是描述地表形态及其所附属的自然人文特征和属性的总称,是统一的空间定位框架和空间分析的基础数据。

专题地理数据显示空间的专题要素和推算的专题现象,同时不仅显示专题内容的空间分布,也反映这些要素的特征以及它们之间的联系及发展。

（1）数据采集办法

采集方法有全野外数据采集、航测和遥感法、地图数字化等。数据采集工作是 GIS 建库中工作量最大的环节。

（2）地理空间数据编辑

空间数据的不完整或位置误差,一般用逻辑检查法、目视检查法、叠合对比法进行检查。空间数据的编辑分为非拓扑编辑和拓扑编辑。

① 非拓扑编辑。非拓扑编辑是数据的整形,内容包括编辑结点、线条的简化和平滑、分割合并多边形等。无拓扑矢量格式只存储坐标和属性,不存储空间关系。

② 拓扑编辑。拓扑编辑生成拓扑关系,使计算机能辨认独立的结点、弧线、多边形,在此过程中能消除某些数字化错误,并消除数字化错误。

③ 拓扑错误检查。伪节点、悬挂节点、碎屑多边形。

（3）坐标系变换

空间数据参考系统是空间数据进行编辑处理和进行空间分析的前提。

（4）地图投影变换

（5）图幅拼接和索引

（6）空间数据分层

为了分类存储、便于拆分和组合以及专题图制作，空间数据一般按专题、时间序列、实体几何类型、实体属性结构等方式分层。

（7）属性信息

属性数据的校核包括两部分内容：属性数据与空间数据是否正确关联，标识码是否唯一；属性数据是否准确，是否超过其取值范围等。

属性信息的更新方法有以下几种：

① 由现有的信息数据生成新的属性信息。

② 把属性信息数据取值分成少数几类来简化现有属性信息数据。

③ 从现有属性信息数据计算新的属性信息。

④ 在计算中结合专业知识生成属性解释数据。

7.1.1.2 导航电子地图数据

1. 导航电子地图数据内容

导航电子地图的四个主要内容是路网信息、背景信息、注记信息、索引信息，还有用于显示增强的图形文件和辅助增强的语音文件。

（1）路网信息：路网信息分为道路信息与结点信息。

道路信息由车道数、行驶方向引导箭头构成。车道信息在数据库中记录为一组关系信息，按"线（LINK）—点—线"的模型记录和存储，用进入和退出 LINK 来表示具体车道信息，用交叉点建立路网拓扑关系。

导航数据采集中，道路要素和属性是核心，最基本的内容是建立道路网络拓扑关系。

（2）背景信息：电子地图所显示范围内的境界、铁路、水系、绿地等。

（3）注记信息：地名、道路名、道路编号、设施名等的文本及符号。

（4）索引信息：即兴趣点、地名、道路交叉点、点门牌等。POI 索引包括种类、名称、所在的行政区划、邮编、地址、电话、位置信息等属性。

POI 模型包括属性信息、空间信息、关联信息，具体内容如下。

① 功能设计：通过名称、拼音、分类菜单等方式检索具体 POI 对象；根据不同 POI、不同分类显示不同类别检签图。

② 行政区划代码：任何 POI 都属于某一个行政主体。

③ 关联道路 LINK：任何 POI 都属于某一条道路。

④ 类别检签图图形：任何 POI 都属于某一个分类，给定一个显示类别的特征检签图。

2. 导航电子地图数据制作（图 7.2）

（1）外业调查

外业调查主要包括照相、画草图、图形编号。

① 道路要素生产作业

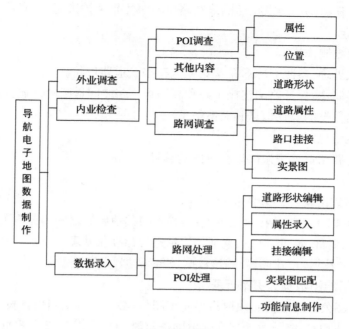

图 7.2　导航电子地图数据制作

采集测绘作业区内所有可通行道路的形状,采用底图或用 GNSS 接收机采集道路中心线轨迹。

采集记录车道信息、通行方向、交通限制、红绿灯等路口处道路的挂接关系。

采集道路要素的属性,如道路等级、道路幅宽、通行方向、道路名称、禁止信息、红绿灯、车道信息、标志标线、速度限制等。

现场状况比较复杂的路口要进行全方位拍照以便制作路口实景图。

② POI 要素生产作业。

参照道路形状现场采集所有 POI 位置坐标。

现场采集 POI 要素的属性,POI 名称(一般为牌匾名称)、POI 地址信息、电话号码、POI分类、邮政编码、行政区划、其他信息。

对于主要商业区等区域的内部、星级酒店、重要景点等要保证现场采集完整。

③ 门牌、道路交叉点信息。

④ 辅助注记内容。

文字信息、语音、图形等信息。

(2)作业结果检查

外业成果检查验收的主要方式有作业员自查、组长抽查、接边检查、对 POI 等检索类要素电话抽查等。

① 通过 GNSS 轨迹确认作业区域内的所有道路数据是否都已经进行了调查采集。

② 检查所有新采集的道路及道路形状修改处与其周边的 POI 的逻辑关系是否正确。

③ 对于多个作业区域的相邻接边处,检查确认道路数据的形状、属性接边是否正确以及 POI 数据是否存在采集重复的情况。

④ 确认生产任务书中要求拍照的复杂路口的照片是否拍摄完整，照片是否清晰可用。

（3）录入作业

① 道路网数据制作：

◎ 道路形状处理，参照 GNSS 采集结果人工描绘道路形状。

◎ 道路挂接制作，保证路网挂接正确和高等级道路之间道路的连通性。

◎ 录入道路数据的属性信息和关系信息。

◎ 路网功能信息制作。

◎ 在复杂道路路口处记录路口实景图的编号。

② POI 数据：

◎ 参照道路数据调整 POI 的相对位置。

◎ 调整相邻 POI 之间的相对位置关系，检查与其他要素之间的逻辑关系。

◎ 对 POI 的名称、地址、电话、类别等信息进行标准化处理。

③ 注记、背景数据、行政境界、图形数据、语音数据、文字数据。

3. 导航电子地图数据公开表示要求

导航电子地图公开出版前必须取得相应审图号，必须进行空间位置技术处理，对敏感内容必须进行过滤并删除，该技术处理必须由国务院测绘主管部门指定的机构采用国家规定的方法。

（1）不得采集的内容

① 控制点相关：重力数据、测量控制点。

② 高程相关：高程点、等高线及数字高程模型。

③ 管线相关：高压电线、通信线及管道。

④ 植被和土地覆盖信息。

⑤ 国界线和行政区划界线。

⑥ 法律禁止采集的其他信息。

（2）不得表达的内容

① 直接用于军事的设施或军事禁区、军事管理区。

② 与公共安全有关的单位（监狱等）或设施。

③ 涉及国家经济命脉，对人民生产生活有重大影响的民用设施：水利、电力、通信、燃气设施以及粮库、气象站、水文观测站。

④ 专用铁路、站内火车线路、铁路编组站、专用公路。

⑤ 桥梁的限高、限宽、净空、载重、坡度等属性，隧道的高度、宽度、公路的路面铺设材料等属性。

⑥ 江河的通航能力、水深、流速、底质、岸质，水库的库容、拦水坝的高度，水源的性质，沼泽的水深、泥深及边界轮廓，渡口的内部结构及属性。

⑦ 公开机场的内部结构及运输能力属性。

⑧ 高压电线、通信线及管道。

⑨ 参考椭球、经纬网、方里网及注记。

⑩ 重力数据、测量控制点。

⑪ 显式的空间位置坐标、高程信息,国家正式公布的除外。

⑫ 法律法规禁止公开的其他信息。

7.1.1.3　在线地理信息服务数据

1. 国家地理信息公共服务平台

国家地理信息公共服务平台由国家测绘地理信息主管部门牵头建设,实现全国地理信息网络服务所需的信息数据、服务功能、支撑环境的总称。

(1) 根据平台和网络性质分类

根据运行环境不同分为公众版(互联网)、政务版(国家电子政务外网)、涉密版(国家电子政务内网)。

(2) 组织模式

国家地理信息公共服务平台由国家级主节点、省级分节点、市级信息基地组成。通过网络实现服务聚合,提供协同服务。各节点以运行支持层、数据层、服务层组成。

(3) 服务规范

服务接口规范性是网络地理信息服务实现 SOA 架构的基础,如国际开发地理空间联盟(OGC)的网络地图服务规范(WMS)、网络要素服务规范(WFS)、网络覆盖服务规范(WCS)、网络处理服务规范(WPS)、目录服务规范(CSW)等,还包括服务分类命名、服务元数据内容与接口规范、服务质量规范、服务管理规范、用户管理规范等。

(4) 节点服务方式

① 门户网站:供普通用户浏览、下载、提供技术帮助入口。

② 服务接口:供开发者调用的开放式接口,各节点聚合协同提供范围服务。

2. 在线地理信息数据

(1) 源数据

在线地理信息系统电子地图的数据源包括多种来源的矢量地图数据、影像数据、模型数据、地理监测数据、实时传感数据(手机等端口)等。

(2) 在线地理信息数据

对各种源数据进行内容提取、分层细化、模型重构、统计分析等处理得到地理实体数据、地名地址数据、电子地图数据等。

① 地理实体数据

地理实体数据,每个要素对应唯一的要素标志、实体标志、分类标志。基本地理实体数据包括境界实体、政区实体、道路实体、铁路实体、河流实体、房屋实体、院落实体等。

② 地名地址数据

地名是地理实体的专有名称,以地理标志点来表达地名地址的数据,包括结构化地名地址描述、地名地址代码等信息,用来表达一般的 POI 数据、点状专题数据。

3. 在线地理信息数据生产(图 7.3)

(1) 生产流程和内容

在线地理信息数据生产流程为内容提取、模型重构、一致性处理、规范化处理;电子地图还需要进行符号化表达、地图整饰、地图瓦片生产等处理。

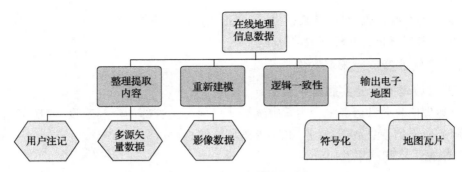

图 7.3　在线地理信息数据生产流程

公众版和政务版地理信息数据需要进行必要的脱密处理。

（2）电子地图数据处理要求

电子地图数据处理要规范地图表达和分级要求、坐标系统要求、地图瓦片要求、数据源要求等。

电子地图按地面分辨率或显示比例尺不同分 20 级。省级地图一般使用 15～17 级电子地图，市级使用 18～20 级，城市建成区用相应的最新的大比例尺地形图数据，郊区可以放宽比例尺。

（3）地图瓦片制作

地图瓦片是为了加快网络显示速度，按照一定级别分割电子地图的分块。起点在西经 180°、北纬 90°，向东、向南行列递增。瓦片分块大小为 256×256 像素，使用 png 或 jpg 格式储存。

（4）在线地理实体数据建模

① 地理实体概念模型（图 7.4）

地理实体概念模型由点、线、面表达，被图元标识码唯一标志，地理实体为图元的组合，以实体标识码标志。地理实体数据以空间无缝、内容分层的方式组织，由图元表和地理实体表构成，通过图元标识码建立联系。以线表达的水系、交通等要素应保证线段的连续。

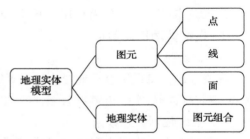

图 7.4　在线地理信息数据地理实体模型

② 地名地址数据建模

地名地址以地理位置标志点（经纬度坐标）表达，以地名地址数据表表达。

（5）数据保密处理

公众版网络地理信息服务数据规定要对数据进行重采样，使空间位置精度不高于 50 m，等高距不小于 50 m，DEM 格网间距不小于 100 m，影像地面分辨率不优于 0.5 m，不标注涉密信息，不处理建筑物、构筑物等固定设施。

4. 在线地理信息系统运行和维护

在线地理信息服务系统由数据生产和管理（维护管理）、在线服务（服务发布）、运行维护监控（服务管理与用户管理）、应用（应用系统开发）四个层面构成。

门户网站应包括的栏目有地理信息浏览、地名地址查找定位、空间要素查询分析、信息标绘与纠错、数据提取与下载、路线规划、实时信息显示以及个性地图定制、照片及视频上传、接入各类网站的专题服务等。

7.1.2 空间分析方法

空间分析是 GIS 的核心,是 GIS 区别于一般信息系统的主要方面,空间分析是指以地理事物的空间位置和形态为基础,提取和产生新的空间信息技术和过程。

1. 栅格数据的空间分析方法

(1) 聚类分析

聚类分析是根据给定条件,对原有数据有选择地提取,建立新的数据系统的方法,常用于合并空间数据集中由相似对象组成的相邻类,即同类合并。

(2) 聚合分析

聚合分析是根据空间分辨率和分类表,进行数据类别的合并或转换,以实现空间地域的兼并。

聚类分析和聚合分析的区别在于前者为重新分类合并,后者为大类兼并相近小类。

(3) 栅格叠置分析

栅格叠置分析将不同图幅或不同数据层的栅格数据叠置在一起,在叠置后的地图相应位置上聚合产生新的属性的空间分析方法。

2. 矢量数据的空间分析方法

(1) 缓冲区分析

缓冲区分析是以点、线、面实体为基础,自动建立其周围一定宽度范围内的缓冲区多边形图层,然后建立该图层与目标图层的叠加,进行分析而得到所需结果的方法。

(2) 多边形叠置分析

在统一空间参考系统下,通过对两个矢量数据集进行的一系列集合运算,产生新数据集的过程。

(3) 网络分析

网络分析是对地理网络(如交通网络)、城市基础设施网络(如各种通风管线、电力线、供排水管线等)展开的地理分析和模型化的研究。

最佳路径求解就是在指定网络的两结点间,找一条阻碍强度最小的路径。最佳路径的产生基于网线和结点转角的阻碍强度。

资源分配分析是根据中心地理路框架,通过对供给系统和需求系统两者空间行为相互作用的分析,来实现网络设施布局的最优化。

3. DEM 数据的空间分析方法

数字地形分析是指在数字高程模型上进行地形属性计算和特征提取的数字信息处理技术。

(1) 地形曲面参数提取

地形曲面参数具有明确的数学表达式和物理定义,并可在 DEM 上直接量算。

(2) 地形特征提取

地形特征点主要包括山顶点、凹陷点、山脊点、山谷点、鞍部点、平地点等。

（3）视域分析

视域分析包括两方面内容，一是两点之间的通视性分析；二是可视域分析，即对于给定的观察点所覆盖的通视区域。

7.1.3 GIS项目开发

信息系统的生命周期指系统从立项开始，直到最后被淘汰的整个过程，整个信息系统开发过程划分为各自独立的系统分析、程序设计、系统测试、运行和维护以及系统评估。GIS工程开发流程如图7.5所示。

图7.5 GIS工程开发流程

1. 系统需求分析

需求分析就是确定系统要达到的目标和效果进行的分析工作，把企业需求反映到信息系统需求说明书中。

系统分析工具主要有数据流模型、数据字典等，系统分析方法主要有结构化分析方法、快速原型化分析方法。

2. 系统设计

（1）系统总体设计

系统总体设计主要有系统体系结构设计、模块体系设计、系统功能设计、系统安全设计、运行环境配置、软件结构设计等。

（2）数据库设计

数据库设计属于总体设计内容，数据库设计一般包括概念设计阶段、逻辑设计阶段、物理设计阶段。

① 概念设计

概念设计是把地理实体抽象成概念模型，输出E-R图的过程，主要内容包括提取实体、抽象处理、绘制数据流图、绘制E-R图、优化和评估。

② 逻辑设计

逻辑设计是从E-R模型向关系模型转换的过程，主要内容包括确定数据项、记录、记录间的联系，考虑数据安全性、完整性、一致性约束等要求。

③ 物理设计

物理设计是将空间数据库逻辑结构模型在物理存储器上实现，导出地理数据库的存储模式。

④ 数据字典设计

数据流图和数据字典一起形成系统分析规格说明，数据字典属于元数据，在需求分析中建立，在设计阶段、实施阶段、维护阶段不断完善、增补。

⑤ 空间数据库设计

空间数据库逻辑设计对图形数据库进行抽象提取，整理成数据集，继而对数据分层，可分为空间数据现势库、空间数据历史库、空间数据操作库，数据存储在操作库中完成处理，完备后再转移到现势库中。

⑥ 属性数据库设计

针对不同专题和行业分别设计属性数据库。

⑦ 符号库设计

符号库设计包括符号类型设计、符号样例设计等。

⑧ 元数据库设计

空间数据元数据库使用关系数据库管理系统建库,要支持 CWM 标准(公共元数据库模型)。元数据库表达的主要内容有空间数据集的内容、质量、表达、精度、空间参考、管理方式、其他特征等。

⑨ 共享数据库设计

提取不涉及保密的数据存入共享库用于信息发布和广域网查询,共享数据库和非共享数据库分开,提供一个数据分享和互操作的窗口。

⑩ 数据更新设计

通过实测更新、遥感信息更新、编绘更新、计算机地图制图更新、GNSS 信息更新等方式保持数据库现势性。

（3）系统详细设计

系统详细设计是在总体设计和数据库设计之后需要进行详细设计,细化程序编写流程,为项目实施做准备。系统详细设计主要内容有数据结构设计、用户界面设计、模块设计、代码设计、详细设计说明书编写等。

3. 系统开发与集成

（1）系统开发

系统开发技术要求分为独立开发、宿主型二次开发、组件式二次开发三个层次。目前主流的开发语言主要有 C++(偏向于底层开发,程序运行效率高)和 Java(平台兼容性好)等。

（2）系统集成

系统集成是将基于信息技术的资源以应用的方式集聚成一个协同工作的整体。集成包括功能交互、信息共享、数据通信等。

4. 系统测试和调试

（1）系统测试

系统测试是对系统进行整体性测试,以验证需求说明书是否得到有效实现。

① 单元测试

单元测试即模块测试,测试对象是软件设计的最小单位模块。测试依据是详细设计的描述,多采用白盒技术。单元测试一般由软件开发人员负责。

② 集成测试

集成测试即组装测试,将构成进程的所有模块一起测试。

③ 确认测试

确认测试即有效性测试,在模拟的环境下运用黑盒测试的方法,验证被测软件是否满足需求规格说明书列出的需求,任务是验证软件的功能和性能及其他特性是否与用户的要求一致。

④ α 测试

α测试属于确认测试,由研发测试人员在开发环境下模拟实际操作,其目的是评价软件产品的功能、局域化、可使用性、可靠性、性能和支持。

α测试在编码结束时或者模块测试完成后开始。

⑤ β测试

β测试属于确认测试,是完成了功能测试和系统测试以后,在产品发布之前所进行的测试活动。β测试由多个软件使用者来承担,使用者通过不同的测试用例,来测试软件各项功能。通过β测试之后,软件才能正常的投入使用。

（2）软件测试方法

① 白盒测试

白盒测试也称结构测试或逻辑驱动测试,只检查软件结构和逻辑是否符合要求,而不考虑功能,是穷举路径测试。

② 黑盒测试

黑盒测试也称功能测试或者数据驱动测试,只检查程序功能是否按照需求规格说明书的规定正常使用,而不考虑软件内部结构,是穷举输入测试。

③ ALAC测试

ALAC测试也称用户行为测试,针对客户知识对最可能发生的错误进行测试。

④ 自动化测试方法

自动化测试是通过设计的特殊脚本程序来模拟测试人员对计算机的操作过程和行为。

（3）系统调试

系统开发和测试后,还需要在具体的环境下进行调试以进一步发现和改正错误。

（4）系统试运行

系统软硬件在具体环境测试完毕后,为使各子系统、数据、端口等之间能协调运行和工作进行的一种综合测试,需要试运行。

7.1.4　地理信息数据入库

GIS空间数据库与传统数据库比较,空间数据模型复杂,数据量庞大。目前,大多数商品化的GIS软件都是建立在关系型数据库管理系统(RDBMS)基础上的综合数据模型。

1. 空间数据库组织模式

对象-关系型将复杂的数据类型作为对象引入关系数据库中,并在空间数据之上增加空间数据引擎(SDE),实现对空间数据和属性数据的一体化管理。

2. 地理信息数据建库（图7.6）

GIS基本建库流程包括数据准备、数据编辑、数据库设计和开发、数据入库、数据库维护和数据更新等几项工作。

（1）数据检查验收

采用抽样详查、全库概查对源数据进行验收,要点如下:

① 注重检查不同单位生产的数据;

② 不同区域的数据;

③ 不同图幅数据之间的不完整、不一致等问题;

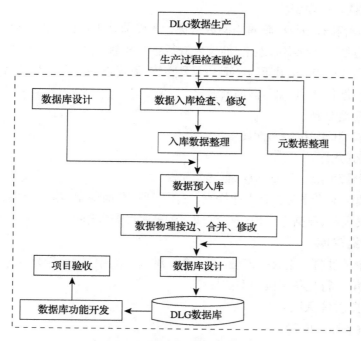

图 7.6　地理信息数据建库示例

④ 图形要素之间的关系协调。

（2）数据数字化

将现有地图、外业观测成果、航空像片、遥感图片数据、文本等转换成 GIS 可用的数字形式，录入计算机。

（3）数据格式转换

多源异构空间数据的统一成为建立地理信息数据库的关键步骤，空间数据转换格式是一种标准数据中介，不同空间参考系的数据需要一个标准格式来互相转换。

（4）数据预处理

数字化信息规范化处理和新地图编制进行的数据处理。

① 数字纠正检查，重新生成数字化文件，比例尺变换，数据合并归类。

② 多源空间数据高斯投影转换为地理坐标，并统一坐标系。

③ 数据层属性项格式转换。

④ 合并重要线、面等图形要素。

⑤ 元数据汇总和整理，由文本格式转换为关系表达式。

⑥ 新地图编制进行的数据处理，主要有数学基础建立，投影转换，数据综合，符号、图形、注记的处理等工作。

（5）数据库结构设计与开发

概念设计、逻辑设计、物理设计、元数据库设计等，空间数据库开发和测试。

（6）预入库

按设计要求将数据预入库到相应的数据层，数据不做处理，产生临时数据库。

(7) 空间数据入库前编辑

采用拓扑编辑和非拓扑编辑对空间数据进行入库前处理,进行接边、合并、修改。

① 图幅接边处进行线实体连接,面实体进行合并和封闭。

② 线型和图元检查,各图元的注记必须是整体,不得逐字注记,图元层属性要匹配。

③ 面要素线性化处理,如河流面要素。

④ 清理重复地形要素。

⑤ 地形要素编码和扩展属性设置。

(8) 数据正式入库

(9) 数据库管理系统(DBMS)功能设计开发

数据库管理系统主要功能有入库检查、视图管理、查询检索、输入输出、数据编辑、空间分析、制图、分发服务、数据库维护、安全管理等,按项目需求选择。

3. 属性数据建库

关系数据库是目前主流数据模型,是一个二维表。其中,每一行是一个记录,每一列是一个字段,表中第一行是各字段的型的集合。

4. GIS 数据质量保证

(1) 数据质量控制内容

① 空间数据质量控制

空间位置精度主要是数学基础、平面精度和高程精度。

② 属性数据的质量控制

属性数据的质量控制主要是描述空间数据的属性项定义要正确,属性表中各数据项的属性值及单位要正确,标识码要唯一有效,属性表之间的相关性和映射关系应当正确描述和建立。

③ 空间关系质量控制

空间关系质量控制主要内容有空间实体点、线、面之间的组合能表达实体间拓扑关系的相邻性、连续性、闭合性、包含性、一致性等关系。

④ 空间数据和属性数据关系的质量控制

空间数据与属性数据必须具有正确的相关性。

(2) 质量控制方法

① 过程控制

过程控制属于数据录入前和录入中的检查,主要是采用设法减少和消除误差及错误的技术。

② 成果控制

成果控制属于数据录入后的后处理检查,以进一步发现数据错误和改正数据错误。

③ 基于拓扑关系规则的数据检查

用户可以指定空间数据必须满足的拓扑关系约束。

7.2 真题解析

7.2.1 2011 年第五题

7.2.1.1 题目

某市拟建设市政设施管理与更新信息系统,项目内容包括建设全市市政设施数据库,开发数据库管理与服务系统。

1. 已有数据

(1) 基础地理信息数据由基础地理信息服务平台[1]提供地图服务,包括全市 0.5 m 彩色正射影像以及 1∶500、1∶2 000 地形图数据等[2],采用城市独立坐标系、高斯-克吕格投影。

(2) 市政设施数据。

① 道路和桥梁要素。根据 1∶500 地形图按图幅采集存储,以多边形表示道路和桥梁的路面范围,同时采集道路和桥梁的中心线[3];属性信息包括其分类编号、宽度、路面材料、名称等。

② 路灯要素。利用 GPS 采集道路和桥梁沿线路灯的定位点数据。采用 WGS-84 坐标系[4],属性信息包括其分类编码、所在道路和桥梁的编号及名称,按照片区存储,其他路灯暂不采集。

③ 燃气管线、燃气井要素。根据 1∶500 地形图按图幅采集,燃气管线的属性信息包括分类编号、管径、管材等和燃气井采集点位及类型等属性。

④ 供水、排水、电力、通信等要素。供水、排水、电力、通信等要素的采集和存储参照燃气设施数据方式进行。

2. 全市市政设施数据库要求

(1) 数据分层

对数据进行分层组织,具有相同几何特征的道路、桥梁、路灯、燃气、供水、排水、电力、通信等设施要素划分为相同层[5]。

(2) 接边

全市范围连续无缝,要素对象应进行接边和保持唯一。

(3) 坐标系

数据库坐标系与 1∶500 地形图数据一致,利用 WGS-84 与城市独立坐标系之间的转换参数对路灯数据进行转换[6]。

(4) 质量保证措施

入库数据必须经过严格的质量检查,包括内业数据检查和野外抽查核实。

3. 数据库管理与服务系统开发

包括数据采集与更新、数据库管理与服务两个子系统,在互联网环境中运行,并可调用已在运行的基础地理信息服务平台[7]。

（1）数据采集更新子系统

在掌上电脑(PDA)上开发,利用无线网络与互联网连接,要求利用携带的 GPS 实地采集更新市政设施数据,并自动转换到城市独立坐标系;同时可调用基础地理信息服务平台的地图和影像数据服务为背景,实地调绘对市政设施数据进行更新。

（2）数据库管理与服务子系统

数据库管理与服务子系统的主要功能包括数据建库、管理、更新以及对外数据目录发布、信息查询、数据编辑处理、数据提取、地图服务等。基础地理信息服务平台可以提供网络地图服务和有关功能服务接口。

问题:

1. 设计该市政设施数据库的要素分层方案。

2. 简述将采集的市政设施数据整理入库的主要工作步骤及内容。

3. 设计数据采集更新子系统的主要功能。

4. 简述检查数据质量时,如何将位置偏离道路 5 m 的路灯点检查出来。

7.2.1.2 解析

知识点

1. 缓冲区分析

缓冲区分析是以点、线、面实体为基础,自动建立其周围一定宽度范围内的缓冲区多边形图层,然后建立该图层与目标图层的叠加,进行分析而得到所需结果的方法。

点的缓冲方向是以点为中心画圆;线的缓冲方向是以线为中心向两边画平行线;面的缓冲方向是以面为中心向外(或向内、向内外)画平行线扩展面域。

2. 国家地理信息公共服务平台

国家地理信息公共服务平台是数字中国的重要组成部分,由国家测绘地理信息局牵头建设,是实现全国地理信息网络服务所需的信息数据、服务功能、支撑环境的总称。节点服务方式如下。

（1）门户网站:供普通用户浏览、下载、提供技术帮助入口。

（2）服务接口:供开发者调用的开放式接口,各节点聚合协同提供范围服务。

资料分析

（1）基础地理信息数据由基础地理信息服务平台提供地图服务,包括全市 0.5 m 彩色正射影像以及 1∶500、1∶2 000 地形图数据等,采用城市独立坐标系、高斯-克吕格投影。说明了基础地理信息的数据源为国家基础地理信息服务平台,即地理底图数据。底图数据的空间参考系要和专题数据统一,从资料得知采用的是城市独立坐标系和高斯投影。

（2）市政设施数据。该系统的所有专题数据都采取实地采集方式获取,采集的数据需要进行数据标准化、逻辑一致性、接边分层等处理工作,其中路灯要素的坐标系需要转换。

本题中,除了路灯定位点外,其他都直接采用城市独立坐标系 1∶500 比例尺进行分幅采集存储,城市独立坐标系一般是移动中央子午线的独立坐标系。

① 道路和桥梁要素。根据 1∶500 地形图按图幅采集存储,以多边形表示道路和桥梁

的路面范围,同时采集道路和桥梁的中心线;属性信息包括其分类编号、宽度、路面材料、名称等。

② 路灯要素。利用 GPS 采集道路和桥梁沿线路灯的定位点数据。采用 WGS-84 坐标系,属性信息包括其分类编码、所在道路和桥梁的编号及名称,按照片区存储,其他路灯暂不采集。

③ 燃气管线、燃气井要素。根据 1∶500 地形图按图幅采集,燃气管线的属性信息包括分类编号、管径、管材等和燃气井采集点位及类型等属性。

④ 供水、排水、电力、通信等要素。供水、排水、电力、通信等要素的采集和存储参照燃气设施数据方式进行。

关键点解析

[1] 本题基础地理信息数据直接从基础地理信息服务平台获取,该数据通过 API 被外部应用调用。在解析本题时首先需要分清楚专题地理信息系统数据由基础地理信息数据和专题地理信息数据两部分构成,从该信息中分析可知全市市政设施管理与更新信息系统只采集更新专题数据。

[2] 从基础地理信息服务平台调取的是底图数据,故全市 0.5 m 彩色正射影像以及 1∶500、1∶2 000 地形图数据等无须进行处理,勿被干扰。

[3] 隐含了答题信息,道路和桥梁数据以面域符号呈现,同时采集了中心线,此处诱导考生以线的缓冲区作答。

仔细读题,题中要求检查偏离道路 5 m 的路灯点,显然应检查偏离道路边缘范围外的路灯,目的是利用拓扑关系和空间分析检查路灯数据采集粗差,应以面的缓冲区分析作答,以多边形边缘向外做缓冲进行空间分析。

[4] 暗示路灯定位数据需要进行坐标系统转换,与后面采集子系统的要求相呼应,要把 WGS-84 坐标系转换为该市城市独立坐标系。

本项目的统一空间参考系是改变了中央子午线的高斯投影城市独立坐标系,故不需要投影转换或者投影换带工作。

[5] 该系统进行数据接边拼幅后要进行数据分层,分层原则在此处给出,答题时绝不能忽略与答题人直接的交流,写出提示便直接得分。空间数据的几何特征指点、线、面要素特征,而非属性特征,故该系统的空间数据应以图元特征分层。

应将排水和供水划为一层,通信和电力划为一层。

一般来说,相似属性的要素应分为同一层,如燃气管道为线要素,燃气井为点要素,不能认为燃气井和路灯同属于点要素而分为同层。

[6] 获知本系统涉及的坐标转换参数是已知的,故采集子系统建设时可以做到坐标系自动转换。

[7] 再次说明基础地理信息服务平台服务接口可用,使题目更加严谨,即全市市政设施管理与更新信息系统有调取和访问基础地理信息服务平台的权限。

题目评估

在基础地理信息获取方式上,考查考生对互联网地理信息服务平台内容的了解。空间分析时,考查了缓冲区建立的目的和方法,在(3)处特意指出采集了道路中心线,显然是有意设置干扰,答错即会丢分。

评价：★★☆　　　　　　　　难度：★★☆

思考题

本题中特别指出具有相同几何特征的要素要划分为同一层,目的是什么,具体应该如何划分为妥,可以结合实际工作和项目加以思考。

7.2.1.3　参考答案

1. 设计该市政设施数据库的要素分层方案。

【答】

本系统应尽量把相同几何特征的要素分为同一层,具体如下。

(1) 面要素划为同一层:道路、桥梁要素层。

(2) 点要素划为同一层:路灯要素层。

(3) 类似属性的线要素划为同一层:①供水、排水要素层;②电力、通信要素层。

(4) 同类要素划为同一层:燃气管、燃气井要素层。

2. 简述将采集的市政设施数据整理入库的主要工作步骤及内容。

【答】

(1) 数据质量检查。

(2) 数据预处理,要进行数据格式转换、坐标系转换等数据标准化处理。

(3) 数据预入库。

(4) 数据入库前编辑,数据入库前编辑工作主要有图幅拼接、数据分层、属性添加、面要素合并、线要素连接、拓扑生成等,保证图幅在全市范围内连续无缝,要素对象接边后保持唯一。

(5) 元数据整理,元数据汇总和整理后转换为关系数据库格式。

(6) 数据正式入库。

3. 设计数据采集更新子系统的主要功能。

【答】

(1) 空间数据采集功能。

(2) 属性数据录入功能。

(3) 坐标转换功能。

(4) 数据调取功能(国家基础地理信息服务平台)。

(5) 数据编辑功能。

(6) 数据更新入库功能。

4. 简述检查数据质量时,如何将位置偏离道路 5 m 的路灯点检查出来。

【答】

检查数据质量时,应采用叠合分析和缓冲区分析结合的空间分析方法将位置偏离道路 5 m 的路灯点检查出来。

(1) 沿道路和桥梁要素边线向外平行 5 m 建立缓冲区。

（2）叠合道路、桥梁要素层与路灯要素层进行叠置分析。

（3）自动检查在缓冲区外的路灯要素，并统计结果。

5. 思考题：本题中特别指出具有相同几何特征的要素划分为同一层，目的是什么，具体应该如何划分为妥，可以结合实际工作和项目加以思考。

【答】

本项目把具有相同几何特征的要素要划分为同一层，目的是便于区分路灯点要素和道路面要素，在缓冲区分析时便于检查和统计，使图面要素更加清晰、简单。

7.2.2　2013 年第七题

7.2.2.1　题目

某测绘地理信息单位承接了某省级地理信息公共服务平台（天地图）建设项目，任务是生产在线地理信息数据、开发门户网站。

1. 现有数据源情况

（1）覆盖全省域的数据[1]

① 2010 年 1∶10 000 全要素地形图数据，1980 西安坐标系。

② 2012 年导航电子地图道路网数据，WGS-84 坐标系。

（2）覆盖省会城市的数据[2]

① 2010 年 1∶5 000 全要素地形图数据，2000 国家大地坐标系。

② 2012 年导航电子地图兴趣点数据，WGS-84 坐标系。

2. 在线地理信息数据生产要求

（1）全省域线划电子地图数据

从现有数据源中选取适当的数据集和要素，经融合处理后形成一个覆盖全省域[3]的线划电子地图数据集，同一区域有多种数据源时，保留精度高、现势性好的数据集和要素[4]。

道路网要素保证全域拓扑连通[5]，坐标系为 2000 国家大地坐标系[6]。

（2）全省域地名地址数据

从适当数据源中提取地名地址数据和兴趣点数据[7]，融合处理形成覆盖全省域的地名地址数据集。

同一区域有多种数据源时，保留精度高、内容全、现势性好的数据集，坐标系为 2000 国家大地坐标系。

（3）电子地图瓦片

对线划电子地图数据进行地图整饰处理，生产 15～17 级电子地图瓦片[8]。

3. 门户网站建设要求

提供地图浏览、地名地址查找定位[9]的基本功能。

问题：

1. 简述制作全省域线划电子地图数据时，对数据源的取舍利用方案。

2. 简述生产全省域线划电子地图数据（不含地名注记）的工作步骤及内容。

3. 门户网站的地图浏览、地名地址查找定位功能分别需要调用上述哪些类数据？

7.2.2.2 解析

知识点

1. 互联网地理信息服务平台

国家地理信息公共服务平台由国家测绘地理信息局牵头建设,是实现全国地理信息网络服务所需的信息数据、服务功能、支撑环境的总称。根据运行环境不同分为公众版(互联网)、政务版(国家电子政务外网)、涉密版(国家电子政务内网)。

国家地理信息公共服务平台由国家级主节点、省级分节点、市级信息基地组成。按照规范性服务接口,采用门户网站和服务接口实现在线地理信息数据的共享服务。

2. 在线地理信息数据

在线地理信息系统电子地图的数据源包括多种来源的矢量地图数据、影像数据、模型数据、地理监测数据、实时传感数据(手机等端口)等,经过内容提取和模型重构,生成电子地图数据,采用地图瓦片技术加快地图数据的显示。

3. 在线地理信息数据

在线电子地图数据包括地理实体数据、地名地址数据,地名地址数据用来表达一般的POI数据、点状专题数据等,实现数据检索功能。

资料分析

(1) 覆盖全省域的数据:2010 年 1∶10 000 全要素地形图数据,1980 西安坐标系。该数据现势性在本题中较低,而且坐标系与最终要求的数据坐标系不符合。

(2) 覆盖省会城市的数据:2010 年 1∶5 000 全要素地形图数据,2000 国家大地坐标系。该数据相对于覆盖全省的数据源在现势性、精度(比例尺)方面都有提高,但仅限于省会城市范围。

(3) 导航电子地图,2012 年导航电子地图道路网数据,WGS-84 坐标系。该数据具有兴趣点和路网数据。在路网数据上,导航电子地图相对于 DLG 具有拓扑性,能满足天地图制作要求,兴趣点数据属于检索信息,可生产地名地址数据,这是 DLG 所不具备的。但导航电子地图精度要求较低,与 DLG 数据有差距。

关键点解析

[1] 收集的已知资料用作数据源资料,从精度、范围、现势性、坐标系去分析用途并加以选用,经过编辑处理生产在线地理信息数据。

[2]、[3] 项目要求的是覆盖全省域的地理信息数据,此处收集的资料用于对全省域电子地图中相应的省会部分数据进行更新替换。

[4] 对以上已知资料的分析、选取、利用的标准在此处予以说明,选取精度高(已知资料比例尺)、现势性好(生产年份)的数据集和要素。

在已知资料中,2012 年生产的导航电子地图现势性高,1∶5 000 比例尺 DLG 精度高。同一区域有多种数据源可选择,在本题中有以下两种情况。

① 省会所处地域 DLG 数据:1∶10 000 全要素地形图数据和 1∶5 000 全要素地形图

数据。

② 全省域的路网数据：1∶10 000 全要素地形图数据和 1∶5 000 全要素地形图数据以及 2012 年导航电子地图道路网数据。

［5］系统要求道路网要素保证全域拓扑连通，收集的 DLG 数据本身不具有拓扑连通性，要建立拓扑需进行挂接处理和图形编辑。导航电子地图路网数据符合拓扑连通要求，导航电子地图路网数据结合 DLG 数据生产，可以节约时间和成本。

［6］在线地理信息数据生产以 2000 国家大地坐标系为参考系，对收集的资料中不符合的坐标系应进行坐标系转换，如 1980 西安坐标系和 WGS-84 坐标系。

［7］从 2012 年导航电子地图兴趣点数据中提取地名地址数据和兴趣点数据，注意不仅要获得在线地理信息数据中的地名地址数据，还需要提取 POI 数据，这和答题点有关。

［8］对数据源加工处理后，生成在线地理信息数据，并生成电子地图。电子地图要以瓦片形式存储和显示，地图数据显示时，直接通过调取地图瓦片来实现快速浏览。

［9］门户网站提供地图浏览、地名地址查找定位功能，这是项目规定的系统两项功能要求，都有对应所指，读题的时候要洞察出题人的意图。

地图浏览对应地图瓦片技术，地名地址查找定位对应地名地址数据检索和兴趣点的检索。

题目评估

本题难点主要在资料分析选取上，在省会地区和省域其他地区制图资料如何选用。虽没有特意设置干扰，隐藏的线索信息量也颇丰富。

导航电子地图空间数据与互联网地理信息数据的异同，本项目中导航电子地图的路网信息与互联网地理信息数据路网信息要求的异同。

评价：★★☆   难度：★★☆

思考题

本项目电子地图制作时，级别为何采用 15～17 级。

7.2.2.3 参考答案

1. 简述制作全省域线划电子地图数据时，对数据源的取舍利用方案。

【答】

（1）全省域数据：

① 2010 年 1∶10 000 全要素地形图数据，获取全省域全要素地理信息数据以及路网数据和地名地址数据。

② 2012 年导航电子地图道路网数据，获取全省域路网数据作为补充。

（2）省会地区：

① 2010 年 1∶5 000 全要素地形图数据代替 2010 年 1∶10 000 全要素地形图数据，更新省会城市数据相应要素。

② 2012 年导航电子地图兴趣点数据更新省会城市兴趣点数据和地名地址数据。

2. 简述生产全省域线划电子地图数据(不含地名注记)的工作步骤及内容。

【答】

(1) 已知资料分析和选用。

(2) 坐标转换。多源数据坐标系(WGS-84、1980西安坐标系)统一转换到CGCS2000。

(3) 数据规范化处理。逻辑一致性处理、属性一致性处理、分层一致性处理等。

(4) 数据融合与替换。

① 在省会地区,用1∶5 000比例尺DLG替换1∶10 000比例尺DLG数据。

② 导航电子地图路网数据融合DLG路网数据,并检查拓扑连通性。

(5) 互联网地理信息数据生产。数据要素提取、编辑,模型重构,生成互联网地理信息数据模型。

(6) 电子地图生产。地图瓦片生产、符号重建,生成15～17级电子地图,地图整饰。

(7) 质量检查。

3. 门户网站的地图浏览、地名地址查找定位功能分别需要调用上述哪些类数据?

【答】

(1) 地图浏览需要调用全省域电子地图瓦片数据。

(2) 地名地址查找定位需要调用地名地址数据和兴趣点数据。

4. 思考题:本项目电子地图制作时,级别为何采用15～17级。

【答】

15～17级电子地图采用的数据源比例尺为1∶5 000～1∶10 000,适合制作省级电子地图。

7.2.3 2014年第七题

7.2.3.1 题目

某测绘单位承接了某市市政管理数据库建设任务,包括收集整合已有的大比例尺基础数据、市政管理专题数据等,建立市政管理数据库,并开发市政管理信息系统,为市政管理工作服务。

1. 已收集的数据

(1) 中心城区(500 km²)2010年1∶2 000地形图,包括房屋、交通、水系、植被、地貌、管线等要素,2000国家大地坐标系(CGCS2000),高斯-克吕格投影。

(2) 中心城区2013年地名、地址点数据,包括坐标(x, y)、门牌号[1]、名称等属性信息,1980西安坐标系。

(3) 中心城区2010年市政专题空间数据,包括路灯、雨水井盖、污水井盖、自来水井盖、煤气井盖、电杆、变压器等不同类型的点状要素,CGCS2000。

(4) 中心城区2013年表格形式的垃圾转运站、公共厕所以及附近的门牌地址等市政专题数据[2]。

(5) 全市域(8 000 km²)2013年导航电子地图数据中的道路网和兴趣点信息,WGS-84坐标系。

2. 需完成的工作

（1）从已收集的数据中选取房屋、交通、水系、地名地址、兴趣点等要素进行整合处理，形成中心城区范围的基础要素图层，坐标系与 1∶2 000 地形图一致[3]。

（2）对表格形式的市政专题数据进行处理，形成空间数据图层[4]，并与已有的市政专题空间数据图层一同建库。

（3）对市政管理专题要素图层进行更新，涉及路灯、雨水井盖、污水井盖、自来水井盖、煤气井盖、电杆、变压器、垃圾转运站、公共厕所等，要求现势性达到 2014 年 6 月[5]。

（4）将市政管理专题要素与最近的兴趣点[6]进行关联，并将该兴趣点的名称转存入该市政要素的属性字段[7]。

（5）开发市政管理信息系统，实现市政管理基础要素图层、市政管理专题要素图层的管理，进行分层叠加、查询、统计、分析等操作。

问题：

1. 说明对表格形式的市政专题数据进行处理建库的过程。
2. 简述市政管理专题要素更新的技术流程。
3. 简述市政管理专题要素与最近的兴趣点进行关联和属性转存的方法及过程。
4. 简述统计某兴趣点周边 500 m 范围内各种类型的市政要素数量的过程。

7.2.3.2　解析

知识点

1. 互联网地理信息服务平台

地理信息系统中空间数据的特征分为三种，即空间特征、属性特征、时态。

属性特征是对应实体或现象的描述信息，如分类、数量、名称、标志码等。

2. 空间数据库组织模式

对象—关系型将复杂的数据类型作为对象引入关系数据库中，并在空间数据之上增加空间数据引擎（SDE）实现对空间数据和属性数据的一体化管理。

关系数据库是一个二维表，其中每一行是一个记录，每一列是一个字段，表中第一行是各字段的型的集合。

3. 地名地址数据

地名是地理实体的专有名称，以地理标志点来表达地名地址的数据，包括结构化地名地址描述、地名地址代码等信息，用来表达一般的 POI 数据、点状专题数据。

索引信息主要包括 POI 索引和地址检索信息，分为四大类，即兴趣点、地名、道路交叉点、点门牌。POI 索引包括种类、名称、所在的行政区划、邮编、地址、电话、位置信息等属性。

4. 缓冲区分析

缓冲区分析以点、线、面实体为基础，自动建立其周围一定宽度范围内的缓冲区多边形图层，然后建立该图层与目标图层的叠加，进行分析而得到所需结果的方法。

资料分析

本项目一共收集了五种资料，分别是基础底图数据资料、地名地址数据、点状形式的专题空间数据、表格形式的专题数据、导航电子地图数据。

(1) 中心城区(500 km²)2010 年 1∶2 000 地形图,包括房屋、交通、水系、植被、地貌、管线等要素,2000 国家大地坐标系(CGCS2000),高斯-克吕格投影,作为地理底图数据。

(2) 中心城区 2013 年地名、地址点数据,包括坐标(x, y)、门牌号、名称等属性信息,1980 西安坐标系。地名地址数据是以地理点位存储的地名地址信息,包含空间位置属性。

(3) 中心城区 2010 年市政专题空间数据,包括路灯、雨水井盖、污水井盖、自来水井盖、煤气井盖、电杆、变压器等不同类型的点状要素,CGCS2000。专题地图点要素空间数据,包含空间位置属性。

(4) 中心城区 2013 年表格形式的垃圾转运站、公共厕所以及附近的门牌地址等市政专题数据。表格形式存在的垃圾转运站、公共厕所没有位置信息,是以二维表单表示的属性表,附近的门牌地址是其表达的字段之一。

(5) 全市域(8 000 km²)2013 年导航电子地图数据中的道路网和兴趣点信息,WGS-84 坐标系。导航电子地图数据中的道路网和兴趣点提供了检索信息。

关键点解析

[1] 地址点数据包括坐标(x, y)、门牌号、名称等属性信息,此处有两个重要提示。

① 地址数据具有坐标,即具有空间信息。

② 另外还具有门牌号,这是第一小问的关键所在,门牌号是连接表格形态专题数据与地址数据的钥匙。

[2] 2013 年表格形式的垃圾转运站、公共厕所信息虽然不具有空间位置信息,表单中却有附近的门牌地址数据,门牌地址数据作为垃圾转运站、公共厕所信息属性表的一个字段来记录,并且其填写不能有空项。

[3] 各资料空间数据坐标系与 1∶2 000 地形图不一致的应全部进行坐标系转换,使空间参考系一致,这是数据进一步融合的基础。

[4] 需要对表格形式的市政专题数据进行处理,形成空间数据图层,证实了前面的判断,原表格数据是没有坐标数据的,故无法形成空间数据层。

要建立空间数据图层的方法只要以门牌地址为关联项,联系到地名地址点数据上即可,从而得到了该门牌号的点位数据。

[5] 项目要求专题数据现势性达到 2014 年 6 月,而以上收集资料都达不到要求,故需要实地采集去更新数据,这是问题二的弦外音,也是关键提示之一。

[6] 要将市政管理专题要素与最近的兴趣点进行关联,实际上就是属性赋值,使最近兴趣点的信息录入专题空间要素属性表。

判断专题要素距离某个 POI 最近,需要借助空间关系中近邻分析方法实现。

[7] 由于市政要素的属性字段本身没有最近兴趣点字段,要把兴趣点名称存入市政要素的属性字段,需要自定义增加新的属性字段。

题目评估

本题质量较高,题干与问题结合较好,题目中线索设置合理,又具有难度,分析题目的关键在于以下两处。

（1）表格形式的专题数据到底是以怎么样的形式存在，到底有没有坐标数据，如何关联空间数据？

题目中没有直接说明，而是通过一系列的线索和暗示来传达给考生，需要考生有缜密的思维和扎实的功底才能临场不乱、按图索骥。

（2）项目收集的所有资料现势性全部达不到要求，这是本题设置的另外一个暗线。

评价：★★★　　　　　　　难度：★★★

思考题

对地理信息数据库进行更新的方法，基础地理信息数据库系统和具体专题地理信息数据库应用系统有无差异，思考差异原因。

7.2.3.3　参考答案

1. 说明对表格形式的市政专题数据进行处理建库的过程。

【答】

（1）数据整理和准备。

（2）坐标转换。把地名地址点数据的 1980 西安坐标系转换到 CGCS2000 国家坐标系。

（3）增加表格字段。用于存储地名地址坐标数据。

（4）属性赋值。利用市政表格门牌号属性建立与地名地址数据的关联，给新增的属性项赋值，即相应地名地址点坐标。

（5）建立空间数据层。建立垃圾转运站、公共厕所空间数据层。

（6）数据建库。把垃圾转运站、公共厕所空间数据层与已有的市政专题空间数据图层一同建库。

2. 简述市政管理专题要素更新的技术流程。

【答】

（1）数据建库。

市政专题空间数据和基础地理信息数据统一空间参考系（1∶2 000 比例尺、CGCS2000）后建库。

（2）调绘底图制作。

（3）野外调绘。发现需要更新的市政要素，作好标记和记录，另外要注意公共厕所和垃圾转运站的记录，并调查标准地址地名数据。

（4）补测。对新增市政点状要素野外测量。

（5）公共厕所和垃圾转运站调查数据进行地址匹配坐标赋值。

（6）内业处理和数据编辑。

（7）分层入库。使数据现势性满足 2014 年 6 月要求。

3. 简述市政管理专题要素与最近的兴趣点进行关联和属性转存的方法及过程。

【答】

（1）坐标转换。对导航电子地图进行坐标转换，使 WGS-84 坐标转换到 CGCS2000 坐标系下的高斯投影 3°带平面直角坐标系，1∶2 000 比例尺。

（2）增加新字段。在市政专题要素属性表上新建字段，可命名为"最近兴趣点"。

（3）空间分析。利用空间分析方法计算并匹配市政专题要素附近最近兴趣点。

（4）属性赋值。将最近兴趣点的名称作为属性值，赋值到市政专题要素属性表"最近兴趣点"属性项。

4. 简述统计某兴趣点周边 500 m 范围内各种类型的市政要素数量的过程。

【答】

（1）空间参考系统一。确定市政专题要素层和兴趣点层坐标系统一致。

（2）点的缓冲区分析。在选定的某个兴趣点上设置半径为 500 m 的缓冲区。

（3）叠置分析。把市政专题要素层和兴趣点层叠合，进行叠置分析。

（4）统计结果。统计缓冲区范围内各种类型的市政要素数量，并输出结果。

5. 思考题：基础地理信息数据库系统和具体专题地理信息数据库应用系统的更新方法有什么不同？

【答】

（1）基础地理信息数据是作为统一的空间定位框架和空间分析基础的地理信息数据，其更新应有整套方案和计划。基础地理数据更新主要分为确定更新策略、变化信息获取、采集变化数据、现势数据生产、现势数据提供等步骤。

（2）具体的专题地理信息数据库应用系统数据更新分为日常更新和应急更新，与基础地理信息数据库系统相比要自由很多，更新工作量和更新范围也小很多。

7.2.4　2015 年第七题

7.2.4.1　题目

某测绘单位承接了某市工商企业管理信息系统建设任务，包括整合处理已有的基础地理数据，加工制作空间化的工商企业数据，根据业务需要建立数据库并开发工商企业管理功能。

1. 已有基础地理数据

（1）2014 年 1∶2 000 地形图数据，包括交通、居民地、水系、植被、地貌、管线、境界、地名等要素，分幅数据，城市独立坐标系[1]。

（2）2013 年县（区）级行政区划数据，城市独立坐标系。

（3）2015 年 0.5 m 分辨率卫星遥感正射影像数据，城市独立坐标系。

2. 收集到的资料

（1）2015 年该市行政区划简册及 2013—2015 年行政区划调整相关资料[2]。

（2）2015 年 GPS 采集的地名地址点数据，属性包括名称、门牌地址、经纬度（B，L）坐标[3]等，WGS-84 坐标系。

（3）工商企业登记数据、文本格式，包括企业名称、工商登记证号、企业类型、门牌地址[4]等信息。

（4）企业税务数据、文本格式，包括企业名称、税务登记号、门牌地址[5]、应缴税额等信息。

3. 数据建库与系统开发要求

（1）对基础地理数据进行整合处理，建成的数据库全市范围连续无缝，按数据类型和要素层进行组织，统一采用城市独立坐标系，并在内业对地名及行政区划进行更新。

（2）利用本项目中的数据，制作生成全市工商企业空间分布数据[6]，并将收集到的文本格式工商企业登记及税务信息存储到属性中。

（3）按照工商管理工作要求，开发 B/S 体系结构的工商企业管理系统，对全市基础地理数据、地名地址数据、空间化的工商企业数据、行政区划数据、卫星遥感正射影像进行建库，并按照 OGC 的 WFS 和 WMS 服务标准[7]进行处理发布，实现叠加显示、地名地址定位、企业查询统计等功能。

（4）应用信息系统按照行政区统计各类型的企业数量和缴纳税额，为工商管理提供数据支持。

问题：

1. 本项目对基础地理数据整合处理的工作主要包括哪些？
2. 指出制作生成工商企业空间分布数据的作业步骤。
3. 简述采用 GIS 空间分析方法统计各区县企业数量和缴纳税额的方法和步骤。
4. 说明系统中哪些数据适宜处理为 WMS、WFS 服务。

7.2.4.2　解析

知识点

1. 基础地理信息数据

基础地理信息数据是作为统一的空间定位框架和空间分析基础的地理信息数据，主要有控制点、水系、居民地及设施、交通、管线、境界与政区、地貌、植被与土质、地籍、地名、数字正射影像等自然和人文要素的位置、形态和属性。

2. 多边形叠置分析

多边形叠置分析是在统一空间参考系下，通过对两个矢量数据集进行的一系列集合运算，产生新数据集的过程。

3. 互联网地理信息服务规范

互联网地理信息服务应遵行标准服务接口规范，如国际开发地理空间联盟（OGC）的网络地图服务规范（WMS）、网络要素服务规范（WFS）、网络覆盖服务规范（WCS）、网络处理服务规范（WPS）、目录服务规范 CSW 等。

（1）网络地图服务（WMS）。网络地图服务利用具有地理空间位置信息的数据制作地图。其中，将地图定义为地理数据可视的表现，能够根据用户的请求返回相应的地图。

（2）网络要素服务（WFS）。网络要素服务支持用户在分布式的环境下通过 HTTP 对地理要素进行插入，更新、删除、检索和发现服务。

资料分析

本项目的资料分为基础地理数据和工商专题数据两大类。

1．基础地理数据

（1）2014 年 1∶2 000 地形图数据，包括交通、居民地、水系、植被、地貌、管线、境界、地名等要素，分幅数据，城市独立坐标系，用来制作矢量基础地理信息数据层。

（2）2013 年县（区）级行政区划数据，城市独立坐标系，用于制作行政区划数据。

（3）2015 年 0.5 m 分辨率卫星遥感正射影像数据，城市独立坐标系，用于制作正射影像数据层。

（4）2015 年该市行政区划简册及 2013—2015 年行政区划调整相关资料，用于制作行政区划数据。

（5）2015 年 GPS 采集的地名地址点数据，属性包括名称、门牌地址、经纬度（B、L）坐标等，WGS-84 坐标系，用于地名地址检索，并提取用作地名标注。

2．工商专题数据

工商企业登记数据和企业税务数据都是非空间数据，需要关联相应空间数据，制作专题空间数据层，便于检索和统计。

（1）工商企业登记数据、文本格式，包括企业名称、工商登记证号、企业类型、门牌地址等信息。

（2）企业税务数据、文本格式，包括企业名称、税务登记号、门牌地址、应缴税额等信息。

关键点解析

［1］0.5 m 分辨率卫星遥感正射影像数据虽然不能替代 1∶2 000 地形图数据，但项目要求系统具有影像数据，故该资料需要进行处理。

［2］2015 年该市行政区划简册及 2013—2015 年行政区划调整相关资料对 2013 年县（区）级行政区划数据进行更新修改。

［3］地名地址点数据的属性包括门牌地址、经纬度（B、L）坐标等，是以空间点要素存储的地名信息，在本项目中作为关键的资料通过共同的门牌属性项赋值给专题数据，制作专题空间数据层。

［4］、［5］专题数据表为非空间数据格式，但它具有与地名地址数据共同的属性项，即门牌地址属性，通过关联就获得了空间位置数据。

另外工商信息和税务信息之间也具有共同的属性数据，即企业名称，使两者可以关联。

［6］全市工商企业空间分布数据是该系统新建的一个图层，整合了工商企业登记及税务信息，空间位置数据从地名地址数据中获取。

［7］WFS 和 WMS 是 OGC 制定的互联网地理信息服务标准服务接口，前者是对地图要素进行分布式操作标准，后者是对地图瓦片数据操作的标准。

本项目中，地图数据是 1∶2 000 比例尺地形图和正射影像图经过整理后的数据。地名地址数据、专题数据等是地图要素数据。

题目评估

本题的考点是如何通过共同属性项建立不同数据之间的联系，如何建立空间化的工商税务专题数据，与 2014 年地理信息系统试题基本相同。

评价：★★☆　　　　　难度：★★☆

思考题

本项目收集的地名地址点数据与国家互联网地理信息服务平台中的地名地址数据模型有何异同？

7.2.4.3　参考答案

1. 本项目对基础地理数据整合处理的工作主要包括哪些？

【答】

（1）坐标系转换。将地名地址点数据的 WGS-84 坐标系统一转换为该市的城市独立坐标系。

（2）数据分层。将 1∶2 000 比例尺地形图按数据类型和属性分层组织。

（3）数据拼接。将 1∶2 000 比例尺地形图拼接为全市连续无缝地图。

（4）地名数据更新。用 2015 年 GPS 采集的地名地址点数据更新 1∶2 000 比例尺地形图地名数据。

（5）行政区划数据更新。用 2015 年该市行政区划简册及 2013—2015 年行政区划调整相关资料更新 2013 年县（区）级行政区划数据。

（6）影像层制作。利用 2013 年 0.5 m 分辨率卫星遥感正射影像数据制作影像数据层。

（7）图层叠加。将 1∶2 000 比例尺地形图、行政区划图层、影像数据层进行叠加。

2. 指出制作生成工商企业空间分布数据的作业步骤。

【答】

（1）坐标系转换。将地名地址点数据的 WGS-84 坐标系统转换为该市的城市独立坐标系。

（2）坐标字段增加。在工商企业登记数据表中新增两个字段用以存储空间位置数据和企业税务数据。

（3）属性赋值。利用门牌地址数据使工商企业登记数据和地名地址建立关联，并把几何坐标赋值于工商企业登记数据表新增字段中。

利用企业名称数据使工商企业登记数据和企业税务数据建立关联，并把企业税务数据赋值于工商企业登记数据表新增字段中。

（4）工商企业空间数据层生成。

3. 简述采用 GIS 空间分析方法统计各区县企业数量和缴纳税额的方法和步骤。

【答】

（1）叠合全市工商企业图层和行政区划图层，进行叠置分析。

（2）提取各个县区范围内的工商企业数据分别统计工商企业数量。

（3）根据各企业的纳税额属性，统计各县区总的纳税额。

（4）统计成果输出。

4. 说明系统中哪些数据适宜处理为 WMS、WFS 服务。

【答】

（1）适合处理为 WMS 服务的有切片后的卫星遥感正射影像、全市基础地理数据和行政区划数据。

（2）适合处理为 WFS 服务的有地名地址数据、工商企业分布数据。

5. 思考题：本项目收集的地名地址点数据与国家互联网地理信息服务平台中的地名地址数据模型有何异同？

【答】

（1）互联网地理信息服务平台中的地名地址数据以地理位置标志点表达。属性赋值内容包括结构化地名地址描述、地名地址坐标、地名地址代码等，格式要求符合相关规范标准。

（2）本项目收集的地名地址点数据属性包括名称、门牌地址、经纬度坐标等。

7.2.5　2016 年第一题

7.2.5.1　题目

某测绘单位承接了某湖区生态环境信息数据库建设任务。该湖区近几年开展了生态环境整治，对荒山进行种草植树，将沿湖一些地势低洼的耕地改造为地面或湿地[1]，新修了部分道路、建筑物和管护设施等。

1. 已有资料

（1）2010 年测绘的 1∶10 000 地形图数据，包括水系、交通、境界、管线、居民地、土质植被、地貌、地名等要素，矢量数据，1980 西安坐标系。

（2）2015 年 12 月获取的 0.5 m 分辨率彩色卫星影像数据。

（3）已建成覆盖全区范围的卫星导航定位服务系统（又称 CORS），实时提供 2000 国家大地坐标系下的亚米级卫星定位服务。

（4）2016 年初全区企业单位名录及排污信息报表数据。

2. 拥有的主要仪器和软件

（1）GNSS 测量型接收机。

（2）全站仪及测图软件[2]。

（3）数字摄影测量工作站。

（4）遥感图像处理系统。

（5）地理信息系统软件等。

3. 工作内容及要求

利用已有资料和仪器设备，采集和处理有关数据，现势性要求至少到 2015 年底[3]，采用 2000 国家大地坐标系，平面精度达到 1∶10 000 地形图[4]要求。其中，部分数据层如下。

（1）水系数据层：多边形数据，包括湖泊、水库、河渠、湿地等要素及其属性。

（2）植被数据层：多边形数据，包括林地、草地等。

（3）排污企业空间数据层：包括单位的位置定位点以及名称、地址、排污类型等相关属性[5]。

（4）交通数据层：包括公路、铁路、城市道路、水运等要素及其属性。

（5）居民地数据层：包括全部城镇、主要农村居民地以及相应的地名等。

（6）行政区划数据层：县以上境界及政区信息。

（7）正射影像数据：0.5 m 分辨率真彩色，按 1∶10 000 地形图分幅[6]。

问题：

1. 简述制作排污企业空间数据层的主要工作内容。
2. 简述制作水系数据层的主要工作步骤。
3. 简述生产该区 0.5 m 分辨率正射影像数据的过程。

7.2.5.2　解析

知识点

1. 遥感影像融合

卫星影像获取的信息一般由多光谱和全色分离获取，全色影像分辨率高，多光谱影像分辨率较低，需要通过融合处理才能获取彩色高分辨率的影像，融合影像数据源必须是经过几何正射纠正的数据。

用 RGB 色彩模式时，由红、绿、蓝三种波段一起合成真彩色影像。

2. 遥感影像的空间分辨率

空间分辨率是在扫描成像过程中一个光敏探测元件通过望远镜系统投射到地面上的直径或对应的视场角度，即遥感图像上能详细区分的最小单元的尺寸，一般用地面分辨率或影像分辨率表示。

（1）影像分辨率指的是影像上像元的个数，也可以用影像最小单元尺寸表示。

（2）地面分辨率一般用地面采样间隔（GSD）表示，指以地面距离表示的相邻像素中心的距离。

3. 遥感影像质量检查

影像质量检查内容包括影像分辨率、色调均匀、反差适中、不偏色、清晰、色彩饱和、层次分明、能辨别地面最暗处细节等方面的检查。影像不得有色斑、大面积云影等缺陷。

资料分析

（1）2010 年测绘的 1∶10 000 地形图数据，包括水系、交通、境界、管线、居民地、土质植被、地貌、地名等要素，矢量数据，1980 西安坐标系。数据精度较资料二低，但符合项目需求，现势性低。由于是矢量数据，且要素全，在本项目中可作为矢量数据源。

（2）2015 年 12 月获取的 0.5 m 分辨率彩色卫星影像数据。精度较高，现势性高。由于是影像图，要制作矢量图工作量大。可用于更新现势性低的 DLG 数据，本项目要求制作 DOM。

（3）已建成覆盖全区范围的卫星导航定位服务系统（又称 CORS），实时提供 2000 国家大地坐标系下的亚米级卫星定位服务，用于像控点制作。

（4）2016 年初全区企业单位名录及排污信息报表数据，作为专题数据源制作专题数据层，也可用来更新企业名称数据。

关键点解析

[1] 测区地形与地物经过了改造，DLG 需要进行更新。

[2] GNSS 接收机和全站仪可以用来全野外测量修测 DLG。

[3] 现势性要求达到 2015 年底,与资料二对应,本项目采用影像图制作 DOM 来更新 2010 年 DLG。

[4] 最终成果采用 2000 国家大地坐标系,平面精度达到 1:10 000 地形图要求,表示资料一可以用作数据底图,但要经过坐标系转换。

[5] 此条与问题一有关。要制作排污企业空间数据层必须得到专题数据的空间位置数据,由于收集的专题数据资料四是表单资料,不具有定位信息,故要把定位数据赋值给该表单,继而录入计算机生成排污企业空间数据层。

要得到定位信息有两个方法:①直接实测获得,该方法工作量大;②利用表单中的企业名称属性数据对应 DLG,获得定位信息,显然这个方法应首选。

[6] 利用资料二制作 0.5 m 分辨率真彩色 DOM,分析如下:

① 定向:采用遥感卫片制作 DOM,需要采集很多地面点来定向。

② 正射微分纠正:需要 1:10 000 DEM 来对卫星影像进行正射纠正,在本项目中 DEM 可以通过 1:10 000 DLG 提取特征点生成。

③ 由于地形被改造,导致 DLG 现势性不高,用它提取制作的 DEM 同样现势性不高,故还应更新地形的现势性。

④ 对地形图的测量可以采用三线阵卫星影像内业立体测量的方式,然后野外实测补充。

题目评估

本题的难点主要在于如何获取用来对 DOM 进行正射微分纠正的 DEM 数据,通常来说 DEM 可以由空三加密点直接获取,也可由 DLG 数据提取。

本题看似容易,实际上考虑到测区地形的改造对 DEM 采集的影响,4D 产品的生产和更新顺序需要仔细考虑。

评价:★★☆　　　　　　　难度:★★★

思考题

本项目采取了哪种方式进行卫片影像定位? 若本项目要进行立体采集,影像应具备什么条件?

7.2.5.3　参考答案

1. 简述制作排污企业空间数据层的主要工作内容。

【答】

(1) 将 2010 年测绘的 1:10 000 地形图数据转换为 CGCS2000。

(2) 根据排污企业名录和排污信息报表建立数据表,并建立字段,应具有企业名称、地址、排污类型、空间位置等字段。

(3) 根据企业名录,在地形图上量测相应企业定位点坐标存入表中,确保名称、地址、排污类型等属性在表中已存在。

(4) 对于 2010 年后新增企业,采用 GNSS-RTK 方法(或全站仪)野外实地采集排污企业的定位点坐标,调查相关属性,一并转存入上表中。

（5）在地理信息系统软件中将报表数据空间化，形成排污企业数据层。

2. 简述制作水体数据层的主要工作步骤。

【答】

（1）坐标转换。将 2010 年测绘的 1：10 000 地形图数据转化为 CGCS2000。

（2）DEM 生产。根据 1：10 000 比例尺 DLG 提取数据生产 1：10 000 比例尺 DEM。

（3）影像纠正。将 2015 年 12 月获取的 0.5 m 遥感影像，利用 1：10 000 比例尺 DEM，在遥感处理软件中进行正射纠正。

（4）图层建立。提取 1：10 000 DLG 上的湖泊、水库、河渠、湿地等多边形要素及其属性，建立水系层，并建立拓扑关系。

（5）图层叠合。用 DOM 叠加 DLG 更新水系图层的水系要素。

（6）实测更新。对于影像上难以判定的湿地，野外实地采集边界与属性，并更新到水系数据图层。

3. 简述生产该区 0.5 m 分辨率正射影像数据的过程。

【答】

（1）资料准备。资料收集和资料分析。

（2）影像定向。利用像控点对卫星影像定向。

（3）数据采集。对地形变化处立体采集加野外补测，更新沿湖地势低洼的耕地改造为地面或湿地处。

（4）内业编辑。更新 1：10 000 比例尺 DLG，使现势性达到 2015 年底。

（5）DEM 生成。利用 DLG 制作 DEM。

（6）正射微分纠正。

（7）影像融合。

（8）色彩调整。

4. 思考题：本项目采取了哪种方式进行卫片影像定位？若要进行立体采集，影像应具备什么条件？

【答】

（1）卫片影像利用在地面上分布均匀，覆盖整个测区的控制点定向。

（2）要进行立体采集，卫星影像应具有足够重叠带，卫星影像一般为三线阵传感器扫描生成，具有 100% 三度重叠。

7.2.6 2016 年第五题

7.2.6.1 题目

某市地势较平坦，水网密集。高程在 28～30 m[1]，雨季农村地区洪水频发。现委托某测绘单位开展防洪处理和分析工作，包括制作处理防洪专题数据，开展洪水风险模拟分析，为防灾减灾提供信息支撑。

1. 已有数据

（1）2015 年 1：10 000 分幅地形图数据，包括居民地、道路、河流、湖泊、植被等，1980 西安坐标系。

（2）2015 年 0.5 m 分辨率 DOM，2000 国家大地坐标系（CGCS2000）。

（3）2015 年 1∶10 000 DEM，5 m 格网，CGCS2000 坐标系。

（4）2015 年县（区）级行政区划数据，包括行政代码、行政区名、辖区面积等属性，1980 西安坐标系。

（5）2015 年 GPS 采集的重要公共场所点状数据，如学校、医院、车站等，属性包括名称、类型、门牌地址等，WGS-84 坐标系。

（6）2015 年 GPS 采集的应急救援物资存放点数据，属性包括类型、地址、管理人、联系电话等，WGS-84 坐标系。

（7）2015 年的居民地数据，包括名称、所属行政区名称、人口数、户数等属性，WGS-84 坐标系。

2. 数据处理及统计分析要求

（1）对已有数据进行处理，然后进行空间统计分析，全部采用 CGCS2000 坐标系[2]。

（2）采用 GIS 空间分析方法，进行洪水淹没模拟分析。假设洪水达到某水位高度[3]时，分析可能出现的受灾范围、面积、居民点个数、人口数和户数等；寻找离受灾居民点最近的应急救援物资存放点以及最佳调运路线等。

（3）编写分析统计报告，制作防洪预案。

问题：

1. 在空间分析时[4]，上述已有数据中哪些需要进行坐标转换。

2. 采用空间分析方法查找离每一个受灾居民点最近[5]的应急救援物资存放点，请简述作业步骤。

3. 简述在模拟分析洪水位到达 20 m[6]时，按县（区）统计可能淹没的村庄数量及户数的过程。

7.2.6.2 解析

知识点

1. 网络分析

网络分析是对地理网络（如交通网络）、城市基础设施网络（如各种通风管线、电力线、供排水管线等）展开的地理分析和模型化的研究。

最佳路径求解就是在指定网络的两结点间，找一条阻碍强度最小的路径。最佳路径的产生基于网线和结点转角的阻碍强度。

2. 邻近分析

可计算输入要素与其他图层或要素类中的最近要素之间的距离和其他邻近性信息。

3. 淹没区分析

该分析分为有源淹没区分析与无源淹没区分析。无源淹没区分析是给定高程值，低于指定高程值的点，均计入淹没区；有源淹没区分析需要考虑洪水只淹没它能流到的地方。

资料分析

本项目的资料分为基础地理数据和洪水淹没有关的专题数据两大类。

(1) 2015 年 1:10 000 分幅地形图数据,包括居民地、道路、河流、湖泊、植被等,1980 西安坐标系。用于制作地图基础矢量数据。

(2) 2015 年 0.5 m 分辨率 DOM,2000 国家大地坐标系(CGCS2000),用于制作正射影像数据。

(3) 2015 年 1:10 000 DEM,5 m 格网,CGCS2000 坐标系,用于进行 DEM 空间分析。

(4) 2015 年县(区)级行政区划数据,包括行政代码、行政区名、辖区面积等属性,1980 西安坐标系,用于制作行政区划数据。

(5) 2015 年 GPS 采集的重要公共场所点状数据,如学校、医院、车站等,属性包括名称、类型、门牌地址等,WGS-84 坐标系,用于模拟洪水淹没分析。

(6) 2015 年 GPS 采集的应急救援物资存放点数据,属性包括类型、地址、管理人、联系电话等,WGS-84 坐标系。

(7) 2015 年的居民地数据,包括名称、所属行政区名称、人口数、户数等属性,WGS-84 坐标系,用于模拟洪水淹没分析。

关键点解析

[1] 题目高程在 28~30 m,可见地势平坦。本项目是分析平坦地区的静止无源淹没模拟情况,如地势高差大,则不适合采用无源淹没模拟分析。

[2] 本项目采用 CGCS2000 坐标系,在数据处理时,与之不匹配的都要经过坐标系转换。

[3] 如(1)所述,该水位高度面假设为静止,否则情况会非常复杂。淹没分析主要是采用了 DEM 水文空间分析方法,利用 DEM 对地表的模拟特征进行汇水分析。

[4] 题中已说明,先对已有数据进行处理,再进行空间统计分析,故进行空间分析时,已有资料已经处理完毕。故此处答题时涉及项目中用到的所有资料坐标转换问题。

[5] 采用空间分析方法查找离每一个受灾居民点最近的应急救援物资存放点,此句有歧义,到底是查找绝对距离最近的应急救援物资存放点,还是可行路径最近的应急救援物资存放点,题中没有说明,但所用空间分析方法会有不同。本书参考答案会写出两种答案以供考生参考。

[6] 该分析区域高程为 28~30 m,显然此处的 20 m 有问题,暂改为 29 m。

题目评估

本题考查了地理信息系统空间分析功能的一个具体应用,比往年的空间分析试题都要具体和全面,需要考生掌握一定的地理信息系统知识。

评价:★★☆　　　　　难度:★★☆

思考题

本项目如发生在山区高差大地区,要真实模拟淹没情况,本题所述方法是否适合进行淹没模拟分析。思考利用 DEM 进行淹没分析和库容计算的原理。

7.2.6.3 参考答案

1. 在空间分析时,上述已有数据中哪些需要进行坐标转换?

【答】

需要进行坐标转换的有:

(1) 2015 年 1:10 000 分幅地形图数据,1980 西安坐标系转换为 CGCS2000。

(2) 2015 年县(区)级行政区划数据,1980 西安坐标系转换为 CGCS2000。

(3) 2015 年 GPS 采集的重要公共场所点状数据,WGS-84 坐标系转换为 CGCS2000。

(4) 2015 年 GPS 采集的应急救援物资存放点数据,WGS-84 坐标系转换为 CGCS2000。

(5) 2015 年的居民地数据,WGS-84 坐标系转换为 CGCS2000。

2. 采用空间分析方法查找离每一个受灾居民点最近的应急救援物资存放点,请简述作业步骤。

【答】

答案一(假设题中最近指的是距离最近)

(1) DEM 分析。水位达到某高程时,利用 DEM 数据生成水位在该高程值以下的淹没区域面要素。

(2) 图层叠加。淹没区域面要素与居民地层叠加,获取受灾的居民地。

(3) 邻近分析。将受灾的居民地与应急救援物资存放点叠合,进行邻近分析。

(4) 结果输出。获取每个受灾居民点距离最近的应急救援物资存放点。

答案二(假设题中最近指的是路径最近)

(1) 分幅拼接。拼接 1:10 000 比例尺分幅地形图,线要素和面要素合并和连通。

(2) 路网提取。提取地形图中的路网数据,保证全图拓扑连通,形成路网层。

(3) DEM 分析。水位达到某高程时,利用 DEM 数据生成水位在该高程值以下的淹没区域面。

(4) 图层叠加。将淹没区域面、居民地层、应急救援物资存放点层与路网层叠加,并进行拓扑编辑,将居民地、应急救援物资存放点作为节点挂接于路网上。

(5) 最短路径分析。

使用网络分析中的最短路径分析计算每一个受灾居民地到所有应急救援物资存放点的最短路径,最小者即为对应的最近应急救援物资存放点。

3. 简述在模拟分析洪水位到达 29 m 时,按县(区)统计可能淹没的村庄数量及户数的过程。

【答】

(1) DEM 分析。水位达到 29 m 时,利用 DEM 数据生成水位在 29 m 以下的淹没区域面。

(2) 图层叠加。将淹没区域面与居民地层、县(区)行政区划层叠加,获取每个县(区)的受灾居民地。

(3) 统计输出。统计各县(区)受灾居民地个数,并根据居民地的"户数"属性值统计受灾总户数。

4. 思考题：本项目如发生在山区高差大地区，要真实模拟淹没情况，本题所述方法是否适合进行淹没模拟分析？思考利用 DEM 进行淹没分析和库容计算的原理。

【答】

（1）要进行山区高差大地区的淹没分析，由于地势起伏因素影响，洪水的淹没是一个动态过程，要考虑多方面的情况，不能用本项目分析方法进行。

（2）利用 DEM 进行淹没分析和库容计算的原理是进行 DEM 地表分析，求地表和淹没面（或水库面）的体积差。

7.2.7　2017 年第七题

7.2.7.1　题目

林业资源地理信息系统。

1. 已有数据

（1）2016 年的 1∶10 000 DLG，2000 国家大地坐标系。

（2）2010 年地面分辨率 0.5 m 的 1∶10 000 的 DOM，2000 国家大地坐标系。

（3）2010 年 5 月，格网间距 5 m 的 DEM，2000 国家大地坐标系。

（4）2010 年，林业小班数据（林业小班是指按树种等相同属性分类采集的最小林地范围），2000 国家大地坐标系。

（5）2017 年，地面分辨率为 2.5 m 的假彩色 DOM，1980 西安坐标系。

（6）林业管理业务数据，包括林业局、林业站等空间位置和管理范围，独立坐标系，CAD 的 .dwg 格式。

2. 需要加工的数据

（1）利用已有数据，采集 2017 年林业小班数据，包括空间位置和属性信息[1]。

（2）编辑处理林业管理数据，生成空间位置和管理范围两个图层[2]。

3. 建库和信息开发要素

（1）整合上述已有数据和采集加工数据，建立林业资源数据库，坐标全部采用 2000 坐标系统[3]。

（2）信息系统功能包括信息查询、专题制作、森林覆盖范围及防火瞭望塔辅助选址。其中，瞭望塔辅助选址在已有有效距离和不考虑树高影响条件下，采用空间分析提供备选位置，要求地势较高，尽可能观察到较大森林范围，交通相对方便[4]。

问题：

1. 简述采集、编辑处理符合建库要求的 2017 年森林小班数据和林业管理处业务数据的主要作业步骤。

2. 用空间分析的方法，如何获取 2017 年该市森林覆盖范围的变化情况。

3. 简述瞭望塔需要哪些已有或加工的数据，各类数据发挥什么作用。

7.2.7.2 解析

知识点

1. 视域分析

视域分析包括两方面内容,一是两点之间的通视性分析;二是可视域分析,即对于给定的观察点所覆盖的通视区域。

2. 网络分析

网络分析是对地理网络(如交通网络)、城市基础设施网络(如各种通风管线、电力线、供排水管线等)展开的地理分析和模型化的研究。

最佳路径求解就是在指定网络的两结点间,找一条阻碍强度最小的路径。最佳路径的产生基于网线和结点转角的阻碍强度。

资料分析

(1) 2016 年的 1:10 000 DLG,2000 国家大地坐标系,用来制作基础地理信息数据。

(2) 2010 年地面分辨率 0.5 m 的 1:10 000 的 DOM,2000 国家大地坐标系,作为参考资料。

(3) 2010 年 5 月,格网间距 5 m 的 DEM,2000 国家大地坐标系,用来空间分析。

(4) 2010 年,林业小班数据,2000 国家大地坐标系,用来制作林业管理专题数据,以图斑形式呈现。

(5) 2017 年,地面分辨率为 2.5 m 的假彩色 DOM,1980 西安坐标系,用来更新小班,需要坐标转换。

(6) 林业管理业务数据,包括林业局、林业站等空间位置和管理范围,独立坐标系,用来制作林业管理专题数据,需要坐标转换。

关键点解析

[1] 2017 年林业小班数据包括空间位置和属性信息,技术要点分析如下:

① 从 2016 年的 1:10 000 DLG 中提取相应林业要素的空间位置数据,2017 年的假彩色 DOM 分辨率较低,难以满足项目需求,故定位数据应以 DLG 为准;

② 从 2010 年林业小班数据提取小班和属性信息,并用 2017 年的假彩色 DOM 判读更新。

[2] 林业管理数据包含空间位置和管理范围两个图层,分析如下:

① 林业管理空间位置图层由点元素构成,林业管理属性数据包含于点元素属性表中;

② 林业管理范围图层由林业管理界线数据建立。

[3] 坐标全部采用 2000 坐标系,与之不匹配的需要经过坐标系转换处理,2017 假彩色 DOM 坐标系由 1980 西安大地坐标系转换为 CGSCS2000,林业管理业务数据坐标系由独立坐标系转换为 CGSCS2000。

[4] 对于借助空间分析方法进行防火瞭望塔辅助选址的分析如下:

① 瞭望塔应保证视线开阔,有充分的可视域,在不考虑树高影响条件下,尽量布设在地

势较高处,可采用 DEM 地形分析中的可视域分析来进行此项分析工作;

②瞭望塔有效距离已知,以此划定防火范围,相邻瞭望塔应尽量不重叠,可采用缓冲区分析和叠置分析进行此项分析工作;

③瞭望塔要求交通相对方便,需要与林业管理空间位置图层(林业局、林业站)建立路径关系,可采用网络分析进行此项分析工作;

④瞭望塔要求观察到较大森林范围,需要与森林覆盖图层(森林小班数据)进行叠加分析;

⑤为了明确瞭望塔管理归属,还需要与林业管理范围图层进行叠置分析。

题目评估

与 2017 年其他案例分析考题一样,题目设置联系实际,注重技术设计能力考查。难度很高,代表了今后的出题方向。

评价:★★★　　　　　　难度:★★★

思考题

若于森林中布设若干防火瞭望塔,如何获得每个瞭望塔的林业管理归属信息,并分区统计各林业局下属管理瞭望塔数量,写出简要流程。

7.2.7.3　参考答案

1. 简述采集、编辑处理符合建库要求的 2017 年森林小班数据和林业管理处业务数据的主要作业步骤。

【答】

(1) 2017 年森林小班数据加工流程如下:

①从 2016 年的 1:10 000 DLG 中提取森林覆盖要素,形成森林覆盖要素矢量图层;

②从 2010 年森林小班数据提取小班和属性信息,并用 2017 年的假彩色 DOM(坐标系由 1980 西安大地坐标系转换为 CGSCS2000)判读更新小班和属性信息,形成更新后的森林小班图层;

③叠加森林覆盖要素矢量图层和更新后的森林小班图层;

④空间定位数据应以矢量图层为准,小班属性和小班界线以更新后的森林小班图层为准,编辑融合,完成森林小班数据加工处理。

(2) 林业管理处业务数据加工流程如下:

①把林业管理处业务数据文件由 CAD 软件的.dwg 格式转换为项目组采用的地理信息系统软件可以识别的格式;

②把该文件的坐标系由独立坐标系转换为 CGSCS2000;

③提取林业管理空间位置数据到林业管理空间位置图层,并录入林业局、林业站等相关林业管理属性数据;

④提取林业管理范围数据到林业管理范围图层,并录入相关林业管理范围属性数据;

⑤叠合林业管理空间位置图层和林业管理范围图层。

2. 用空间分析的方法,如何获取 2017 年该市森林覆盖范围的变化情况。

【答】

把制作生成的 2017 年森林小班数据和收集的 2010 年森林小班数据进行叠加分析,求数据的交集,即可求得森林覆盖范围变化图层。

3. 简述瞭望塔需要哪些已有或加工的数据,各类数据发挥什么作用。

【答】

(1) 1∶10 000 DLG,用于网络分析分析交通情况。

(2) DEM 数据,用于瞭望塔可视域分析。

(3) 林业管理空间位置图层,用于网络分析保证林业局、林业站和瞭望塔的连接。

(4) 森林覆盖图层(森林小班数据),用于缓冲区分析和叠加分析,尽可能加大缓冲区与森林覆盖交集。

(5) 林业管理范围图层,进行叠置分析,分析瞭望塔的管理归属。

4. 思考题:若于森林中布设若干防火瞭望塔,如何获得每个瞭望塔的林业管理归属信息,并分区统计各林业局下属管理瞭望塔数量,写出简要流程。

【答】

(1) 外业采集防火瞭望塔坐标。

(2) 生成防火瞭望塔分布图层。

(3) 叠合林业管理范围图层和防火瞭望塔分布图层。

(4) 把林业管理归属属性赋值于各防火瞭望塔点元素属性表相应属性中。

(5) 统计包含于各林业局、林业站林业管理范围内的防火瞭望塔点元素个数,赋值于属性表相应属性中。

(6) 统计结果输出。

7.2.8　2018 年第一题

7.2.8.1　题目

某城镇拟修建一座小型水库为居民供水,某测绘单位承接了该工程的测绘任务。

1. 测区概况

拟建水库位于该城镇附近的一个丘陵山谷中[1],沟底和山顶的相对高度在 100 m 之内,沟底比较平坦,分布有耕地、溪流、草地、乡村道路和一些农舍,山坡上有梯田、果园、林地、草地等[2]。

2. 已有资料

(1) 2016 年 6 月测制的 1∶10 000 数字线划图(DLG)。

(2) 2018 年 6 月获取的 0.5 m 分辨率彩色正射影像数据。

(3) 城镇内有若干 GNSS 等级点,一个二等水准点。

3. 已有仪器设备

测量型 GNSS 接收机、全站仪、水准仪、地形图测绘软件、摄影测量工作站等。

4. 任务要求

充分利用已有资料和仪器设备设计合理的作业方法,生产测区的 1∶500、1∶2 000 数字地形图(DLG)[3],根据水库不同的填高设计方案,利用项目测绘成果估算水库蓄水量,以及可能淹没的耕地面积[4],并制作库区的三维效果图[5]。

问题:

1. 指出 1∶500 DLG 生产的主要作业流程。

2. 指出 1∶2 000 DLG 生产的方式及理由。

3. 简述估算水库蓄水量的作业步骤。

4. 制作三维效果图需使用哪些数据?

7.2.8.2　解析

知识点

(1) DEM 应用

相对于等高线,用 DEM 表示地貌有很多优点,用途非常广泛,是目前主要的基础地理信息产品之一。

在工程测量领域,DEM 可用来查询单点高程、土石方计算、地表面积计算、绘制断面图等,并和 DOM 一起可制作三维景观图。

在地理信息系统,DEM 可以应用与地形分析,主要内容有两方面,一是提取描述地形属性和特征因子,利用各种相关技术分析解释地貌形态等;二是 DTM 可视化分析。

(2) 三维景观图制作

真实的三维景观图表达地表真实的自然人文景观,可以用 DOM 结合 DEM 数据生成三维景观图。

利用 DEM 和 DOM 制作三维景观图的主要步骤如下:

① 计算 DEM 模型上地面元(X, Y, Z)在二维投影面上的(x, y)。

② 由地面元(X, Y, Z)找出其在 DOM 上对应的像素行列号。

③ 使用灰度内插方法内插出行列号处的影像灰度值。

④ 将灰度值赋给二维投影面上的(x, y)。

资料分析

(1) 2016 年 6 月测制的 1∶10 000 数字线划图(DLG)在本项目中无需采用。

(2) 2018 年 6 月获取的 0.5 m 分辨率彩色正射影像数据,只能制作 1∶5 000 DLG,在本项目中用来制作三维效果图。

(3) 城镇内有若干 GNSS 等级点,一个二等水准点,用于全野外测图的控制点。

关键点解析

[1] 水库适于建设在山谷中,丘陵地要考虑等高线的测量方法。依据所给条件,可依据 2016 年 6 月测制的 1∶10 000 数字线划图(DLG)直接获得等高线,或者通过全野外数字法采集高程绘制,显然 1∶10 000 比例尺 DLG 无法达到 1∶500 比例尺 DLG 等高线的测量精

度要求。

〔2〕沟底要被水库淹没,测量沟底地形图主要是用来分析水库建设的各项参数,以及搬迁补偿等方面的数据测算。

沟底比较平坦且没有明显的地表较高建筑物,暗示可以不考虑投影差影响,可以采用DOM来进行数据更新,但实际上本项目收集的DOM地面分辨率只能制作1∶5 000比例尺地形图,难以满足本项目要求。

〔3〕本项目1∶500比例尺DLG据以上分析应采用全野外数字测图技术获取,1∶2 000比例尺DLG无需重复采集数据,只需对1∶500比例尺DLG缩编即可。

〔4〕耕地分布于沟底或山坡上,根据水库不同的填高,利用淹没分析统计水库蓄水量和可能淹没的耕地面积。

〔5〕利用DLG数据可以得到测区DEM数据,和收集的DOM一起可以制作库区的三维效果图。

思考题

利用生产的DLG数据统计填高为30 m时可能淹没的耕地面积,简述步骤。

7.2.8.3 参考答案

1. 指出1∶500 DLG生产的主要作业流程。

【答】

(1)图根控制点测量

根据GNSS等级点和二等水准点利用RTK方法制作图根水平控制点,利用水准仪制作图根高程控制点。

(2)外业碎部点采集

利用全站仪、RTK采集碎部点数据。

(3)内业数据编辑

利用地形图测绘软件内业成图。

(4)裁切与修饰

(5)质量检查

(6)成果提交

2. 指出1∶2 000 DLG生产的方式及理由。

【答】

宜采用生产的1∶500比例尺DLG缩编的方法生产1∶2 000 DLG,这种方法是本项目生产1∶2 000 DLG效率最高的方法,不用进行外业采集,精度也可以满足要求。

3. 简述估算水库蓄水量的作业步骤。

【答】

(1)采用1∶500 DLG数据在摄影测量工作站中制作DEM数据。

(2)利用不同填高数据进行淹没分析。

(3)估算不同填高数据下的水库蓄水量。

(4)输出结果。

4. 制作三维效果图需使用哪些数据?

【答】

制作三维效果图需使用 1∶500 DLG 制作的 DEM 数据和 2018 年 6 月获取的 0.5 m 分辨率彩色正射影像数据。

5. 思考题:利用生产的 DLG 数据统计填高为 30 m 时可能淹没的耕地面积,简述步骤。

【答】

(1) 利用生产的 DLG 数据制作 DEM。

(2) 进行 DEM 淹没分析,得到填高为 30 m 时的水库覆盖范围图层。

(3) 从 DLG 提取耕地图层。

(4) 叠合水库覆盖范围图层和耕地图层,进行叠置分析。

(5) 统计计算可能淹没的耕地面积。

7.2.9　2018 年第八题

7.2.9.1　题目

某省拟建生态功能保护区,以下简称(保护区)管理信息系统,借助地理信息技术手段对生态环境进行科学管理。

1. 已有资料

(1) 全省 1∶10 000 数字线划图(DLG)和数字正射影像图(DOM)。

(2) 全省国家级、省级保护区(excel 表格数据),包括保护区编码、名称、所在县级行政区域、保护区类型、概略位置描述,以及禁止开发区和限制开发区范围描述。

其中:保护区类型包括自然保护区、风景名胜区、森林公园、饮用水源保护区等,每个保护区,都由禁止开发区和限制开发区两部分组成,两部分空间上互不交叉,禁止开发区内禁止一切开发活动;限制开发区内,可以开展一些对生态环境影响不大的开发活动。

2. 需采集的数据

保护区数据,包括:保护区精确的空间位置和相应的属性信息,各保护区中禁止开发区和限制开发区的精确空间位置和属性信息(含保护区编码)[1]。

3. 技术要求

(1) 保护区、禁止开发区、限制开发区分别以单独图层存储,数据精度及坐标系统与 DLG 一致[2]。

(2) 跨县级行政区域的保护区,按行政区域分别表示,分界线及公共属性应保持一致[3]。

(3) 信息系统中的数据库存储信息包括全省 1∶10 000 DLG 和 DOM 数据,以及采集的数据等。

(4) 信息系统应具备选址符合性判断功能,选址符合性判断是指利用空间分析方法,判断新建工程项目的选址是否符合保护区禁止、限制开发区保护的要求[4]。

问题:

1. 简述采集保护区数据的主要步骤。

2. 对采集的数据应进行哪些方面的数据质量检查?

3. 简述选址符合性判断的主要技术流程。

7.2.9.2 解析

知识点

全国主体功能区规划,就是要根据不同区域的资源环境承载能力、现有开发密度和发展潜力,统筹谋划未来人口分布、经济布局、国土利用和城镇化格局,将国土空间划分为优化开发、重点开发、限制开发和禁止开发四类,确定主体功能定位,明确开发方向,控制开发强度,规范开发秩序,完善开发政策,逐步形成人口、经济、资源环境相协调的空间开发格局。

资料分析

(1) 全省 1∶10 000 数字线划图(DLG)作为矢量数据源,数字正射影像图(DOM)作为影像数据源,并在数据采集的时候用于参考资料。

(2) excel 表格数据中的保护区编码、名称、所在县级行政区域、保护区类型等需要作为属性录入系统,保护区概略位置描述和禁止开发区、限制开发区范围描述作为数据采集的依据。保护区类型是区分禁止开发和限制开发区内的重要参考。

关键点解析

[1] 要获得保护区、禁止开发区、限制开发区精确的空间位置,在本项目提供的资料中,应采取 1∶10 000 DLG 结合表格数据中的概略位置和分界线描述,结合属性和影像数据综合判别,能内业判断的先于室内判断,无法确定的到现场实地调查确认。

属性信息以表格为依据录入,保护区禁止开发区和限制开发区的属性信息含保护区编码,主要是在选址判定时关联保护区信息。

[2] 采集的保护区、禁止开发区、限制开发区分界线应检查数据精度及坐标系统,并检查是否以单独图层存储,该图层上是否有其他要素。

[3] 检查跨县级行政区域表示的保护区分界线及公共属性是否一致。

[4] 采用多边形叠置分析方法进行选址符合性判断,把含有新建工程项目标志点(坐标)的图层与保护区禁止、限制开发区图层叠加,分析和统计新建工程项目选址是否符合保护区和禁止、限制开发区要求。

思考题

要制作包括禁止开发区和限制开发区的保护区影像挂图,简述大致流程。

7.2.9.3 参考答案

1. 简述采集保护区数据的主要步骤。

【答】

(1) 根据保护区概略位置在 DLG 上大致标记和定位每个保护区。

(2) 根据禁止开发区和限制开发区范围描述,参照 DOM 和相应属性信息在 DLG 上勾画出分界线,以及保护区范围线。

(3) 在保护区、禁止开发区、限制开发区要素上录入保护区编码、名称、所在县级行政区域、保护区类型等属性信息。

（4）无法确定的到现场实地核查确认范围线、分界线和属性。

（5）内业编辑调整范围线、分界线和属性。

2. 对采集的数据应进行哪些方面的数据质量检查?

【答】

（1）检查保护区范围和分界线位置精度与坐标系统。

（2）检查保护区、禁止开发区、限制开发区是否以单独图层存储,图层上是否有其他要素。

（3）检查跨县级行政区域表示的保护区分界线及公共属性是否一致。

（4）检查数据完整性和数据属性正确性等。

3. 简述选址符合性判断的主要技术流程。

【答】

（1）导入项目位置信息生成项目位置图层。

（2）套合项目位置图层与保护区、禁止开发区、限制开发区图层。

（3）采用多边形叠置分析方法进行选址符合性判断,分析和统计新建工程项目选址是否符合保护区和禁止、限制开发区要求。

4. 思考题:要制作包括禁止开发区和限制开发区的保护区影像图,简述大致流程。

【答】

（1）把 DOM 坐标系和投影统一到 1∶10 000 DLG。

（2）把 DLG 数据和 DOM 叠加。

（3）选取道路、注记、地理名称等要素,删除其他不需要的要素。

（4）叠加保护区、禁止开发区、限制开发区图层。

（5）图面编辑修饰后输出。